本书受到四川农业大学2012年度社科联专项课题
"大学精神育人模式的创新与实践——以'川农大精神'为例"的资助

校史文化与"川农大精神"

XIAOSHI WENHUA YU
CHUANNONGDA JINGSHEN

主　编　江英飒

副主编　潘　坤　尹　君

参　编　杨　娟　张俊贤　李劲雨
　　　　杨　希　杨　雯　张　喆

U0384404

四川大学出版社

责任编辑:孙滨蓉
责任校对:梁 平
封面设计:墨创文化
责任印制:王 炜

图书在版编目(CIP)数据

校史文化与"川农大精神"/ 江英飒主编. —成都:
四川大学出版社,2013.9
ISBN 978-7-5614-7159-3

Ⅰ.①校… Ⅱ.①江… Ⅲ.①四川农业大学-校史
Ⅳ.①S-40

中国版本图书馆 CIP 数据核字(2013)第 225922 号

书名	校史文化与"川农大精神"
主　　编	江英飒
出　　版	四川大学出版社
地　　址	成都市一环路南一段 24 号 (610065)
发　　行	四川大学出版社
书　　号	ISBN 978-7-5614-7159-3
印　　刷	郫县犀浦印刷厂
成品尺寸	148 mm×210 mm
印　　张	11.5
字　　数	347 千字
版　　次	2013 年 9 月第 1 版
印　　次	2019 年 1 月第 4 次印刷
定　　价	26.00 元

◆读者邮购本书,请与本社发行科联系。
电话:(028)85408408/(028)85401670/
(028)85408023 邮政编码:610065
◆本社图书如有印装质量问题,请
寄回出版社调换。
◆网址:http://press.scu.edu.cn

你，就是明天的续写者！

（代序）

　　20世纪80年代，有一首流行歌曲叫《我的中国心》。其中有一句歌词让我记忆犹新——"洋装虽然穿在身，我心依旧是中国心，我的祖先早已把我的一切烙上中国印"。在我看来，所谓"中国印"就是华夏民族独有的精神特质和文化血脉，它影响着每一个中华儿女的行为、语言和思维方式，是每一个真正的中国人身上的标志性特征。那么，对于我们四川农业大学而言，什么才是真正的川农人呢？标注川农人身份的"川农印"又应该是什么呢？对此，我的答案是——真正的川农人是那些认识和懂得川农大的人，而真正的"川农印"便是我们代代薪火相传地继承和弘扬的"川农大精神"。

　　不过，亲爱的同学，如果你仅仅是熟悉学校的建筑、环境和校园风景，那绝对算不上认识和懂得川农大，而如果你仅仅是拥有一张川农大的学生证抑或毕业证、学位证，那你也算不上是一个被烙上"川农印"的真正川农人。要真正认识和懂得川农大，你需要捧读厚重的百年校史，在校史学习中去认识学校曾经的创业维艰、拼搏汗水、苦难创伤和辉煌成就。自清政府1906年创立四川通省农业学堂以来，伴随着国家从衰亡走向独立富强的恢弘征程，四川农业大学的办学历程也横亘百余年，跨越了晚清、中华民国和中华人民共和国三个历史时期。这是一部折射大时代变迁的百年历程，是一部兴农报国志士仁人奉献与奋斗的百年历程，更是一部孕育和沉淀出让我们每一个川农人都深感自豪的"川农大精神"的百年历程。《校史文化与"川农大精神"》一书整理甄别了大量史料,全书分劈八章,前六章援引大量鲜活感人的历史人物和事迹,采用了图表、图示和阅读链接等灵活的叙史方式,全面再现了百余年来川农人从悲壮走向豪迈的光辉奋斗创业史;后两章则集中阐述了"川农大精神"的提炼宣传历程、"川农大精神"的时代内涵与精神特质。全书史论兼备,在有力地论证出川农大历史的同时也是一部"川农大精神"孕育史的结论,它能够让今天的川农学子清晰地认识到,川农大一切的成绩和荣耀,尤其是"川农大精神",都是由一代又一代真正的川农人青丝化为白发的付出和牺牲换取和凝练而来的。我相信,当同学们细细品读和学习了《校史文化与"川农大精神"》后,一定会对"爱国敬业、艰苦奋斗、团结拼搏、求实创新"这重若千钧的滚烫的十六个字有更加深切的体会和认识,也必定能在灵魂和心灵的深处烙下深深的"川农印",成长为真正的川农人。

当然,亲爱的同学,也许你还想问,那川农大未来会如何?以后的校史该由谁去写就?"川农大精神"的明天又在何方?我想,这的确是我们每一个川农人都应该深刻思考并切实负责回答的使命性课题。因此,认识我们川农人曾经的光荣和艰辛,是为了凝聚我们共同的梦想,规划我们美好的前景,而唯有如此,才能真正在今天认清我们肩上的责任和使命,并在未来的人生中去续写"川农大精神"的光辉篇章。

这本《校史文化与"川农大精神"》是一部未完的作品,而我想,亲爱的同学,你,就是明天的续写者!

四川农业大学党委书记

邓良基

2016 年 9 月 1 日

目　　录

导论大学·文化·精神

关键词：大学 大学文化 大学精神

第一节 大学与文化

一、关于大学

我国古代出现过探索高深学问的机构，如成均、稷下学宫、太学、书院等，但我国传统的大学是不同于现代意义上的大学的。《大学》有言："大学之道，在明明德，在亲民，在止于至善。"《汉书·礼乐志》也说："古之王者莫不以教化为大务，立大学以教於国，设庠序以化於邑。"这充分说明我国传统教育具有以伦理道德为重的人文传统。自汉代以来，我国传统大学的精神支柱与整个传统社会的精神支柱一致，都是儒家思想。到隋唐时期，中国科举制度确立，受儒家思想及科举考试的影响，传统意义上的大学如太学、书院等的课程设置主要围绕儒家经典展开。随着儒家思想的发展演变，特别是发展到宋明理学阶段，这一思想被统治阶级利用，在与科举制结合后，随着科举考试形式的发展，逐渐成为统治者控制人们社会行为的最佳手段。伴随着中国君主专制走向顶峰，教育沦为维护专制君权的工具，八股取士，越来越窒息了社会的生机与

1

活力，成为钳制人们思想的藩篱，在近代中国民主与科学化进程中受到猛烈抨击。

我国近代大学的产生是在清末中西方文化融合的结果。鸦片战争后，面对西方列强坚船利炮的威逼，中国要实现自立自强，大学始作为复兴中华的一种手段而被动产生了。一批有识之士主张向西方学习，并呼吁改革旧的教育体制以培养"经世致用"的人才。林则徐、魏源、冯桂芬、王韬等将西方的科学技术看作"实学"，认为只有经过"实学"洗礼的人才能够"经世致用"，满足时代需求，振兴中华。清廷的洋务派开展了一场以开办新式学堂、培养实用型人才为最紧迫任务的"洋务运动"。这一时期，洋务派设立了京师同文馆、福建船政学堂等新式学堂。尽管对"中学"与"西学"的关系还存在"本""末"观念，如洋务派政治家和思想家在论及中学与西学关系时，曾有过"中主西辅""中本西末""中体西用""中道西器""中道西艺"等不同提法。但是，洋务派的新式学堂中却成功地将西方的科学技术加入到课程体系中，并逐渐为人们接受。清末新政时期，维新派在短暂的改革中对传统教育进行了大胆的改革。清末的大学中开始引入西方的科学教育，但并没有摒弃传统的人文教育，在统治者的观念中，传统的人文教育仍然是占据着中心地位，而西方科学教育的引入仅是一种应时的对传统教育的补充，对西方的学习停留在科技层面，并不关注其他方面。

辛亥革命推动中国在 20 世纪发生了第一次历史性巨变。民国时期的大学教育是我国高等教育发展史上的特殊时期。这一时期，民主革命取得初步胜利，政治体制基本上与西方一致，大批留欧、留美人士归国，中西文化交融汇合，教育制度、观念等也深受欧美大陆的影响。受德国大学影响至深的蔡元培出任民国政府第一届教育部部长，在其领导起草的《大学令》中，提出大学以"教授高深学术，养成硕学宏材，应国家需要"为宗旨。在《大学规程》中，民国政府对各类高等学校课程作了详细的规定。《大学规程》规定，大学分文、理、法、商、医、农、工 7 科，废除了清末大学学堂的经学科，并以文、理两科为主，各科下分学门，学门下又分学类，学门和学类由各种科目组成，学类下设若干课程。1929 年，南京国民政府又颁布《大学组织法》，规定大学"以研究高深学术，养成专门之人才为目标"。同时在实施方案中规定："注重实用科学，充实科学内容，养成专门知识技能，并切实陶融为国家社会服务之健全品格。"《大学规程》与《大学组织法》的颁布与实施，标志着中国高等教育现代化进程的加快，科学教育在大学中的位序日益突出，而人文教育在大学中的地位日渐式微。但是这一时期出现了很多著名的教育家，比较突出的蔡元培、梅贻琦等都仍然提倡通才教育。蔡元培认为，大学是"囊括大典，网罗众家"的地方，"对于各家学说，依各国大学之通例，循思想自由原则，兼容并包"。他主张"无论何种学派，苟其言之成理，持之有故，尚未达自然淘汰之命运，即使彼此相反，也听他们自由发展"。梅贻琦深受蔡元培思想的影响，在主持清华大学时也秉持蔡元培的"思想自由，兼容并包"原则，并重视培养"通识为本，专识为末"的通才。这时期的大学，虽深受欧美影响但没有抛弃我国传统文化中的优良部分，再加上国民政府的大力支持，尽管局势动荡但仍然人才辈出，产生了一批在世界上有深远影响的大师级人物。

1949 年新中国的成立揭开了中国历史发展的新篇章，中国现代大学开始了一个以政治家的策略和理念主导发展的时代。新中国成立初期，受苏联的影响，我国大学的课程设置适应工业化发展的需要，以专业教育为特征。50 年代初期，我国参照苏联的经验对高等院校进行了院系调整，调整方针为："以培养工业建设干部和师资为重点，发展专门学院和专科学校，整顿和加强综合性大学。"在此方针的指导下，当时的院系调整原则包括："1. 基本取消原有系科庞杂的、不能适应培养国家建设干部需要的旧制大学，改造成为培养目标明确的新制大学。2. 为国家建设所迫切需要的系科专业，予以分别集中或独立，建立新的专门学院，使之在师资、设备上更好地发挥潜力，在培养干部的质量上更符合国家建设需要。

3. 将原来设置过多、过散的摊子，予以适当集中，以便整顿。4.
条件太差，一时难以加强，不宜继续办下去的学校，予以撤销或归
并。"经过院系调整，到 1953 年底，全国共有综合大学 14 所，除
武汉大学、山东大学等 8 所综合大学保留工、农、医学院及财经系
科外，其余皆为文理科性质的综合大学。这次院系调整虽然提高了
人才培养的针对性和地域平衡性，培养了一批高度专业化的人才，
促进了社会经济的发展，但却对大学自身的发展造成了一定的影
响。因为，院系调整后形成的大学都是苏联模式的文理科综合大
学，而不是传统的多学科的综合大学，不利于学科的相互渗透，不
利于新的学科和新的学术思想的发展，也不利于培养高水平的人
才。"文化大革命"期间，我国整个社会都处于躁动阶段，教育事
业更是受到严重冲击，各种传统都被否定。党的十一届三中全会之
后，经过拨乱反正，我国各行各业陆续恢复元气，教育方针也延续
新中国成立初期的政策，只是做了一些轻微的调整。20 世纪 90 年
代中后期，我国大学开始走上多学科、综合型大学的道路。其重要
标志便是这一时期兴起的增加新学科和大学合并的浪潮。原来的文
理科综合大学通过发展新学科或将其他大学并入的方式，增加了工
科、农科、医科、教育、管理等学科，成为名副其实的综合大学。
一些单科性院校也通过同样的途径加强学科建设，发展成为综合大
学。尽管总的指导方针没有多大变化，但是改革开放以来，我国对
传统优良文化以及对西方优良文化的渴求在教育界引起了强烈的反
响，20 世纪 90 年代我国曾有一场关于人文精神的大讨论，之后的
"素质教育"思潮、"通识教育"思潮等都影响到了教育界。与此同
时，随着全球化进程的推进，人类所面临的一切共同问题，如环境
问题、能源问题、核危机等，也都毫不客气地将正在转型中的中国
卷入其中，不得不共同面对、共同思考，教育界对人文精神的呼声
越来越高。

二、关于文化

（一）"文化"的字源学考察

人类从野蛮到文明，靠文化进步；从生物的人到社会的人，靠文化教化。人们的个性、气质、情操，靠文化培养；人们的崇高与渺小，靠文化赋予；人们各种各样的人生观、价值观，靠文化确立。"文化"是什么？就其起源，在汉文典籍中，"文化"是个合成词。"文"的本义是指各色交错的纹理。《易经·系辞下传》中有这样一段话："物相杂，故曰文。古者包牺氏之王天下也，仰则观象于天，俯则观法于地，观鸟兽之文与地之宜，近取诸身，远取诸物，于是始作八卦，以通神明之德，以类万物之情。"这段文字中"观鸟兽之文"，就是指观察鸟兽身上的各色交错的纹理。在此基础上，"文"字又有许多引申意义。如引申为文字、文章、诗词曲赋、古代的礼乐制度、法令条文、精神修养，以及美、善、德行之义等等。如成语"文质彬彬"（《论语·雍也》）中的"文"即指文采和修养德行。"化"的本意主要指事物形态或性质的渐进性改变、改易、造化。在此基础上，后来又引申为风俗、风气教化、伦理德行的化成，"潜移默化"等。

"文"与"化"并联使用最早见于《周易·贲卦·象传》："刚柔交错，天文也；文明以止，人文也。观乎天文，以察时变；观乎人文，以化成天下。"强调的是"以人文教化天下百姓"，具有明确的文明教化之意。西汉以后，"文"与"化"经常一块连用，后来渐渐凝固为一个词。但并未出现现代意义上人们常说的"文化"一词。按照古人的理解，"文化"就是"以文教化"。近代（五四前后）在译介西方有关语汇（拉丁文 culture）时，借用中国固有的"文明""文化"等词，赋予新义，就产生了我们今天通常所理解的"文化"一词。不过中国的"文化"一词侧重于精神领域的"文治教化"。

（二）文化的定义

我们今天所说的文化一词经历了一个渐次发展的过程。把"文化"作为一个内涵丰富、众多学科探究的对象，实际上发源于近代欧洲。西方语言的文化一词与汉语的文化有相近的一面，又有相异之处。《牛津词典》把 1510 年作为文化的精神、人文用法在英语中首次出现的日期，但此时的文化主要指栽培、种植的意义以及由此引申出的性情陶冶、品德教化等含义。自中世纪起，文化与今日的文化概念相当，英语中的文化"culture"的本义指精神文化，即人文——宗教文化，中国文化一开始就有精神和人文的指向，因此，各国对文化的理解稍有差异，但也有共同之处。1871 年，英国人类学家泰勒在他的《原始文化》一书中对文化作了系统阐释，他说："文化或文明，就其广泛的民族的意义来说，乃是包括知识、信仰、艺术、道德、法律、习俗和任何人作为一名社会成员而获得的能力和习惯在内的复杂整体。"泰勒强调了文化作为一个精神文化的综合整体的基本含义，对后世产生了重要影响。对文化概念进行了详细考察和整理的是美国文化学者克罗伯和克拉克洪，他们于 1952 年发表了《文化的概念》，对西方当时搜集到的 160 多个关于文化的定义做了梳理与分析，指出：文化既是人类行为的产物，又是决定人类行为的某种要素。

中国现代意义上关于"文化"的含义，据当今学者的不完全统计，自"五四"前后至今，几乎有 260 多条，一般认为，文化是人与自然、主体和客体在实践中的对立统一物，凡是超越本能的人类有意识的作用于自然界和社会的一切活动，其结果都属于文化。用马克思主义的观点来说文化的本质就是"自然的人化"，是人类改造自然界而逐步实现自身价值观念的过程。人对自然的改造的同时，人类自身也取得进步。体质的发展、精神领域的丰富，文化逐步积累导致人类不断进步。

（三）文化的分类与基本结构

一般地，文化的分类可以分为广义文化和狭义文化。广义的文化与自然相对，指人类社会、历史生活的全部内容，也称"大文化"，可以简单地将文化分为物质文化与精神文化。狭义的文化是指文化排除人类社会、历史生活中关于物质创造活动及其结果的部分，它专注于精神创造活动及其成果，也称"小文化"。

从文化形态学的角度，我们把广义的文化分为四个层次：一是物态文化层，是由人类加工自然创制的各种器物，即"物化的知识力量"构成的。它是人的物质生产活动及其产品的总和，是可感知的、具有物质实体的文化事务构成整个文化创造的基础。二是制度文化层，是由人类在社会实践中建立的各种社会规范构成的。它包括社会经济制度、教育制度、政治法律制度，以及科技、艺术组织等，它规定了人们必须遵循的制度，反映出一系列的处理人与人相互关系的准则。三是行为文化层，是由人类在社会实践，尤其是在人际交往中约定俗成的习惯性定势构成的。它以民风民俗形态出现，见之于日常起居动作之中，具有鲜明的民族、时代、地域特色的行为模式。四是心态文化层，是由人类社会实践和意识活动中长期蕴化出来的价值观念、审美情趣、思维方式等构成的。这是文化的核心部分。它还可分为社会心理、社会意识形态等。

三、关于校史文化

校史文化是大学文化的源头和沉淀的深厚底蕴，也是大学的灵魂，是大学存在和发展的基础。大学文化是一所大学发展的重要根基和血脉，是培养大学核心竞争力的关键性因素。大学校史文化是大学在长期的办学历程中，培育的浓厚的学术文化环境，以及培养的科学学术精神，体现了大学人的创新思想和创新能力，更是大学的核心竞争力的展现。

本书讨论的校史文化以小文化为主要论述范畴，也就是说主要讨论涉及精神领域的文化现象。大学精神是大学文化的核心，很大程度上决定一所大学的命运，具有强大的惯性力量。由此，校史文化主要论述文化结构四层次中的心态文化层，包括学校发展的历史、教育制度、校园环境、办学物质条件等，专注于精神创造活动及其成果。

第二节 大学校史文化与大学精神

一、大学的历史就是一种文化

一所大学就是一部历史，大学校史不仅是大学的发展史，也记载和延续着学校的学术传统和文化精神。大学校史文化，简而言之，就是指一所大学在她的办学历程中，人们创造的一切物质产品和精神产品的总和。这不仅包括建校以后长期的发展中实践积淀起来的文化，而且包括建校之前在特定的空间内的悠久的历史文化渊源。

（一）悠久的历史渊源延续了大学的文化传承

但凡一所名校都有着悠久的办学历史。虽然我国现代意义上的大学与世界著名大学相比，起源相对较晚，一般认为具有现代制度的大学，如北京大学、武汉大学、天津大学分别创立于 1898 年、1893 年和 1895 年，都有着百余年的历史，但其文脉却可追溯好几百年甚至上千年。自古及今，中国的高等教育在不同的历史时期，其组织形式、教学内容、管理体制等都具有不同的特点，并与当时社会的政治、经济、文化发展水平有着密切联系，其内涵也是随着社会发展而不断丰富和完善。但研究和传播知识、培养高级专门人才，是中国高等教育的最重要特征。从历史的、发展的眼光去看待中国大学的历史，我国的大学与之前的高等教育是一致的，一些大学与古代的书院、近代的学堂等都有着一脉相承的历史渊源。

四川农业大学的建校时间被定为 1906 年，此为清政府成立四川通省农业学堂的时间。建校时间可以这样确定，但四川农业大学的文化传承却远远不止于此。中国自古以来以农立国，农业在国民经济和社会发展中处于基础地位，发挥着至关重要的作用。历史上如唐代，对农业教育也很重视，当时就曾在长安设立了兽医、蚕桑等专科性质的学校，是为当时的农业高等教育。近代以来，中国农业经济衰败，社会危机深重。在西学东渐的影响下，一批志士贤达睁眼看世界，在他们看到西方的军事、科技领先于中国的同时，也感觉到了西方农学体系的先进。无论是洋务派，还是维新派，都把兴农作为富国的根本。清政府在兴办学堂的时候，也注意到农工等实业教育。1901 年 9 月，张之洞、刘坤一就联名上书朝廷："今日欲图本富，首在修农政，欲修农政，必先兴农学。"从 1903 年开始，清政府陆续制定和颁布了一系列关于发展农业教育的规章和政策。天府之国的四川，农业尤为重要，正是在这一背景下，四川通省农业学堂成立，四川农业大学的历史源头也在于此。

（二）长期的办学实践叠加起大学的文化积淀

　　一所大学的成就与其办学历史有很大的关联性。一般来说，只有长期的办学实践才能积累起一所大学的文化大厦。所以，大学的创业史、发展史凝聚成了大学的历史文化。在大学校园里，生活的主体是学校的教师和学生，他们是活动在大学校园内的比较独特的群体。由于具有的知识和所接受的教育等与普通大众有明显区别，所以他们形成了比较独特的思维习惯、行为方式和价值取向，从而使之成为有别于其他社会群体的特殊的文化群体。正是这个特殊文化群体，使得大学校园历史文化属于社会文化的一部分，决定于特定条件下的社会存在，受整个社会文化系统的影响和制约。同时，又使之作为一种特殊的文化现象，具有特殊性和独立性，与整个社会文化系统相互作用和相互影响，共同推动人类文明的发展和进步。

在学校历史上，知名校长、学者、校友对于大学文化的积淀、大学精神的升华的影响尤其重要，并形成了大学历史文化的精彩一页。大学历史文化的积淀也离不开历史环境的积淀。一所大学的建筑、绿化等环境营造，往往与其文化、传统、精神等相辅相成。四川农业大学校本部——雅安校区是原西康省省级机关所在地。1956年1月，原西康省人民委员会办公厅、财政厅、财经办公室、教育厅、文化处等办公、生活用房由四川农学院（四川农业大学前身）接收。这些校园建筑风格都透露出各自的特色，从另一个侧面浓郁了校园的历史文化。如今四川农业大学第一行政楼、新校区校门雕塑、老板山读书公园，以及古色古香的传统建筑、大气恢弘的现代楼群等，都反映出大学的文化特色。大学内的一些人文雕塑、建筑则直接把历史"留驻"到现实，比如在四川农业大学雅安第一校区的江竹筠雕像，让人们很自然地想起《红岩》中的江姐，以及为新中国流血牺牲的革命先烈。这些都是最好的历史文化积淀。

大学历史文化的积淀不仅有物质文化的积淀，而且也包括精神文化的积淀。大学的精神和传统，不仅决定于当时的社会经济、政治发展状况，而且在一个方面也决定于大学创立之前精神文化的发展和遗留，以及当前大学师生对前人留下的精神财富的继承。大学精神文化的发展都是建立在继承先辈精神文化遗产的基础上，都是对以往历史发展中在大学校园及其周边地区存在过的某种精神文化因素、成果的保持和发扬。大学传统文化思想对一所大学师生思想发挥着必然的影响，是大学的新的精神文化创造的基础和条件。一提到四川农业大学在偏远的西部小城雅安办学，人们自然会想到的是爱国敬业、艰苦奋斗、求实创新的精神，这既是学校文化传统，也为社会、为人类创造和发展了文化。

二、大学精神

大学精神是大学文化的集中体现，是一所大学重要的思想内涵和精神支撑，是一所大学早期成长过程中逐步形成的并为全体师生认同遵守的理想追求、价值观念、文化传统和行为准则。哲学上认为，大学精神是人们投射到大学这种社会设置上的一种精神祈望与价值建构，是大学自身存在和发展中积淀而成的具有独特气质的精神形式和文明成果，是大学发展的理想、信念和价值追求。[①] 大学精神体现了大学的凝聚力、创造力和生命力。

我国历史文化悠久，大学精神也有着深厚的历史文化底蕴。中国传统文化中丰富的内容、精辟的思想、优秀的精神在大学精神中得以延续，经久不衰。比如，孔子所倡导的以"仁"为核心的儒家教育思想曾长期影响并至今影响着中国高等教育的发展。

近代以来，随着京师同文馆、中西学堂（即北洋大学）、南洋公学和京师大学堂等具有近代意义上的高等教育的兴办，大学精神中更多地体现了在民族危机加深、列强入侵、内忧外患的背景下，寻求自强的精神。19 世纪末 20 世纪初，现代大学在中国落地生根，在继承前人的基础之上，大学精神也随着现代大学制度的引入而萌生和发展。这一时期西方个性解放思潮传入我国，新教育主张彻底批判圣贤古训、三纲五常，要求改革教育，提倡个性发展，蔡元培、郭秉文、陶行知、蒋梦麟、张伯苓、梅贻琦、竺可桢等教育家结合中国实际推动了大学精神的发展。具有典型代表的是北京大学的蔡元培提倡学术自由，提出了大学"囊括大典，网罗众家""思想自由，兼容并包"等重要教育思想，奠定了北京大学兼容并包、学术独立、思想自由的精神。大学精神呈现出了起点高、多元并存、中国特色明显等特征，具有强烈的社会责任感、使命感和社会忧患意识。但是，随着国民党新军阀统治的建立，特别是到了国民党统治后期，国民党政府更是压制民主、扼杀言论自由，镇压学生运动，枪杀大学教授，使大学精神陷入了举步维艰的发展境地。

新中国成立后，随着"双百方针"的制定，大学校园的学术空

---

① 程光泉：《哲学视野下的大学理念、大学精神、大学文化》，载《北京师范大学学报》，2010 年第 1 期，第 122～124 页。

气逐渐自由活跃起来。我国以苏联大学模式为蓝本对旧的高等教育进行社会主义改造，毛泽东提出："我们的教育方针，应该使受教育者在德育、智育、体育几方面都得到发展，成为有社会主义觉悟的有文化的劳动者。"中央又提出"教育为无产阶级政治服务，教育与生产劳动相结合"的教育工作方针。"文化大革命"后，我国的高等教育又重新步入正轨。十一届三中全会以后，随着思想的解放，高等教育重获新生，1998 年 5 月 4 日，江泽民在北京大学建校 100 周年的讲话中提出要创建世界一流大学的目标。2011 年 4 月 24 日，胡锦涛在庆祝清华大学建校 100 周年大会上的讲话中，指出高校全面提高高等教育质量，必须大力提升人才培养水平，必须大力增强科学研究能力，必须大力服务经济社会发展，必须大力推进文化传承创新。大学精神受到社会，尤其是高等教育界越来越重要的关注。

文化是民族的血脉、人民的精神家园。高校是文化建设的高地，在提升国家文化软实力中肩负着重要的责任和使命。2016 年 4 月 22 日，习近平总书记在致清华大学建校 105 周年贺信中指出，办好高等教育，事关国家发展、事关民族未来。我国高等教育要紧紧围绕实现"两个一百年"奋斗目标、实现中华民族伟大复兴的中国梦，源源不断培养大批德才兼备的优秀人才。加强文化建设已越来越成为高校工作的重要内容。习近平总书记多次强调，要树立文化的自信、民族的自豪感，"建立制度自信、理论自信、道路自信，还有文化自信。文化自信是基础。"2016 年 5 月 17 日，习近平总书记在哲学社会科学工作座谈会上指出："我们要坚定中国特色社会主义道路自信、理论自信、制度自信，说到底是要坚持文化自信。"在庆祝中国共产党成立 95 周年大会上，习近平总书记再次强调要坚持文化自信。大学文化是一所高校综合实力的重要内容和标志，高校秉持自身传统是坚持文化自信的重要体现，也是自身办学特色的集中反映。大学精神是大学文化的精髓。高校坚持文化自信，就要不断弘扬大学精神。

大学作为一个客观存在的实体，它不仅有物质的因素，也有精神的内容，更是学校的历史足迹与现实追求。因此，大学精神具有丰富的思想内涵，主要体现在如下几方面。

（一）爱国精神

爱国主义是中华民族精神的核心，对维系中华民族的统一和推动中华民族的前进都起了最巨大、最主要的作用。爱国主义就是积极争取民族独立、捍卫国家主权和民族尊严。特别是近代以来，面对西方的侵略和文化冲击，激起了中国人的爱国主义，激发了中国人在危机面前的文化自觉。为"救亡图存"的现实需要而诞生的中国近现代大学，爱国主义是动员和凝聚大学师生和广大知识分子埋头科学、献身教育的强大精神力量。一百多年来的历史表明，爱国主义是中国现代大学精神的核心。大学通过引领新思潮、创造新文化来促进文化革新和时代转型，通过发明新技术、研究新科学来促进经济发展和社会进步，通过社会运动、社会服务来推动国家进步，通过履行自己的使命、发挥自己的职能来彰显自己的爱国主义精神。

（二）人文精神

以人的价值和存在为内核，关注人生的意义和人的价值，关注人和社会的发展需要，追求人自身的完善和全面发展以及理想的实现，体现出尊重人、关心人、激励人，公正、自由、平等的"大雅"氛围和拥有人间"大爱"的人文关怀境界，倡导人与人、人与社会、人与自然的和谐发展，它的立足点和归宿点是人，关心人的解放、人的完善、人的发展，目的是追求人的个性解放，完善人的心智，提高人的修养，提升人的精神境界，延续和发展人类的文明，体现出对人类精神世界的关注和关照。

（三）科学精神

大学是开展科学研究、培养科学技术人才的重要基地，科学研究是大学的重要职能，科学精神是指科学工作者在科学研究和科学发展过程中所凝练和提升出来的治学态度和价值观念体系。它主要包括从事科学研究的一系列行为规范，尊重客观规律、追求实事求是的严谨态度，独立思考、敢于怀疑的批判精神，对真理的追求、对未知的探索和对观念的创新精神，是一种追求真理的精神，是恪守科学道德和尊重知识的精神。今天，科学技术仍然是推动社会前进的基本动力，知识经济时代的到来更加彰显出科学文化的重要地位，因此，今天的大学精神必须弘扬科学精神，既要去支持大学完成自己的科学使命，也要去更多地培养追求真理、坚持真理、勇于创新的人。

（四）自由精神

大学不断地探索未知、追求真理，而真理的发现既需要研究者不受外界的压力和干扰，同时又需要自由环境的保障。自由精神表现在多方面，如思想自由、学术自由、言论自由等。大学只有支持、鼓励公开的、自由的交流，各种思想、观念、知识才能相互撞击、相互交融，才有利于新知识、新观念、新理论、新成果的产生。

（五）独立精神

独立精神是与自由精神联系密切而又有着不同内涵的一个范畴，包括独立人格、独立思考、独立判断等，最基本的是独立人格。大学的产生和发展过程可以说是其独立精神和自主意识得以确立的过程。"假如一种学术，只是政治的工具，文明的粉饰，或者为经济所左右，完全为被动的产物，那么这种学术，就不是真正的学术。因为真正的学术是人类理智和自由精神最高的表现。它是主动的，不是被动的，它是独立的，不是依赖的。"①

（六）批判精神

批判精神是大学的一贯追求，是大学发展和社会进步的驱动力，是指大学以真理和科学事实为唯一标准的价值观以及在此基础上所形成的追求真理、不畏权威、大胆怀疑、批判错误、勇于创新的行为规范和精神勇气。其主要体现在三个方面：一是以批判的眼光看待各种思想、理论、文化、实践等，二是在批判中继承和发展，三是凸显文化自觉作用。从某种意义上讲，大学的这种文化自觉的批判精神的精髓在于以理性透析社会，推动社会经济、政治、文化等向前发展。

（七）创新精神

传承知识、发现知识、创新知识是大学的重要职能和特征，大学理应发挥它的创新精神在不同的领域取得新成果，做出新发现；理应创造新理论、创新新制度、发展新思想来推动人类社会全面进步和发展；理应把创新精神作为任务，在人才培养、科学研究、社会进步上迈出更大的步伐；理应成为新观念的源泉、新知识的源泉、新型专业人才的源泉、新技术的源泉，完成时代交给自己的职责和使命。尤其在当今竞争日益激烈的知识经济的时代，没有创新就没有进步，没有创新就没有发展。创新是一个民族进步的灵魂，是一个国家兴旺发达的不竭动力。从某种程度上说，能否创新成为一个国家能否大踏步发展和进步的标志。时代的发展、民族的振兴、人类的进步，都在迫切地呼唤创新精神，更需要创新精神的弘扬和培育。

---

① 亚伯拉罕·弗莱克斯纳：《现代大学论——美英德大学研究》，杭州：浙江教育出版社，2001年版，第89～105页。

（八）民主精神

五四运动所高举和倡导的民主精神日益成为现代大学精神的内核。民主是人类政治文明发展的成果，建立和发展民主是中国共产党人的奋斗目标和社会主义的根本目的之一。在全面建成小康社会的背景下，民主是小康社会的一个重要因子，成为社会发展的趋势，呼唤和发扬民主精神也成为时代的要求和任务，这种要求迫切地需要大学重新审视自身，肩负起时代和历史赋予的责任，视培养学生的民主精神为己任，要求大学首先要追求公平、正义，让大学校园成为培养民主精神的摇篮。大学生是祖国的未来，我们的国家要想建设成为民主国家，就必须让大学民主精神深入人心，这事关党的未来，事关祖国的命运。

（九）服务精神

随着社会的不断发展，大学的功能要从原先发展知识、传承文化、科学研究向服务社会转变，大学要关切人类，立学为民，治学报国，新形势下服务精神应该成为大学精神的新内容。服务社会、引领社会应该成为大学面临的新课题和新挑战，也是大学发展获得的新空间和新机遇。全面建成小康社会是大学服务社会的新机遇和新要求，大学应培养出适应地方建设，能创造、创新、创业的大学生，多渠道、多层次、多方面融入地方经济建设，尤其是农村、基层等不发达地区；大学要通过服务精神的发挥，为新农村建设培养建设人才，为基层发展、为缩小城乡差距、为实现"两个一百年"奋斗目标承担新责任并做出新贡献，这是时代对大学精神提出的新要求。

第三节 "川农大精神"
——川农大校史沉淀出的文化精髓

一所大学的精神不是写在纸上，不是存在于学校标语、口号上，甚至也不仅仅体现在校长的办学理念中，而是一种历史的沉淀、精神的凝聚和升华；它体现在代代大学人的薪火相传、传承弘扬上，体现在每一个教师、学生身上，体现在学校的各个方面。"爱国敬业、艰苦奋斗、团结拼搏、求实创新"的"川农大精神"，是四川农业大学百余年办学历史沉淀、凝聚的文化精髓。

一、爱国主义是川农大永恒的底色

爱国主义是中华民族精神的核心，也是中国大学秉承弘扬的永恒的精神。在目前我国各类高校中几乎都把"爱国"作为校训或大学精神的主要内容之一，每一所大学的爱国主义传统都有深刻的内容，校训的每一个字都有深刻的内涵。四川农业大学在百余年的办学历程中孕育和凝练了"川农大精神"，即"爱国敬业、艰苦奋斗、团结拼搏、求实创新"。"爱国"被放在了首位，也正是四川农业大学百余年来川农人矢志不渝的爱国情怀的诠释和生动写照。1906年四川通省农业学堂创办，这是四川成立的第一所农业学堂。四川总督锡良在四川通省农业学堂成立时致辞："蜀中沃野千里，古称陆海。夙以蚕丝之利与世相竞，徒以墨守故法，利寖外溢，故不能不提倡农学，以为振兴农业之预备。"自此以后，虽然学校的校名多有变更，但学校始终以"兴中华之农事"为己任，以农报国之志从未改变。1956年迁往雅安独立建院，成立四川农学院。1985年学校更名为四川农业大学。1999年学校进入首批"211工程"重点建设行列。从20世纪初的清朝到21世纪，经历百年的风雨沧桑，筚路蓝缕，手胼足胝，一路走来，为实现新农村建设、全面建成小康社会，不断追逐着兴农报国的梦想。

爱国精神是不断激励川农大不断奋进的原动力。在川农大历史上，在老一辈川农大教授中，如杨凤、彭家元、夏定友、陈之长、杨志农、王祖泽，以及后来的文心田、任正隆、朱庆、罗承德等人无不放弃国外优厚的条件和自己在业务上得到更好发展的前景，义无反顾地回到母校，无怨无悔，把自己的青春献给了川农大。改革开放以来到 21 世纪之初，学校赴国外留学的各类人员中，有 85% 学成后如期返校，还在国外留学的科研教学人员，也多表示要回校工作。而同一时间，全国回国率仅 1/3，四川农业大学如此高的回国率，正是源自这些教师对家乡、对祖国的无限热爱，也成就了他们事业的辉煌。这样的例子，在川农大一百余年的办学历程中不胜枚举，时至今日，许多功成名就的老专家仍不顾年高体弱，仍在默默奉献，许多中青年教师无暇顾及家庭，寒来暑往，辛勤耕耘在教学、科研和服务"三农"的第一线，涌现出了一大批先进典型。这是爱国主义、集体主义、社会主义思想承传、弘扬的结晶。

"爱国敬业"是"川农大精神"的核心内容，一代又一代的川农大教师将自己的事业与祖国的需要联系在一起，正是这种爱国主义信仰的激励和召唤，推动了他们事业的进步。他们身上的爱国主义精神，体现在了他们学习、工作、生活的点点滴滴里，由此铸就了"川农大精神"，也正是这样的"川农大精神"得到党和国家领导人的多次肯定和赞扬。江泽民同志 1991 年 4 月和 2002 年 5 月两次亲临学校视察，对学校在教学科研方面取得的突出成绩表示赞赏。2002 年 1 月，温家宝同志批示："川农大精神"应该总结、宣传和发扬。2007 年 10 月，温家宝同志再次批示：川农大工作很有成绩，办学经验值得重视。2001 年 10 月，李岚清同志视察学校，高度评价"川农大精神"，充分肯定学校各项工作。"川农大精神"已成为学校的大学精神的内核，是学校各项事业改革发展的精神之基和力量之源。

二、奋斗拼搏是川农大优良的传统

"川农大精神"浓缩了川农奋斗拼搏、砥砺前行的办学历程，展示了川农大人自立自强、乐观向上的积极态度。奋斗拼搏是川农大人的传家宝，学校今天取得的累累硕果正是一代代川农大人奋斗拼搏的结果。

1956 年，学校从成都迁至雅安独立建校，偏居川西小城，直到 20 世纪末。在雅安的几十年间，交通不畅，信息闭塞，条件艰苦，生活困难。然而，就是在这样一般人认为不可能办大学的条件下，川农人开始了长达半个世纪的艰苦创业历程。

原经管院院长何训坤教授回忆当初学校迁到雅安时的情景，"这次搬迁是凄凉的，当时雅安交通不便，我们许多基础教学试验设备根本无法携带过来。对我们来说，这是一次新的开头，在一块完全不熟悉的土地上白手起家，开始新的生活。当时我们来的时候，周公山那边的农业还是刀耕火种。我们在这里，是孤独的。"据已故学者高之仁教授回忆说，四川农学院在雅安独立建院之初，"赵书记（指学院首任党委书记赵光荣）说我们连基本的 PH 实验都无法开展，向上面求助，报告打了很多次，最后，为了保证教学基本需要，高教部拨款 36 万元，用于购置新建立的实验实习所需设备。我们还有成都狮子山园艺场，灌县灵岩山林场，雅安的滨江、姚桥、多营三个农场一共 5 个实习场地——当时交通不便，前面两个都废弃了。而这边三个的工作根本无法开展"。当时学校办学面临着何其尴尬的局面。

在羌地西康，在废弃的原西康省政府的驻地上，在一片荒凉的滨江河岸，在庄严肃穆的苍坪山烈士陵园旁，川农大就此宣告诞生。首任院长杨开渠在新生开学中致辞："自然，我们新搬到这里来，在精神生活和物质条件上，短时期内，会有一定的困难，但是，我们想一想修筑宝成铁路的人们，他们使'山岳低头，江河改道'的气魄和精神，是何等的伟大，我们年轻的学农的小伙子，连我半老的人也在内，应该学习他们，使高山上的野生动植物，变成驯化的作物和家畜，丰富我们祖国的自然资源。我们是向自然的斗争者而不是向自然乞恩的可怜虫！不是环境的奴隶而是环境的主人！"催人泪下的语言到今天依旧能够让人油然产生奋进的力量。

在这之后的 20 多年里，学校经受了历次运动的冲击，尤其是在十年"文化大革命"时期，川农大遭遇了历史浩劫。在极其困难的环境里，川农大师生仍然义无反顾地坚持科学研究并取得了重大成绩。

改革开放的春天到来,四川农大站在新的历史起点上,秉承艰苦奋斗传统,书写新的篇章。如今学校以突出的科技成就吸引了全社会关注的目光:先后获国家技术发明一等奖 2 项、二等奖 3 项,国家自然科学二等奖 1 项,国家科技进步二等奖 16 项,四川省科技进步特等奖 3 项、一等奖 53 项。在艰苦的条件下取得一流的成绩,创造出一个又一个奇迹与辉煌,这正是奋斗拼搏精神砥砺的结果,使其成为"川农大精神"的重要内涵。

三、求实创新是川农大不竭的动力

创新是大学精神的本质属性,是大学作为社会有机体中保持自身品位的根本生命力。创新精神也是大学教育科学发展的不竭动力。不断地创新文化,产出更多的科技成果,促进科学文化的发展与繁荣,是大学的使命和应有的社会责任;不断地营造创新、创造的文化氛围,培养大学生的创新力和创造力,则是大学的神圣任务和基本职能。大学只有不断地创新、创造,才能焕发应有的生命力,才能实现自身的科学发展。

人才培养不断改革创新。从独立建校以来,四川农业大学不断深化学科专业、教学模式、管理方式、招生规模、课程考试、人才引进、资源分配、运行机制、社会实践等方面的改革。1956 年独立建校时,学校仅开设农学、畜牧兽医、林学三系,农学、畜牧、兽医、森林经营四个专业。1959 年,学校开始招收水稻栽培、兽医产科、玉米育种、家畜饲养和家禽育种专业三年制硕士研究生。1984 年动物营养、动物遗传育种、作物遗传育种 3 个专业获博士学位授予权。如今学校已经成为一所以生物科技为特色,农业科技为优势,农、理、工、经、管、医、文、教、法、艺术学多学科协调发展的学校。目前全校师生员工近 44000 人,有 24 个学院、15 个研究所(中心),有博士后科研流动站 7 个,博士学位授权一级学科 10 个、二级学科 40 个,硕士学位授权一级学科 15 个、二级学科 67 个，专业学位授予类别（领域）21 个，本科专业 86 个；国家重点学科和重点培育学科 4 个，部省重点学科 19 个。2012 年全国学科评估中，学校申报参评的 6 个一级学科均名列前茅。半个世纪以来，学校千方百计改善办学条件，人才培养质量得到不断提升，使学校最终为社会提供全面发展、追求自我实现的适合人才，培养出了周开达、荣廷昭这样的院士，也培养了李仕贵、凌宏清等一批国家杰出青年和吴德、龙漫远等这样的长江学者，也不乏陈育新、龙波这样的商界精英，当然也不会少了李登菊、于伟这样的政府官员。

科学研究不断改革创新。长期以来，四川农业大学以建设一流农业大学为目标，明确自身定位，做好高水平的科研工作，取得高质量的科研成果，培养高层次的专门人才，在服务新农村建设、解决"三农"问题上，凭借自身的人才和学科门类齐全等优势，领先科研前沿。1969 年，学校小麦室选育出小麦优良品种和优异的种质资源繁六。它的问世，结束了四川麦区长期依赖国外引进品种的历史，第一次创小麦亩产千斤的高产纪录，成为 70 年代四川麦区主栽品种。1970 年，水稻室育成新品种"珍广矮"后在全川推广。1974 年，水稻室选育出了再生力强的水稻早籼品种"蜀丰一号""蜀丰二号"，被推荐为四川早稻推广良种之一。后"籼亚种内品种间培育雄性不育系及冈·D 型杂交稻"更是创造了水稻杂交史上的奇迹。特别是 2009 年以来，学校重金投入实施双支计划，激发科研活力，有力撬动学科建设，实施科研平台建设计划，强力推进科研基础条件平台建设。紧紧围绕"三农"亟待解决的理论问题和实际问题开展科研攻关，形成了一批拥有自主知识产权的核心技术和科研成果。从 1978 年到 2016 年，学校获得省部级以上科技成果奖 500 余项，省部级一等奖以上获奖成果共 80 项。这样的成绩让很多学校羡慕，同时这也不断激励川农大进行科学创新。

社会服务不断改革创新。学校在成立以来的百余年办学历程中，以"兴中华之农事"为己任，不断迎接自我发展的机遇与挑战，改革创新服务社会，提升形象，赢得社会的尊重，使学校能够从涉农学科建设，解决农业、农村、农民问题，以及技术、经济、合作等多方面，适应国家社会经济发展对人才的需求，调整人才培养方案，加强教学、科研、文化建设与社会的联系，创新社会服务，促进区域社会经济发展。

学校探索建立以大学为依托的新型农村科技服务体系为契机，以提高先进适用技术成果转化率、促进农民依靠科技增收致富为目标，不断完善科技推广服务新机制、新模式。学校大力推进农科教联合和产学研结合，促进农业新技术、新品种的推广，加强以农业科技成果转化为主体的多元化社会服务体系建设。近年来，学校科研成果70%左右的获奖成果得以推广转化，累计创社会经济效益1000多亿元。2012年4月，学校成为全国首批高等学校新农村发展研究院建设试点单位之一。

文化传承创新上不断改革创新。高校是文化的生产、传播中心和高地。在百余年的办学历程中，四川农业大学通过开展人才培养、科学研究、服务社会和文化引领，扬弃旧义、创立新知，并传播到社会，致力于为现代农业及地方经济社会发展提供有力人才和科技支撑，为解决经济建设和社会发展中的重大问题做出了突出贡献，有力地推动了社会主义先进文化的建设。在川农大历史上，出现了不少知名校长、知名教师、知名校友，他们学农、爱农、兴农的精神，影响、激励着广大师生自觉树立起服务农业、农村的责任感和使命感。学校近年来对包括办学理念、校训、校风等在内的精神文化要素进行了新的定位和设计，形成了校园精神文化的核心内容。在办学理念方面，提出"人才培养是立校之本、科学研究是强校之路、社会服务是兴校之策、文化传承创新是荣校之魂"；在治学理念上提出以"学生为本、学术为天、学科为纲、学者为上"；在校训内涵方面，以一种新的方式进行诠释，倡导师生读好一本"追求真理"之书、走好一条"造福社会"之路、绘好一幅"自强不息"之画；在校风建设方面，坚持以优良党风带校风、正学风、促教风，形成了"纯朴勤奋、孜孜以求"的校风。学校教育广大学生以服务"三农"为己任，扎实做好"西部计划""三支一扶计划""大学生村干部计划""特岗教师计划"等项目，引导和支持毕业生到基层、到农村建功立业，培育热爱"三农"、心系"三农"的奉献精神。学校通过每年投入300万元实施就业工程、投入100万元实施文化艺术教育工程等举措，全心全意服务学生，使其健康成长。通过大幅改善福利待遇、全面解决住房问题、搭建教师发展平台，使每一位教职工劳有所值、住有所居、干有所盼，坚持将师生"幸福指数"作为衡量学校"发展指数"的重要标准，营造了一种尊重师生、关爱师生、服务师生的浓厚人文关怀氛围。此外，学校严格规范学术行为，倡导良好科研诚信和学术风气，培育求实创新的科学精神，凝练高度自觉与坚定自信结合的学校精神文化。

第一章　薪火相传的百年川农大

关键词：创立与演变发展概述

四川农业大学无论始创于山川秀美、人杰地灵、民殷物阜的天府之国成都，还是植根素有"西藏门户"之称的雅安，一路风雨迷蒙，一路风生水起，一路跌宕起伏，一路水复山重，成为四川乃至中国近现代高等教育的一个缩影与写照。

第一节　历史沿革概述

一、四川通省农业学堂（1906—1911）

（一）历史背景

清末的四川，政治、经济、文化的压迫与反压迫、侵略与反侵略的斗争异常尖锐，各种矛盾交织在一起，这些构成了当时特殊的历史背景。

19世纪末，最大的几个资本主义国家已把世界大部分领土分割完毕，中国就成了各帝国主义国家在亚洲争夺的重点。他们处处扼据咽喉，以致在漫长的中国海岸线上，竟无一处可作为中国海军基地的港口。在帝国主义瓜分中国的狂潮中，地处中国西南腹地的四川，也成了他们争夺的一个焦点。各国列强在侵略四川的过程中，既互相争夺，又互相勾结，从而在政治、经济、军事、外交、宗教、文化等诸多方面，掀起了前所未有的侵川狂潮。清末的四川封建文化已经衰落，文化领域内的显著特征是东西方文化的冲突与融汇，概言之是新学与旧学之争、学校与科举之争、帝国主义文化侵略与人民反文化侵略之争。

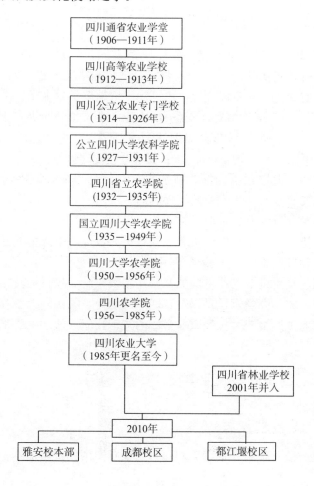

晚清洋务运动的改良派以"中学为体，西学为用"作为指导思想，在文化教育方面，则以办新式学堂、兴学育才为标志。19世纪 90 年代后，四川一部分书院开设西学，1892 年川东重镇重庆出现了第一所新式学堂。1896 年，四川总督鹿传霖奉旨于成都创办中西学堂，倡导学习"西文西艺"，"分课华文、西文、算学"，成为四川古代和近代高等教育的结合点。在此之后，新式学堂在四川励志改革的官吏和留学生的努力下逐渐发展起来。

（二）发展概述

1905 年，四川布政使许涵度奏请在四川省城设立农政总局。由于他的奔走疾呼，1906 年 6 月 1 日（清光绪三十二年四月初十）四川通省农业学堂得以成立，由许涵度统辖全学堂事宜，洪守汝为学堂监督。这是四川成立的第一所农业学堂，也是四川农业大学的历史源头。学堂于 1906 年 6 月 1 日先行开学，5 日行课，9 月 12 日正式举行开学典礼。四川总督锡良率领省城司道各员参加了典礼，并在会上颁示了训词，勉励学生不仅只为个人谋生而学习知识，更要有复兴四川农业的宏伟志向。

学堂分设农业、蚕业、林业的预科和本科，预科两年毕业，本科三年毕业。学堂初期以培养农政官员为目标，生源由各县按额度选送。学校设桑园、试验场各一处。1910 年 4 月学堂迁往成都东门外望江楼附近的农业试验场并修建新校舍。学校目标转向培养农业技术人才，办学宗旨是以结合四川的地势、气候、土壤等自然条件及农业生产情况，传授农业必需的知识技能，使学生将来能从事农业生产。

二、四川高等农业学校（1912—1913）

（一）历史背景

自《辛丑条约》签订后，西方列强对中国的侵略加剧。由于政治腐败、民族矛盾激化和帝国主义的经济、文化侵略，致使国家面临覆灭的命运，民众处于水深火热之中。

在中华民族危机日益深重之时，以孙中山为首的资产阶级革命派进行了艰苦卓绝的斗争。1911 年满清政府出卖铁路修筑权，激起全国人民反抗。为镇压四川保路运动，清政府急调湖北等省军队入川。趁此机会，武昌打响了辛亥革命第一枪。辛亥革命推翻了持续 2000 多年的封建君主专制，于 1912 年 1 月宣告成立中华民国临时政府。新政府在教育领域进行了卓有成效、影响深远的改革。

1912 年 7 月，蔡元培主持召开中央临时教育会议，讨论教育改革的宗旨、政策、措施。同年 9 月，教育部根据临时教育会议的决议公布新的教育宗旨："注重道德教育，以实利教育、军国民教育辅之，更以美感教育完成其道德。"并公布了学制系统和各级种类的学校法令，废除了"忠君""尊孔读经"等封建内容，贯彻自由、平等的民主共和精神，增加了自然科学课时，重视劳动生产技能教育。

四川教育事业在一部分先进分子的推动下，同样顺应历史发展潮流，以崭新的面貌出现。此时的"天府之国"更迫切需要大量农业专门人才和农政管理人员，随着四川中等学校的不断发展，中等农业学堂毕业生一时间激增。1912 年，为了容纳四川各县中等农业学堂毕业升学的学生，清末创立的四川通省农业学堂经四川军政府批准，改为四川高等农业学校。

（二）发展概述

民国前期，四川高等农业学校同样遭到军阀混战割据的严重摧残，四川高等农业学校在极其艰难的恶劣环境中谋求改革和发展。校长是江书祥，校址仍是四川通省农业学堂的旧址（成都东门外望江楼附近）。按教育部《专门学校令》规定，学校本应设农、林、蚕、水产、兽医五科，但根据最初条件，只设了农学科、林学科、蚕学科，以培养农业技术人才、推广新技术，开发川边为主要目标，设有大专（学制三年）和中专（学制两年）两部。大专设农业殖边科、林业科，招收这两科的学生均需中学毕业及与中学程度相当。中专设甲种农业科、蚕桑实科，分别招生 50 人。

三、四川公立农业专门学校（1914—1926）

（一）历史背景

国民政府成立初年，在中央设立大学院统管全国教育，但这个管理体制还在试行阶段就遭受高等教育界的反对，于是仍然在行政院之下设立教育部主管中央教育行政事宜。教育部对高等教育的发展十分重视，制定了一系列的政策、法规、方案等加以控制、促进高等教育的发展。

1912 年 9 月，教育部发布《大学令》，规定全国只设三所大学，各省高等学堂一律停办。四川当局和社会名流一再呼吁开办大学，但终未获准。1913 年，四川都督尹昌衡致电袁世凯，请袁命令全国学校尊孔读经；曾学传在成都发起组织"孔教扶轮会"，在成都主持四川国学专门学校，鼓吹尊孔读经。吴虞（1872—1949）是当时迎头痛击四川尊孔复古逆流的猛将，以其为代表的一批四川近代文化思想启蒙者，对四川新文化运动产生了积极影响。报纸刊物的创办如雨后春笋，多以新的姿态展现于四川舆论阵地。各种进步政党、社团纷纷建立，展示出社会政治制度的变迁。这种民主共和潮流的涌现，导致了四川的政治、军事、经济、文化、教育等方面一定程度的改革。

（二）发展概述

为了适应全省专门学校改制，1914 年四川高等农业学校改名为四川公立农业专门学校。1914 年至 1919 年，学校的历任校长都是日本东京帝国大学农科的毕业生，均是有名望的学者，各自学有专长。

四川公立农业专门学校的课程基本按照教育部《专门学校令》的要求设置，但是前后变化较大，除继续设置农业殖边科（1916年以后停办）、甲种农业科、桑蚕实科外，新设农本科、林本科，1925年增设蚕本科，专业课程大多有实习，学制均为三年。

1915年起，学校除化学实验外，农科有农场学习、动植物学实验、测量学习，林科有造林实习、林产制造实习，蚕科有养蚕实习、制丝实验。学校为了给学生提供实习和研究场所，1915年相继在校内建立了养蚕制丝室，在学校附近开辟了30余亩的试验农场。林科师生在灌县城北灵岩山有占地1100余亩、纵横10余里的造林试验场。

1917年发生了川军与滇军、川军与黔军之战，特别是以后四川军阀的混战，给四川教育带来深重灾难。四川公立农业专门学校校舍曾被滇军占领，仪器设备及公私财物受到严重损失，连年内战造成了教育经费支款无门，公费学生因经费无着，忍饥挨饿，思想浮动，师生均有以全市罢课来争取教育经费独立的想法。1920年11月29日，成都学生总罢课，四川公立农业专门学校等校长联名致函靖川军总司令部，强烈抗议军阀暴行。这次反对靖川军的斗争，以学生的胜利而结束，表现了广大学生反对封建军阀、团结战斗的英雄气概。

在各种战争的摧残下，四川公立农业专门学校的发展受到极大影响，前所未有地激发了师生们以天下为己任，继承前人"国家兴亡，匹夫有责"的报国之情，学习前人"先天下之忧而忧，后天下之乐而乐"的鞠躬为民的品德，为大学精神的形成奠定了基础。

四、公立四川大学农科学院（1927—1931）

（一）历史背景

"国民政府成立之初，全国高等教育正处在所谓'大学热'时期。为改变高等学校'数量增加，质量低下'的状况，国民政府对高等教育进行了整顿。其中,取消单科大学、限制滥设大学,加强对私立院校以及教会学校的控制与管理是整顿的重点。为此出台了一系列的法规政策,目的是全面加强政府对高等教育的控制以'限制数量、提升质量'。规范和控制相结合是国民政府初期整顿高等教育政策的主要特征。此次整顿还呈现以下特点:第一,整理方武以'截、并、改、停'为主;第二,整顿内容始终围绕限制大学滥设、加强对私立院校的控制和管理展开;第三,政府整顿高等教育的法规和政策具有一定的灵活性。通过这次整顿,改变了20世纪20年代以来高等教育发展中的无序状况。在一定程度上提高了高等教育的整体水平。"①

成都地区的四川公立农业专门学校、公立法政专门学校、公立工业专门学校、公立外国语专门学校、公立国学专门学校五所专科学校,在1927年上半年相继提请改为单科大学,但均未获批准。1927年8月,四川省长公署和教育厅多次召集会议,决议由这五所专门学校合并组成公立四川大学,并经省长公署和大学院立案。

(二) 发展概述

1927年至1931年,四川公立农业专门学校成为公立四川大学的一个学院,即公立四川大学农科学院,校址仍沿用四川公立农业专门学校旧址。公立四川大学未设校长,由中国文学院、外国文学院、法政学院、工科学院和农科学院的学长(1930年后改为院长)共同组成大学委员会,公推中国文学院学长向楚承头联合办公、协调对外,内部则由各院自主。

公立四川大学农科学院学长由公立农业专门学校校长邓崇德继任。根据教育部公布的规定,公立四川大学农科学院由各科主任、各部主任、学监主任组成院务会议。院务会议以学长(即院长)为

---

① 田正平、陈玉玲:《国民政府初期对高等教育的整顿(1927—1937年)》,载《河北师范大学学报(教育科学版)》,2012年第1期。

主席，主席不在时，公推一人代理主席。每两周开会一次，遇有紧急事件则由主席或会员（即委员）五人以上之提议召集临时会议。学院的讲座，学系、各附属研究机关、院内各种委员会的设立、废止和变更，各种规程的制定、废止和变更，预算审定及决算审查，学长交议事项，教授及职员和学生建议事项等须经过院务会议议决。

公立四川大学农科学院成立后，农本科、蚕本科合并为农艺系，后来林本科被改为森林系。学院共有专兼职教师 44 人，1930年第一次招收女生。

1927 年底，成都再次爆发学生反对军阀扣留教育专款肉税的争取教育经费独立的运动。农科学院师生积极参加斗争，教师罢教，学生罢课，受到反动军阀的残酷镇压。

五、四川省立农学院（1932—1935）

（一）历史背景

1931 年 5 月，四川省教育厅厅长张铮根据省政府主席、二十四军军长刘文辉指令，着手分期分批整顿四川的高校教育。经过几个月的筹划和准备，经四川省政府决定，将国立成都大学、国立成都师范大学和公立四川大学合并，定名为国立四川大学。重复各系亦相应合并，大学下设文、理、法、教育四学院。原公立四川大学的工科、农科两学院则予划开，改办独立学院，农科学院定名为四川省立农学院。

（二）发展概述

四川省立农学院从四川大学剥离出来后，运行经费仍由省上拨款开支，组织管理有所变化，领导班子设院长一人，院长由佘耀彤继任，校址仍沿用公立四川大学农科学院旧址。

学校从四川大学分离出来独立办学后，办学宗旨赓即改为：教授高深农业理论和技能，培养高级农业技术人才。学校实行学制与学分制，并制定细则对农学系、林学系这两个系加以强化管理。由于军阀内战、社会动荡，外县学生入学、毕业生就业都很困难，招生工作也十分艰难。

1934 年，《四川省立农学院院刊》首次出版，但一年后随着学校再次并入四川大学而停刊。

1935 年，农学系和林学系合并为农林系。

在这个发展阶段，学校迈开了科学试验的脚步，进行了"四川森林之现况""四川林木垂直与水平分布""四川分区造林树种之选定"等项目的调查研究，并派人员做推广工作指导造林，印制《造林浅说》分发农民，还将苗木向社会推广。

六、国立四川大学农学院（1935—1949）

（一）历史背景

抗战前，1935 年的四川已经结束军阀防区制，省政府已经掌握全省的行政、财政、文教等权力。军阀防治区时代，不重视教育，克扣、挪用教育经费的情况经常发生，这种情况此时已有所好转，发展教育已经开始提上省政府的工作日程。

抗日战争爆发后，许多高等学校因战火所迫无法在原地坚持下去。教育部为应付突然变化，采取各种措施将敌占区和接近战区的高等学校向大后方的四川、云南迁移，使高等学校能够继续办学。高等学校在政府当局安排与资助下，纷纷向西南大后方撤迁。

抗战中的四川高等教育，除了战前已有的 4 所和战时外省迁川复校的 47 所外，又新创办了 5 所。因此到抗战后期，四川的各类高等学校至少达 56 所，为战前四川高校的 14 倍，居全国各省之冠，使整个四川成为全国文化教育的重心。这一时期四川的高等教育有了很快发展。

1935 年 7 月 30 日，四川省立农学院收到四川省教育厅通知：

"奉教育部电令将省立农工两院，分别派员接收。""省立农学院并入国立四川大学"，同时也将重庆大学农学院并入。四川省立农学院于9月初由四川大学接办，重庆大学农学院学生经甄别核定后也进入四川大学学习。

（二）发展概述

1935年至1949年，在学校第二次并入国立四川大学后的十多年间，国立四川大学农学院系室的增设、教师阵营的扩大、学生人数的倍增，都显示了学院在逐渐发展壮大。由于学院一直在成都本地办学，未受到日军轰炸和学校搬迁造成的损失，教学和科研水平不但未受影响还得到显著提高。农学院合并入四川大学的十多年间十分重视教学，强调理论与实践相结合，使得学院的教学和科研工作都有长足发展。

学院在学系、专业、课程设置、教师聘任、教师进修、校外实习、科学试验、学术交流、学生社团设立等方面变动较大。学院聘请了成都兄弟院校和科研机构的知名专家兼任教授。这些知名专家在校工作，大大提高了教学质量，浓化了学术空气，极大地提高了学院在国内的知名度。

1945年8月，抗日战争胜利后，虽然迁入四川的各个高等学校纷纷迁回原籍，但是农学院原有师生们的科研工作完全能够从实际条件出发，加强实用性问题的研究，对研究成功的项目进行实地推广和应用。学院新聘教授中，不少曾留学欧美，对于开展学术交流、广泛吸取东西方各国的先进科学技术，提高教师学术水平都具有较大作用。学院鼓励、派选教师进行在职研究与出国考察进修，开展社会服务活动，设立研究室，成立农业推广处，开展试验研究和示范推广。

学院加强基础课理论学习，按培养目标和学制确定课程开设和学分安排及对课程内容的要求，坚持理论联系实际，培养学生解决实际问题的能力，成立了多个学生研究会、学生学会，由学生自己开展学术活动，请校内外教授、专家作学术报告和学术演讲，极大地活跃了学术氛围。

各系为了集中研究力量，均成立了研究室，与中央实验所、中央农业实验所、中央林业实验所、中央畜牧实验所等展开科研合作，编辑出版了很多农业学术刊物和著作。十多年间，师生在水稻、玉米、豌豆、小麦、果蔬、工艺作物、植物病虫害、森林、农业经济、畜牧兽医等方面取得了较大的研究成绩，为提高教学质量、浓化学术风气和发展农业生产都做出了贡献。

七、四川大学农学院（1950—1956）

（一）历史背景

1949年10月1日新中国诞生，以蒋介石为首的"国民政府"还在以重庆等地为中心负隅顽抗，人民解放军遵照毛泽东、朱德《向全国进军的命令》追歼残敌。1949年11月30日，重庆解放。蒋介石仓皇乘机飞蓉城，"国民政府"机关亦搬至成都。1949年12月27日，成都解放。1950年3月下旬，人民解放军全歼了企图以西昌为大本营进行垂死挣扎的国民党军残部，彻底解放了四川。

随着解放的进程，1949年12月2日，中央人民政府在四川成立了西南军政委员会，并在各解放地区建立军事管制委员会，进行接管和恢复工作，逐步建立起正常的秩序，和全国保持一致。

1949年12月27日，挺进大西南的中国人民解放军在人民热烈欢呼声中进驻成都，由国民党长期统治的四川大学回到了人民手中，学校由此展开新的一页历史。

（二）发展概述

1950年2月9日，四川大学召开全校师生员工大会，四川大学新的行政领导机构诞生，四川大学农学院也随之成立了临时院务委员会。

新中国成立以后，农学院师生跨入了一个新时代。全院师生员工在这个办学阶段开展了一系列政治学习，结合全国范围内开展的政治运动，学院对师生职工进行了一系列国际主义、爱国主义和社会发展史的教育，帮助师生职工提高政治觉悟，增强对共产党和新中国的认识。除了组织学习文件和开展讨论外，学院经常邀请有关人士来校作报告，解答师生职工学习上和思想上的问题。学校也专门成立了学习委员会统一领导全校师生职工的政治学习，大家以饱满的热情投入轰轰烈烈的学习热潮中。一部分学生参加了征粮、清匪反霸、减租退押等中心工作，后来多数返校继续读书，有的被吸收为国家干部，在当时对巩固国家政权起到了积极作用。

1950 年 10 月，朝鲜战争爆发，美帝国主义侵略朝鲜人民的暴行激起了中国人民的无比愤怒。在党的领导下，农学院师生迅速掀起了"抗美援朝、保家卫国"的热潮，积极捐款、捐物，有些同学还参加了军事干校，当上了空军或炮兵。1952 年，全国高等学校院系调整，在部分系调出的同时，先后将西南农学院、云南大学农学院、川北大学和西昌技艺专科学校的农艺、林业、畜牧、兽医专业调入四川大学农学院，为学院发展进一步奠定了基础。学院根据教育部下达的精神，展开了一场以处理好教学的计划性、课程的系统性、理论联系实际为主的第三次课程改革，以系为主认真研究制订教学计划，广泛听取学生的意见和建议，调整课程重复内容，增强了课程之间内容上的联系。

经过院系调整后，从 1953 年起，学校的教学工作开始走向正轨。国家倡导全国学习苏联，学校从培养目标、教学计划、拟定教学大纲、编写教材、建立教研组、教学组织，到统一招生、毕业生统一分配，都以苏联的经验为楷模，使农学院的教学工作走向了一个新的阶段。杨凤教授 1955 年积极响应周恩来总理的号召，怀着赤子之心，冲破层层阻挠，毅然从美国回到祖国，全身心投入当时我国还处于空白领域的动物营养研究。

从抗美援朝、土地改革运动、"三反"和"五反"运动，到思想改造运动、肃清反革命分子运动、四川藏区民主改革,都有农学院师生行动的身影,彰显了师生爱国敬业、艰苦奋斗、团结拼搏的精神品格。

八、四川农学院(1956—1985)

(一)历史背景

1952年,中央教育部召开全国农学院院长会议,会议决定农业院校独立设置。然而,四川大学农学院在成都独立建院的场地迟迟未获批准,致使学院独立办学迁址的问题多年未得到解决。1955年初,西康省宣布撤销,中共四川省委考虑到该处省级机关房屋可供使用,遂决定四川大学农学院迁雅安独立建院,经国务院批准,于1955年4月30日正式下达了迁院决定。四川大学于6月8日成立农学院筹备委员会。1956年经国务院批准,四川大学农学院从成都迁往雅安独立建校,命名为四川农学院。

(二)发展概述

四川大学、雅安两处的建院工作组积极开展工作,为迎接当年农学院的成立和开学作了极大努力。此时的雅安非常落后,交通极其不便,成都通向雅安的山路崎岖难行,思想统一的师生们以极大的爱国热情、爱校之心,克服了行程的劳顿艰辛,辗转奔波几个月,终于在雅安完成了收购土地、搬迁农产、拆除和改建西康省部分旧办公用房,划拨新建教学、生活用房、土地及平整操场,接收登记办公生活家具、被服、文娱器材,新置教学、生活用具等大量工作,保证了在9月份上旬如期开学。

四川农学院独立建院,是学校发展史上的一个重要里程碑。经过中央高等教育部批准,先是命名为"雅安农学院",后经教职员工反映,正式定名为四川农学院。1956年9月5日,四川农学院在雅安举行成立大会,高等教育部于8月30日发来了贺电,9月6

日学校正式行课。

建院时仍设农学、畜牧兽医、林学三个系，设有农学、畜牧、兽医、森林经营（林业专业改名）四个专业。在异常艰难的条件下，学院着手干部的配备，重建组织机构，加强建院后的管理，认真改进教学方法，扩大办学规模，增加专业设置，认真落实知识分子政策，改进工作作风。

学院党委加强了党对思想工作的领导后，成立了四川农学院学术委员会，负责审议科研规划，讨论科研中的重大问题。学校成立了科学研究委员会，统一领导全校科研工作，师生集中力量开展重点研究工作，先后建立了不少研究室、研究所。以水稻专家杨开渠教授等人为代表研发出的水稻、小麦、玉米等多项新品种，在生产中发挥了重要作用。师生们的社会培训、专题研究、论文发表、专著撰写等均在社会和同行的影响下持续产生。

学校开始招收水稻栽培、兽医产科、玉米育种、家畜饲养和家禽育种专业三年制硕士研究生，派出师生访问苏联几十所农业院校、科研机构、农庄、国营农场，加强对外联系和交流。学校在基建、图书、教学设备、教学实习农场等方面大力改善办学条件，在坚持以教为主的前提下，充分调动中年教师积极性，积极创造条件开展科学研究，在科研工作上取得了较大成绩。

学校加强党的领导，组织师生职工进行政治理论学习，安排形势任务教育，扎实开展常规性思想政治工作，改进工作作风，建立规章制度，在基建、图书资料、教学设备、教学实习农场等方面的办学条件逐步改善，使学校各项工作取得了显著发展。

但是，在经历了反右斗争扩大化、三年经济困难和持续十年的"文化大革命"后，学校仍在极为困难的条件下走着一条曲折迂回的道路。一些教师因对迁校发表了不同看法而被错划为右派甚至定为"反革命分子"，受到残酷打击。三年经济困难时期，雅安地方已无法保证学校几千师生和家属基本的生活物资需要。学校党委带领全校师生，发扬自力更生、艰苦创业的精神，把师生分散在雅安、西昌、邛崃三处，坚持教学和生产实习。十年"文化大革命"期间，学校更是遭受空前浩劫，不少教师身心受到严重摧残，学校教学工作一度被迫停止，招生停止了8年。

在如此困难的逆境中，川农人爱国爱校、兴农报国的信念没有动摇，依然人心不乱、队伍未散、工作不断。1973年学校与省业务部门和基层单位联系，举办各种短训班。学院根据全国和四川省"农林牧渔科学实验重点项目计划"的要求，确定的科研项目有56项，大多与国家计划要求相适应。1974年恢复招收三年制学生。在极其艰难的情况下，教师们仍然义无反顾地坚持科学研究，在小麦品种选育、水稻品种选育、玉米品种选育、猪鸡品种选育、耕牛水肿病的研究等方面取得了重大成绩。

1976年10月，长达十年之久的"文化大革命"结束了，国家进入了一个新的历史时期，全国教育战线也迎来了明媚的春天。学校站在了一个新的历史起点上。

此时的学校，师资队伍损失近半，教学设备损失40%，图书损失达到30%。师生们回到伤痕累累的土地上开始创造崭新的生活。学校深入揭批"四人帮"的罪行，对十年动乱中犯有错误的同志进行批评教育，根据中央文件精神开展了平反冤假错案、落实知识分子政策等工作。学校领导班子进行了调整和充实，校内党政机构进行了恢复与健全。

随着学校发展步入正轨，学校同时还逐步开展了专科生、函授生、短训班、专业证书班等多渠道、多层次的人才培养。学校在科学研究上取得了重大突破，不少项目居于国内领先或达到世界先进水平，为四川农业生产的发展和农业建设人才的培养做出了贡献。学校成为拥有种植、养殖、兽医、林业、加工和师范职业技术教育等多学科配套，博士、硕士、本科、专科多层次发展，全日制、函授、短期培训等多种形式办学的综合性省属重点农业大学。

九、辉煌的四川农业大学（1985年至今）

（一）历史背景

改革开放之初，中国的大学教育面对一个从苏式的专才模式到比较现代的通才教育模式的转型，教材、教法、培养模式等方面都面临改革的巨大压力。一方面要接受新东西，另一方面要结合中国国情加以试验，摸索自己的道路。经过各方努力，中国的高等教育在学术转型和教学方式的变革方面，都出现了一些好苗头，有了初步与国际学界接轨的迹象。随着改革开放的持续深入，我国的高等教育由封闭走向了开放，高等教育出现了大发展，成为世界上在校学生规模最大的国家。

乘着全国高等教育发展的东风，四川农学院也驶入发展的快车道。学校的办学综合实力明显增强，在人才培养、科学研究、社会服务等方面的成绩取得了显著成就，美誉度和知名度逐年提升，核心竞争力不断增强，发展的步伐受到了国内外同行的瞩目。

（二）发展概述

1985年经四川省人民政府报请教育部批准，四川农学院正式更名为四川农业大学，中共中央总书记胡耀邦亲笔题写校名。

同年，学校开始招收博士研究生，在人才培养、科学研究和社会服务的创新中不断追求卓越。1991年，学校被批准设立博士后科研流动站。

国家提出实施"211工程"建设战略后，学校抓住发展机遇，当年成立了由校长胡祖禹任组长的"211工程"领导小组，同时加大资金投入力度，全面深化改革，为早日进入"211工程"积极创造条件。学校为适应经济社会发展，特别是西部农村经济社会发展对人才的需要和高校招生就业制度的改革，创新人才培养模式，将教育思想的转变落实到课程体系改革上，固化到教学计划和教学过程中，体现出专业教育与素质教育、人文教育与科学教育、全面发展与个性发展、改革研究与改革实践的结合。心系"三农"、造福社会，学校紧紧围绕西部农村经济社会发展和全面建设小康社会的需要，持续推进教育研究和教学改革，取得了一批标志性的教学成果。

1996年和1998年，四川农业大学先后通过国家"211工程"建设部门预审和立项审核，1999年6月14日，国家发展计划委员会正式批复，同意四川农业大学作为"211工程"院校展开建设，自此学校正式进入国家面向21世纪重点建设的100所高校行列，学校整体建设迈上了新台阶。

2005年，学校迎来了本科教学水平评估，专家组对学校本科教学工作所取得的成绩给予了充分肯定和高度评价。教育部在教高函〔2006〕9号文件中宣布四川农业大学"本科教学工作的评估结论为优秀"，在这一批次中，全国共有43所高校获得优秀，四川农业大学名列其中。

2006年，学校迎来百年华诞，10月6日上万名校友从四面八方赶回母校重温一个世纪的辉煌。前中共中央政治局常委、国务院副总理李岚清等领导为四川农大百年校庆题词，前国务委员陈至立、前四川省委书记张学忠等领导为校庆发来贺信，教育部、农业部等相关部门也发来贺信，祝贺四川农业大学百年校庆。

2001年4月，原四川省林业学校整体并入四川农业大学，成为川农大都江堰分校。学校根据发展战略调整了教育布局，将专科教育全部调整到都江堰分校，后改名为都江堰校区。2009年11月17日，学校正式宣布都江堰分校更名为都江堰校区，撤销职业技术师范学院、文理学院，新组建旅游学院、商学院。"5·12"汶川特大地震发生后，都江堰校区遭受重创。学校审时度势，决定调整发展战略和区位布局，在位于温江的水稻研究所原有基础和已购置土地上，进行灾后重建项目异地重建，构建成都校区，并把成都校区打造成学校的高端平台，这是学校整体发展科学布局的一个重要环节。

2010 年 10 月 10 日，四川农业大学成都校区启用典礼举行，实现了一校三区鼎力发展的格局。

第二节 校史演进特征：既一脉相承又与时俱进

四川农业大学先后沿用四川通省农业学堂、四川高等农业学校、四川公立农业专门学校、公立四川大学农科学院、四川省立农学院、国立四川大学农学院、四川大学农学院、四川农学院、四川农业大学九个校名。无论在哪一个发展时期，学校都准确把握时代特征，注重理论学习与实践研究，师生员工的观念、行动始终和时代同步，坚持解放思想、实事求是、开拓进取，在大胆探索中不断继承和发展。

透过四川农业大学的发展历程，我们看到"川农大精神"始终贯穿在学校整个发展历程中，既一脉相承又与时俱进。自 1906 年四川通省农业学堂肇始，广大师生员工坚持"与人民同甘苦，与祖国同命运，与社会同进步"的主旋律，伴随着辛亥革命、五四运动、抗日救亡、新中国成立、改革开放等重大历史事件，形成了100 多年文脉绵延、奔腾浩荡的发展史。特别是在四川雅安半个多世纪的艰苦环境中，一代代川农人继承学校爱国爱校的优良传统，怀着兴农报国、振兴中华之志，艰苦创业，自强不息，默默耕耘在农业科教的第一线，为中国农业发展进步培养了大批人才，做出了巨大贡献。经过数代川农人的薪火传承和不懈努力，形成了"爱国敬业、艰苦奋斗、团结拼搏、求实创新"的"川农大精神"，成为每一个川农大人共同的精神家园和文化驿站，成为师生的共同精神品质、理想追求、价值取向、行为理念和文化氛围。

一百余年的办学过程中，四川农业大学与人民同命运，与祖国共发展，继承爱国爱校的优良传统，怀着为国分忧、为民谋利的报国之志，以拓荒者的气概，艰苦创业、自强不息、无私奉献，尤其近几十年为我国特别是西部农村经济社会发展做出了突出贡献，在西南广袤富饶的土地上书写了激情与梦想、荣辱与成败、追求与奋进互相交织的不朽篇章。它的历史被翻到每一章、每一页，上面都留存耕耘的汗水，都有被耒犁划过的痕迹，都飘溢着黍秫与稻米的醇香，历经选择积聚、传承发展，形成了"爱国敬业，艰苦奋斗，团结拼搏，求实创新"为核心的"川农大精神"，贯穿于学校的整个发展历程。

"爱国敬业、艰苦奋斗、团结拼搏、求实创新"这十六个字中，"爱国敬业"的奉献精神是四川农业大学精神的原动力；"艰苦奋斗"的创业精神是四川农业大学精神的特色，也是学校事业能在艰苦条件下得到不断发展的重要原因；"团结拼搏"的进取精神，是把学校事业持续推向前进的不可缺少的重要条件；"求实创新"的科学精神，是学校不断抢占科研制高点，为社会培养大批高素质人才，不断推进改革与发展的不竭动力。

"川农大精神"是四川农业大学百年变迁中不变的精神守护，它既是各级领导以及社会各界对学校奋斗历程的充分肯定和高度评价，也是学校宝贵的精神财富。它浓缩了学校百年风雨兼程的艰苦创业史，反映了历代川农人根深蒂固的爱国情怀和兴农报国的执着追求，展示了艰苦环境中川农人追求真理、求实创新、薪火传承、团结拼搏的进取精神和高风亮节，体现了一代又一代川农人把个人理想和祖国需要紧密联系，以自身的辛劳和汗水谱写朴实而壮丽篇章的精神风貌。

比如，1956年四川农业大学独立建院开始，有三任院长都姓杨，都是在国外学有所成的专家。第一任院长杨开渠先生，留日博士，我国著名水稻专家；第二任院长杨允奎先生，留美博士，是著名的作物遗传育种专家；第三任院长杨凤先生，留美即将获得博士学位时新中国成立，冲破层层阻挠于1951年回国。"三杨"的爱国之举，为"川农大精神"奠定了坚实基础，树立了榜样。由"三杨"言传身教出来的一大批农业专家，如周开达院士和荣廷召院士等，他们身上都焕发着"川农大精神"的光辉。学校历史上涌现出了江竹筠、黄宁康、何懋金、胡其恩、张大成等革命烈士，他们的献身精神教育和激励着一代又一代川农人。四川农业大学的爱国传统代代传承，并成为川农人艰苦创业，铸就"川农大精神"的原动力。不少著名学者在校执教或担任领导，他们绝大多数在海外学有所成，满怀爱国情怀和兴农报国之志来到学校，为学校形成爱国、爱校的优良传统奠定了坚实基础。

随着时代发展，"川农大精神"已经渗透到办学的各个方面，对办学理念、办学方向、办学模式和人才培养目标产生了重要影响，形成了以"川农大精神"育人的办学传统并凝聚出"心系'三农'，振兴中华"的育人主题，将爱国情怀融入这一主题中是"川农大精神"在新的历史条件下的时代内涵和精神实质。学校将这一主题融入教学、科研和管理工作各个方面，求实创新，不断深化教育教学改革，发挥科研优势，不断促进人才培养、科学研究、社会服务、文化传承创新方面的水平提升。

走过历史的长廊，"川农大精神"与时俱进，奠定了推动学校发展的动力基础。她是学校各个发展阶段的生命力、凝聚力、创造力的源泉和动力，为培育学校核心竞争力奠定了坚实的文化基础和提供了源泉。她不仅记载和镌刻着川农大艰苦创业的辉煌历程与成就，还以其不断丰富的内涵和鲜明的特色引领和鼓舞着一代又一代川农人在追求真理、造福社会的征途上做出更大贡献。尤其在雅安办学这一段时期，学校在艰苦条件下不断发展壮大，"川农大精神"体现了民族优良传统与时代精神的有机结合、精神动力和物质成果的有机结合、先进典型与模范集体的有机结合、思想教育与解决实际问题的有机结合，是几代川农人传承、实践、丰富、升华形成的，是党长期教育培养和人民支持的结果。有媒体评价说，"川农大精神"是一个奇迹，是一个创造骄人成就的传奇。

改革开放以来，承接着自身优良传统的川农人仍然践行着艰苦创业的精神，把国家、民族和学校利益置于个人利益之上，老教师为传承薪火，提携后进，许多人把多数精力花在对青年教师的培养上。"我为蜡烛荣，舍身化光明"，这是四川农业大学许多老教师的真实写照。通过传帮带，一大批中青年优秀教师成长起来。改革开放、国门打开，中青年教师有了出国深造的机会，学成回校率超过90%，回国后找准服务"三农"切入点，为推动农村改革发展、新农村建设，促进农业发展、农民增收和农村繁荣做出了新贡献。

长期以来，学校不断弘扬"川农大精神"，突出爱国敬业传统，注重立德、立言、立身，健全师德和教风建设保障激励机制，积极开展各类创建活动，强化师德师风建设，形成了"爱国爱农、厚德博学、敬业奉献、诲人不倦"的教风；传承"兴农报国、自强不息"的优良传统和"追求真理、造福社会、自强不息"的校训，加强学生理想信念教育，加强社会实践，加强学风建设，形成了"心系三农、追求真理、自强不息、学而不厌"的学风；紧紧围绕发展第一要务，以密切同群众的联系为切入点，切实加强廉政建设，形成了"求真务实、团结拼搏、开拓创新、廉洁自律"的领导干部作风，得到了社会各界的高度评价和充分认可，对促进学校改革发展和学生全面成才发挥了重要作用。

受"川农大精神"哺育的广大四川农业大学学子，奋战在祖国建设的各条战线。他们中既有在科学研究和教育事业中做出突出贡献的杰出专家，又有长期扎根生产第一线辛勤工作的先进工作者，还有从事企业经营的优秀企业家和党政管理骨干。

现今，四川农业大学迎来了发展的辉煌时代，秉承并弘扬"川农大精神"，坚持"人才培养是立校之本、科学研究是强校之路、社会服务是兴校之策、文化传承创新是荣校之魂"的办学理念，持续推进一流农业大学的建设，努力为现代农业发展和实现宏大的"中国梦"做出新贡献。

第二章 1906—1935 年：
在救亡图强时代中诞生与成长

关键词：救亡图强 诞生 成长

　　作为一所百年老校，四川农业大学有着悠久的历史和光荣的传统，其历史源流可以上溯至四川通省农业学堂的建立，这所诞生在仓库中的学堂在逆境中崛起为中国农业科研与教育的一面旗帜，铭记着一代中国人"兴中华之农事"以救亡图强的祈望。

第一节 兴中华之农事：四川通省农业学堂
（1906—1911）

　　鸦片战争将曾经灿烂文明的中华大地逐步沦为半殖民地半封建社会、外国侵略者的商品销售市场和原料掠夺地，并操纵了中国的主要经济命脉。这种侵略是造成近代中国社会经济长期不能有效发展的根源。

　　反侵略战争教育了中国人，也激励着中国人奋起直追。从鸦片战争结束开始，面对列强侵华，中国人始终进行着不屈不挠的斗争，在一系列斗争反抗中，西方资本主义的新的生产力和生产关系也进入了中国人的视野，尤其是西方更为先进的近现代科学和技术强烈刺激着希望救亡图强的中国人。一批先进的中国人开始痛定思痛，注意了解国际形势，研究外国历史地理，总结失败教训，寻求救国图强的道路和御敌制胜的方法。从曾经的"天朝上国"迷梦中醒来后，如何摆脱长期处于极端贫困和落后的境地成为当务之急，摆脱被殖民者不断残酷榨取血汗的处境，向西方学习，"中学为体，西学为用"的思路开启了中国学习西方，建立自己的现代教育体制之路。

梁启超曾指出："吾国四千年大梦之唤醒，实自甲午战败割台湾，偿二百兆始也。"甲午战争之后，中华民族面临生死存亡之际，帝国主义的瓜分狂潮和民族危机的刺激，全民族开始有了普遍的民族意识的觉醒，救亡图强的思想日益高涨。严复在《救亡决论》中大声喊出了"救亡"口号，而在他翻译的《天演论》中更借"物竞天择""适者生存"的社会进化论思想指出，中国如若再不自强就有亡国灭种的危机。这类言论对中国人来说无疑是振聋发聩的警世钟。

四川第一所农业学堂、四川农业大学的前身——四川通省农业学堂就是在中国近代农业教育的发展背景下建立起来的。

一、清末亡国灭种的危机使我国开始出现了一股要求改良社会、要求通过农业进步寻求出路的思潮和声音

在 19 世纪中叶以前，中国长期延续着经验型的传统农业文化。古老的传统农耕文明孕育了伟大的中华民族。两千多年前在汉文帝的诏书中便提出"夫农，天下之本也"，秉持这一观点，数千年来中国一直以农耕立国。但在时代背景下，在与西方新兴工业文明的较量中传统农耕无法保持先进性，甚至于无法拯救民族的生存。

在几千年的封建社会中，我国传统农业技术一直处于世界领先地位，因而形成了我国传统农业主要依赖经验的保守特性，不利于实验农学的产生和发展，导致了我国近代农学和农业的落后。

1840 年以后，一些受西学影响较深的知识分子，已看到西方近代农业胜过中国传统农业，纷纷提出要向西洋学习农业技术。19

世纪 50 年代，清代启蒙思想家、近代中国"睁眼看世界"的先行者之一魏源就在他的《海国图志》卷十中谈到："（西方）农器便利，不用耒耜，灌水皆以机关，有如骤雨。"到 60 年代，晚清改良派思想家、我国新闻史上第一位报刊政论家、近代报刊思想的奠基人王韬更撰文建议政府购买西洋机器，"以兴织维，以便工作，以利耕播"。此后，中国近代最早具有完整维新思想体系的启蒙思想家，同时也是实业家的郑观应在其《盛世危言》中提议要"参仿西法"，派人到"泰西各国讲求树艺，农桑、养蚕、牧畜、机器、耕种、化瘠为腴，一切善法"，编成专书，传播给普通农民。

当时一些开明绅士及民族企业家也开始主动引进西方的农业技术，用新方法进行农业生产。只可惜，在甲午战争前这些主张和举措并未引起清政府应有的重视。当时清政府虽也学习西方，但主要精力用在兴办"洋务"，企图通过训练新军，兴办工业来尽快"自强"和"求富"，以期能立竿见影维持摇摇欲坠的统治。当时，甲午争端初起，海战尚未爆发，中国统治者尚未意识到中国将会在甲午战争中一败涂地，仍处在对洋务运动的迷信之中。

1894 年，年仅 28 岁的孙中山先生在《上李鸿章书》中一针见血地指出洋务运动的局限："我国家自欲引西法以来，惟农政一事，未闻仿效，派往外洋肄业学生亦未闻有入农政学堂者，而所聘西儒亦未见有一农学之师。"[1] 并认为："人能尽其才，地能尽其利，物能尽其用，货能畅其流——此四事者，富强之大经，治国之大本也。"[2] 其中"地能尽其利"一项所指正是农业。

1894 年中日甲午战争清军惨败，清政府终于从训练新军以实现国家"自强"的梦中醒来。随着洋务运动的破产，越来越多的人意识到，若想从根本上改变中国的落后地位，必须先改变中国的农耕文明，若想改变农耕文明，又必须先走出农业生产落后的困境。

---

① 《孙中山全集》卷一，中华书局 1981 年版，第 17 页。
② 《孙中山全集》卷一，中华书局 1981 年版，第 18 页。

一些人开始把目光转移到农业上，认识到农业是发展工业和商业的基础，是使中国强盛起来的前提。

学习西方先进的近代农学被提到议事日程上来。1895 年，康有为在上清帝第二书①中，明确提出了学习西方近代农业的具体意见："外国讲求树艺，城邑聚落皆有农学会，察土质，辨物宜，入会则自百谷、花木、果蔬、牛羊牧畜，皆比其优劣，而旌其异等，田样各等，机车各式，农夫人人可以讲求，鸟粪可以肥培壅，电气可以速长成，沸汤可以暖地脉，玻罩可以御寒气，刈禾一人可兼数百工，播种则可以三百亩。……吾地大物博，但讲之未至，宜命使者择其农书，遍于城镇设为农会，督以农官，农人力薄，国家助之。"

康有为等的这种农业改良思潮在 1898 年"戊戌变法"中得以贯彻和实施。"戊戌变法"的性质虽是一次资产阶级的改良运动，但由于农业发展滞后已影响到国计民生，因此振兴农业也就成了"戊戌变法"推行的主要经济政策之一。光绪皇帝颁布的"明定国是"诏书中，关于实行农业改革的主要内容包括：一是"劝谕绅民兼采中西各法"，兴办农业。这是中国历史上官方首次公开提出和号召采用西方农业技术来发展我国农业。二是编印"外洋农学诸书"，引进西方近代农学。三是"于京师设立农工商总局，……各直省即由该督抚设立分局"，从中央到地方建立各级农业行政机构。四是"设立农务学堂"，兴办农业教育。五是"广开农会、刊农报、购农器，由绅富之有田业者试办以为之率"，采用各种措施，引进和推广西方近代农业科学技术。六是"在通商口岸及出丝茶省份设立茶务学堂及蚕桑公院"，用近代农业科技振兴丝茶生产。

尽管"戊戌变法"维持时间很短，但在"农为富国之本"的呼声和重农思潮的推动下，变法失败后清廷在新政期间并没有停止引进和推广西方农业科学技术。1899 年，慈禧下旨"劝农设学"，要

---

① 即著名的公车上书。

上海农学会广译报章，较大规模翻译西方农学论著，引进西方实验农学，并进行专门人才培养。清政府在兴办新式学堂之时也注意到农、工等实业教育的发展，自 1903 年起陆续制定颁布了一系列关于发展农业教育的规章和政策，这包括了 1903 年提倡兴办实业学堂；1906 年提倡兴办农事试验场；1907 年提倡设立水产讲习所试验场和农民讲习所试验场，各省设立农会等。

二、通过发展农业改良社会呼声的涌动，促使了清末近代农业教育的兴起

自 1861 年起，洋务派开始在北京、上海、广州创设的同文馆、广方言馆等新式学校培养外语人才。稍后，又开办培养军官的陆师、水师学堂以及制造洋枪洋炮及与此有关的兵工、路矿等学堂。

从历史的角度来看，中国的教育从不以农业为中心，农业技术从来都被视为"天赋之力"，无须学习，更谈不上进行长期的专门学习探究。直到 19 世纪 90 年代，一些具有先进思想的人士才意识到中国也应兴办农业教育，把西方近代农业科学和自然科学等知识运用到农业生产中，以改进中国的农业。1894 年孙中山上书李鸿章，提出"农务有学则树畜精"。1895 年他又写下《拟创立农学会书》，其中提到在广州打算创立农学会，并在会中设立农学会堂"以教授俊秀，造就其为农学之师"。1898 年维新派领袖康有为上《请开农学会堂、地质局折》，奏请兴办农业教育。他在奏折中说："窃万宝之源皆出于土，故富国之策咸出于农。……伏乞皇上饬下各府州县皆立农学堂，酌拨公地，令绅民讲求。"梁启超主办的《时务报》也常发表提倡农学的文章，主张高等学堂分理、工、农、商等科，明确把农科列为大学的一科。1901 年 5 月，就连一直主张"今日中国救贫之计，惟有振兴农工商实业"的洋务派代表人物张之洞、刘坤一也不得不在一篇联名上疏中直言不讳强调"兴农学"的重要："近年工商皆间有进益，惟农事最疲，有退无进，……今日欲图本富，首在修农政，欲修农政必先兴农学。"兴

办农业教育是富国裕民的要政之一终于在朝野成为共识,这一认识让中国农业教育走向了一个新起点。

究竟如何"兴农学"? 张之洞、刘坤一在奏疏中提出:"今日育才要旨,自宜多设学堂,分门讲求实学,考取有据,体用兼赅,方为有裨世用。"[①] 从 19 世纪后期起,西方近代自然科学和实验农学已经伴随着西洋人的纷纷来华而传入中国。以"兴农学"为目的,中国开始效法欧美各国和日本,兴办农业教育以培养农业科技人才,并附设农事试验机构,将近代农业科学知识、农业科研成果介绍给广大农民,从而推进了我国的农业现代化进程。

与此同时,兴办教育培养新式人才的呼声也越来越响亮。当时一些有识之士积极主张变法图强以御外侮。1898 年(清光绪二十四年)的"戊戌变法"运动中,康有为等就认为中国所以衰弱,在于教育太落后,救亡图强首在改良教育。为此,他上书清廷,主张"废科举,兴学堂"。变法中清政府命令各省府、州、县将书院一律改为学堂,兼习中、西学。此后,各级学堂陆续兴办起来,兴学之风逐步成为全国潮流。

1901 年 9 月《辛丑条约》签订后,内外交困中清政府为了苟延残喘,不得不匆忙下诏实施"新政",其中"兴学堂、育人才"成为"新政"主要内容之一。同年,政府下令废除八股文,以策论取士。为了统一全国学制,清政府以日本教育制度为样本,通令全国各省所有学院根据各自情况改为大、中、小学堂。1902 年,又颁布了京师大学堂管学大臣张百熙所拟的《钦定学堂章程》。这是近代中国教育史上第一个完整的以西方的标准制定的学制,史称"壬寅学制",它将学校教育的体制、规章和办法以政令的形式固定下来,从而使兴办教育得以走向逐步完善和正规化。1903 年,又颁布了经张之洞等人修订的《奏定学堂章程》,史称"癸卯学制",

---

① 湖广总督张之洞、两江总督刘坤一联名上奏《会奏变法自强第一折》,见《光绪政要》卷 30。

从此这一学制在全国施行直到民国初年。

癸卯学制改革，确立了将学堂分为普通和实业两个系统的制度。普通系统的学堂分初等小学堂、高等小学堂、中等学堂、高等学堂及大学或分科大学五级。普通学堂授基础课程，低一级学堂为学生升入高一级学堂做准备。分科大学中有一科就是农科。

实业系统的学堂分农、工、商等科。农科的实业学堂分初等农业学堂、中等农业学堂、高等农业学堂和农科大学四级（见表 2-1）。

表 2-1　实业系统的学堂

类别	宗旨	入学资格	学制
初等农业学堂	教授浅近的农业知识，使能从事简易农业劳动	初等小学毕业	三年
中等农业学堂	教授农业必需的知识技能，使能从事农业工作	高等小学毕业	预科二年，本科三年
高等农业学堂	教授高等农业学艺能，使能经理公私农务产业或任农业学堂教员或管理员	中等学堂毕业	预科一年，本科农学四年，森林、兽医各三年
农科大学	造就农业方面学术艺能人才	高等农业学堂毕业	三年

这些农科大学及高、中、初等农业学堂均属于正规学校。除此之外，当时还有"农业教员讲习养成所"和"农业补习普通学堂"等新式农业教育组织机构，体制很不一致，有初等程度的，也有中等程度的，培训时间短的两三个月即结束，长的两三年卒业。如"农业教员讲习养成所"招收中学堂或初级师范学堂毕业生入学，以培养中、初等农业学堂的教员为宗旨，附设于农科大学或高等农业学堂内，两年毕业；"农业补习普通学堂"则招收从事农业或将

从事农业的儿童入学，用简易教法授以必需的知识技能，并补习小学普通教育，附设于普通中、小学堂或农业学堂内，三年毕业。

颁布"癸卯学制"后，各地陆续兴办了一批农业学堂。几乎在同一时期，在直隶、济南、成都、武汉等地，在中国近代史上的许多"中心"，一大批农业的薪火逐步燃起。到宣统元年即 1909 年，全国共有中等农业学堂 31 所，学生 3226 人；初等农业学堂 59 所，学生 2272 人。①

大体上，中等、高等农业学堂都由省经办，初等农业学堂则由府、州、县经办，也有少数属于民办的。因当时师资、设备等条件十分有限，总体上看，中、初等农业学堂的专业课程比较薄弱，而基础课程又往往不如普通中、小学堂，这成为当时的中、初等农业学堂难以得到社会重视的原因之一。各地所办的中等农业学堂由于经费和其他条件不同，各个学校之间也存在很大差距。有的规模较大的综合性中等农业学堂内设有三四个学科，而规模小的则仅有一个学科。当时中、初等农业学堂所设的学科，数量最多的是农科，② 蚕科次之，林科及畜牧兽医科又次之，设立水产科的则更少。

当时除正规的中、初等农业学堂外，还有传习所、讲习班等，这些传习所、讲习班大多是为适应社会需要办起来的。有的经过数年发展，逐步扩大，终于成为正规的农业学堂。三、四川的新式农业教育在 19 世纪末开始兴起

随着政府对提高农业生产效率的迫切需要和全国创办新式学校的浪潮，1895 年（清光绪二十一年），四川总督鹿传霖在给朝廷的上疏中强调："讲求西学兴设学堂实为今日力图富强之基。"四川一省地处偏僻的西南，更容易让青年见闻狭隘，因此尤其适宜办西学堂"以开风气"，"一切有用之书使之兼营并习互相发明"，以使学

---

① 据清政府中央教育行政机构学部奏报的第三次教育统计图表数据。
② 此农科主要指大田作物种植业。

生"成有用之材"。①

在全国兴学风气推动下，四川以日本为参照，开始发展现代教育。1902 年四川总督岑春煊认为："教育者，政治之首务也"，为官一任应兴学一方，因此设立了川省学务处，以"督办全川学堂事宜"。1903 年，他又派在籍翰林院编修、四川高等学堂监督胡峻为考察日本学制游历官，率王章祜等人东渡日本考察学务。4 个多月后，胡峻回到成都，动手编写了四川高等学堂的各类规则及各学科的章程。他致力于振兴四川教育，提出了"仰副国家，造就通才"的办学宗旨。

1903 年（光绪二十九年），新任四川总督锡良就任后，开始积极推行"新政"。在胡峻建议下，他不仅大力兴办各种近代学堂，还选送大批学生赴日、美、法等国学习深造，使留学生在短短的两三年里达到数千人。为了适应兴办各种实业和商业等新政的需要，他比较注意发展农业、工业、财政、铁路等实业教育。

1906 年，胡峻任全省学务公所议长，主持全省教育。很快，包括四川通省农业学堂在内的五大专门学堂应运而生，与四川省城高等学堂后来共同构成了清末四川高等教育的主力阵容。到 1907 年，四川全省共有学校 7775 所，占全国第二位，在校学生数占全国第一。

清末，相较遭受列强掠夺更深的东部沿海，地处西南的"天府之国"四川更多怀着对于农业倒退的焦虑。1905 年，"四川土腴民勤"但却"农事倾颓，有退无进"，这摆在面前的尴尬现实让时任四川布政使的许涵度下决心要改变现状。经过了深入思考之后，他认为："四川土腴民勤，不患农事不兴，而患农民不智；不患古法不守，而患新法不知。"因此于 1905 年（光绪三十一年）奏请朝廷在四川省城"先置农政总局，总领全省农事，监稻麦黍粟之业，行蚕桑渔牧之利。宜当迅立中等农业学堂，招选生徒，延聘教员，以

---

① 参阅《光绪朝宫内档案》，台北故宫博物院编。

课蚕桑为先务，其一切科目程度，查照奏定实业学堂章程，择宜办理"。[①] 许涵度找到了刚刚从日本留学归来的洪守汝，他们以一间破旧的仓库为基础，绘下了一所现代农业大学的蓝图，在成都平原竖起了现代农业文明的旗帜。

四川农政总局成立的第二年——1906 年（清光绪三十二年），在当时成都市厚载门内宝川局右侧仓库，四川有史以来第一所农业学堂——四川通省农业学堂宣告诞生，这便是今天四川农业大学的前身。

全学堂事宜由布政使许涵度统辖，洪守汝担任学堂监督。从一开始，要培养有知识懂技术、能干实务的新式青年，而非传统书斋知识分子，成为学校的人才培养目标。因此，培养学生理论结合实际能力和动手能力就成为重要内容，学堂为此在校园西南隅专门设有桑园，在成都东门外还有试验场一处，校园加上试验场总面积合计 220 余亩。

1906 年 6 月 1 日（清光绪三十二年四月初十）学堂正式开学，

---

① 中国第一历史档案馆编：《光绪朝朱批奏折》，中华书局，1995 年版。

5 日（四月十四日）开始行课。9 月 12 日（清光绪三十二年七月二十四日）学堂举行首次开学典礼。四川总督锡良率领省城各司道官员参加，并在会上颁示了训词，明确学堂设立的目的乃是为了振兴四川农业。他谈到："蜀中沃野千里，古称陆海。凤以蚕丝之利与世相竞，徒以墨守故法，利寝外溢，故不能不提倡农学，以为振兴野业之预备。"他道明了学堂的历史使命，勉励学生不仅只为了个人谋生而学习知识，还要有复兴四川农业的志向。由此也可见，四川农业大学从最初诞生起便被赋予了拯救全川农业的使命，有了以"兴中华之农事"为己任的传统。

　　结合四川的地势、气候、土壤等自然条件以及农业生产情况，传授农业必需的知识技能，使学生将来能从事农业，这被定为学堂的办学目的。蚕丝业是四川的传统产业，因此学堂按照现代农业分科除农业、林业外，也设立了蚕业学科，并分设三大学科的预科和本科。学制预科两年，本科三年，二者课程设置及学时安排见表 2-2、表 2-3：

表 2-2　预科课程设置及学时安排表

共同（基础）课 12 门		物理学、化学、修身、国文、历史、地理、地质、博物、数学、外国语、体育、图画	
专业基础课	农业 3 门	动物生理学、植物生理学、植物病理学	39 学时/周（讲课 35 学时，实验 4 学时）
	蚕业 2 门	动物学、植物学	
	林业 3 门	植物生理学、植物病理学、动物学	

　　"筚路蓝缕，以启山林。"在废弃的仓库中四川通省农业学堂度过了它初创的艰难。最初仅招收学生一班共 40 人，从成都各初等小学堂毕业生中调取。共有教员 5 人，且多是任教国文、外语、数学等基础课和蚕业专业课。

表2-3　本科课程设置及学时安排表

专业课	农业 11 门	排水及开垦法、耕牛马使役法、农具使用、家畜饲养、肥料制造、谷及菜蔬耕种、作物耕耘及收获与储法、苗状整理及移植法、农务制造、害虫驱除法、春夏蚕饲养法	44学时/周（讲课32学时，实验12学时）
	林业 5 门	造林实习、森林测量、森林道路、气候、农学大意	
	蚕业 13 门	蚕体积剖、春蚕饲育、制种、浴种及藏种、显微镜使用、蚕种检查、生丝检查、制丝、桑树栽培、肥料制造、害虫驱除法、消毒法、桑树繁殖法	40学时/周（讲课36学时，实验4学时）

　　晚清乱世，国势衰颓，教育发展本就受阻，而缺乏经费和资产的农业学堂，更是穷困，知其不可而为之，顽强而倔强地坚持着。在最为困窘的时候，学堂生员仅二十余人，教员总共只有二、三人。学生概由省内各县申报选送，经道署考试后录取入学。其中，1907年和1908年共招收了4班学生。经历了两年的营办之后，到1908年，在堂学生人数已增加至140人[①]，首届学生中共有31名完成学业顺利毕业。教员数量此时有必要得到扩充，但当时省内能够担任农、林本科专业课的教员不易聘请。为解决师资不足问题，首任学堂监督洪守汝竭力发挥作用，依靠自己的关系，聘请诸多回国的日本留学生或外地、外校学农的人员来学堂任教。另外还特聘请外教松浦胜太郎任教农科专业课，当时被称为"洋教习"。这使得学校的对外学术交流在建立之初，就有了比较良好的基础。

　　在实际办学过程中，考虑到学堂与试验场距离过远，不便于师生开展教学实习活动，1910年4月，四川总督赵尔巽批准了布政使王人文提出的将学堂迁往成都东门外农业试验场，并在场内划拨

---

① 此数据不含本年应届毕业生人数。

土地修建校舍的意见。因此，学校校址迁至成都外东望江楼与白塔寺之间（今四川大学院内），占地约200亩。建校经费一是将学堂原校址被收购的12000两白银，二是使用原布政使许涵度建筑农校发商生息之费8000两白银，共计两万两，由提学使监督使用。建校共用银16000千两，剩余4000两封存学务公所，仍作为农业学堂增修改造房舍之用（见表2—4）。

表2—4 学堂经费来源

开办费	修建讲堂、校舍、购置试验场地、图书、仪器等	布政司随时筹拨
经常费	维持日常运转	布政司拨银10万两，发商生息，年得息约万余两；学生每学期入校前先期缴足的学费银25两。

第二节　鼎新革故中的两度变迁：从四川高等农业学校到四川公立农业专门学校（1912—1926）

　　风云变幻的年代，四川农业大学走过了自己发展历程中的另一段时光。从四川通省农业学堂到1912年的四川高等农业学校，再到1914年更名为四川公立农业专门学校，不管名字如何改变，不变的是由这段历史生动演绎出的川农大与时代同呼吸共命运的不平凡。"不以忧患改其节"，苦难中的历练铸就了川农大至今依旧不变的坚韧个性。

一、诞生在民主共和潮流激荡中的四川高等农业学校，以四川地区的农业发展为目标，为地方农业输送人才

　　1903年（光绪二十九年），锡良调任四川总督，开始在四川积极推行清廷所提倡的"新政"。他在四川任职期间，发生了著名的

争夺路矿权事件。当时西方列强有很清楚的一点共识，即"铁路所到之地，即势力所及之地"，竞相疯狂争夺我国的筑路权和开矿权，而清廷也似有支持之意。为了保住国家的主权不被外寇染指，危急时刻由四川省留日学生首倡，经四川总督锡良奏请力主自办铁路，反复上折强调其中的利害关系，最终取得了川汉铁路修筑的自主权，粉碎了外国侵略者妄图借助铁路在我国延伸势力的美梦。1904年（光绪三十年）在成都设立"川汉铁路总公司"，采取"田亩加赋"，抽收"租股"为主的集股方式，在数年内积极筹措股款达千万以上，自办川汉铁路。1911年5月（宣统三年四月），清朝廷在邮传大臣盛宣怀的强力推进下，宣布"铁路干线国有政策"，强收川汉、粤汉铁路为"国有"，由中央借外债修筑铁路，公开出卖川汉、粤汉铁路修筑权。而原来地方集资款概不退现款，只换发国家铁路股票。这引发四川、湖北、湖南、广东各地的反对声浪，四川反对尤为激烈。

到任不久的四川总督赵尔丰诱捕了四川咨议局正副议长暨四川保路同志会正副会长蒲殿俊、罗纶，川汉铁路股东会正副会长颜楷、张澜，主事邓孝可、胡嵘，举人江三乘、叶茂林、玉铭新等9人，封闭铁路公司和同志会。

成都数万群众闻讯，相率赴总督衙门请愿，要求释放被捕人员。赵尔丰竟下令清兵当场枪杀请愿者三十余人，制造"成都血案"。同一日，同盟会员龙鸣剑来到位于成都城南，当时的四川农业学堂农事实验场内制作木板数百片，写上"赵尔丰先捕蒲、罗，后剿四川，各地同志，速起自保自救"字样，然后涂以桐油，包油纸而投入河中。这就是所谓的"水电报"。用木片制"水电报"，投入锦江，传警各地。各州县同志军一呼百应，把守关隘，截阻文报，攻占县城，反清斗争势如燎原，造成四川独立的有利形势。

此时全国革命党人，在四川保路运动的鼓舞下，一扫黄花岗起义失败后的气馁情绪，振奋起革命精神，加速了武装起义，特别是在武昌起义的准备工作等方面加紧活动，革命一触即发。清廷为镇压四川保路运动，命令川汉、粤汉铁路督办端方带湖北新军两千余人入川镇压保路运动，造成武昌兵力空虚。趁此良机，武昌起义爆发。孙中山先生曾经指出："若没有四川保路同志会的起义，武昌革命或者还要迟一年半载的。"① 武昌起义的成功又进一步推动了四川的反清革命运动。11 月 27 日，四川发布文告宣示四川自治，清朝在四川的统治彻底覆灭。

成都市人民公园辛亥秋保路死事纪念碑

［链接材料］

"辛亥秋保路死事纪念碑"于 1914 年在少城公园内建成，西面碑文由颜楷题写。颜楷（1877—1927），字雍耆，号拔室，四川华阳（今双流县）人。曾任清翰林编修，是民国时期著名的政治人物、书法家、佛教居士。1904 年甲辰恩科进士，在北京受维新派

---

① 　冯玉祥：《我所认识的蒋介石》，黑龙江人民出版社，1980 年版，第 182 页。

领袖杨锐的影响，被派往日本东京帝国大学学习法政期间又受辛亥革命领袖孙中山等人的熏陶。他是著名作物遗传育种学家、植物学家，四川农业大学小麦研究所首任所长颜济先生的父亲。

最终，辛亥革命形成的燎原之势成功推翻了清王朝的统治，结束了中国延续两千多年的封建君主专制制度，中国历史翻开了新的篇章。

四川同全国一样，成渝军政府合并后，全川在革命基础上实现了暂时的统一。四川人通过各种方式庆祝辛亥革命的胜利，纪念为民主共和而献身的英烈，宣扬民主共和制度的诞生。一时间，全川形成了颇具规模的民主共和潮流。民国初年进步报刊、各种进步政党社团纷纷建立，展示出社会政治制度的变迁。

政治领域的巨大变革，自然而然也反映到思想、文化、教育等领域中来。民国初年，四川教育改革也有较大进展。著名的资产阶级民主主义教育家蔡元培担任临时政府教育总长，他主持召开中央临时教育会议，讨论决定了新的教育宗旨和学制系统。教育部根据会议决议在全国范围内进行教育改革，并陆续颁布了一系列针对各级各类学校的法令，史称"壬子学制"，提倡以注重道德教育为教育宗旨，规定大学以教授高深学术，养成硕学宏材，应国家需要为目标；专科学校以教授高等学术，养成专门人才为目标；还规定学堂一律改称学校，监督改称校长，并设立教授会。四川都督府教育司大力宣传和贯彻新教育宗旨，进一步推动了四川教育的改革和新式教育的发展。

四川通省农业学堂自创办以来领一省风气之先，随后在四川各地相继出现了一批初、中等农业学堂。为容纳省内各中等农业学堂毕业而应升学的学生的学生需求，经四川军政府批准，学校于1912年更名为四川高等农业学校，校址仍沿用原学堂旧址。由川内著名的烟草研究专家江书祥担任校长，1913年从日本东京东亚蚕桑学校留学归国的蚕桑专家、同盟会员杜用选接过了校长一职的接力棒。

　　从中等学堂升格为高等学校，四川高等农业学校与当时省内其他四所专门学校，即法政学校、工业学校、外国语学校、国语学校一起成为四川高等教育的领跑者。在20世纪盛极一时的综合性高等学府国立四川大学便是由这五所学校1927年合并成立的。

　　为促进四川省地方农业的发展，特别是有别于传统小农经济的农业产业的发展，学校坚持以培养农业技术人才、推广新技术、开发川边为人才培养目标，特开设大专和中专两部（见表2-5、表2-6），学校的培养方向也更加具有应用性。其中大专特设农业殖边科，学校由此成为省内殖边部门的人才培养基地，为边区的开发输送了大量人才。

表2-5　大专设置表

	农业殖边科	林业科
教学内容	授以高等农业技术与殖边应习科目	高等林业技艺
培养目标	从事开拓经营垦殖边区工作	经营公私林业；充当高等以下各林业学校教员、技师
开设课程	基础课、专业课外还开设林、牧业课程；藏语、西藏史地、殖民学	基础课、专业课；法律大意、森林法、殖民学
人数	正额生40人；副额生30人	50人
备注	18岁以上	17岁以上
	具备中学毕业及与中学程度相当的学生才能报考；学制三年；毕业后由镇抚府调遣委用。	

表2-6　中专设置表

	甲种农业科	蚕桑实科
教学内容	甲种农业技艺	经营蚕丝业的技艺

续表

	甲种农业科	蚕桑实科
培养目标	能经营公私农业；充当甲种以上农业学校教员、管理员及农业上相当的职员、技师	经理公私蚕丝业；充当各州县蚕业教员、管理员及蚕业上相当的职员
开设课程	基础课、专业课；春蚕、制丝、畜牧、兽医、经济、矿物、林学等	基础课；蚕桑、制丝
人数	50 人	50 人
备注	15 岁以上报考；学制三年	16 岁以上报考；学制两年
	具备高等小学毕业及与高小同等学校毕业或中学二、三学期修业者才能报考	

　　因重视实践教育，学校除将已有的试验农场面积扩增到了 280 亩外，1914 年又在灌县（今都江堰市）灵岩山新开辟了试验林场和养蚕制丝室，供学生实习。农业技术强调动手实践能力，农场的设立便是为了更好地让书本知识与实践紧密结合，这一育人理念在今日的川农大依然被秉持。

灌县（现都江堰市）灵岩山试验林场

二、四川公立农业专门学校与时代同呼吸共命运，矢志不渝苦苦支撑着四川的现代农业教育

当时的教育总长、著名的教育学家蔡元培认为："学与术可一分为二，学为学理，术为应用。"治学者可谓之"大学"，治术者可谓之"高等专门学校"，因此主张进行专门学校改制。此时的四川高等农业学校就属于后者，是一所"高等专门学校"。于是1914年学校再度易名，由四川高等农业学校更名为四川公立农业专门学校。校址沿用四川高等农业学校旧址，校长由既有着清末进士身份，又有海外多年留日游学经历的凌春鸿担任。在他的任上，四川公立农业专门学校整体划为了农、林、蚕三科区分管辖，基本上构成了现代大学的雏形。

按照学校当时的招生规定，仅接收中学毕业或具备与中学同等学力的学生报考。但从1915年起，为保证人才培养质量，学校严格执行教育部规定，各专门学校招收同等学力学生一律从严，所录取学生中同等学力者绝不超过中等学校毕业学生人数的十分之二。在1915年，全国的省立专门学校仅有22所，四川即占6所，四川公立农业专门学校便是其中之一。1916年当时四川五大专门学校师生人数及经费概况见表2—7。

2—7　1916年五大专门学校师生人数及经费概况

学校	学生	教师	职员	入校经费
四川公立法政专门学校	575	30	10	37683
四川公立农业专门学校	184	27	19	40385
四川公立工业专门学校	86	32	8	67394
四川公立外国语专门学校	59	15	6	17666
四川公立国学专门学校	95	9	3	13836

学校专业设置，除了继续设置农业殖边科（1916年以后停

办)、甲种农业科、蚕桑实科外,新增设农本科、林本科,1925年又增设蚕本科,学制均为三年。学校遵照教育部颁行的专门学校各项规程进行课程开设和管理,但也发生了较大变化。较之以前,授课内容更为广泛。以1916年各科开设课程为例:

农本科:除学习基础课和农业专业课外,还要学习农业土木学、园艺学、畜产学、农产制造学、农政学、兽医学通论、林学通论、水产学通论、殖民学、农艺物理学、养蚕学。

林本科:除学习基础课和专业课外,还要学习财政学等课程。

蚕本科:除基础课外,主要学习养蚕、栽桑、制丝等专业课。

农、林、蚕三科,每科设主任一人,负责该科的教务工作。设农场、林场、蚕室主任各一人,负责组织安排各科学生实习事宜。

在培养学生过程中,学校一直十分注重培养锻炼学生的动手实践操作能力,增设的园艺学、畜产学、兽医学通论、水产学通论等课程都有操作性较强的特点。还规定每班所授课程除了在学校讲习和实验外,还须由该科主任率领学生外出实习,如到灌县灵岩山林场造林、邛崃茶场制茶等,均须实地练习。学校编制了翔实的实习教学计划,形成了完整的教学体系。学生实习均按照《学生实习规程》《农场实习规程》《缫丝实习规程》《养蚕实习规程》等进行实习。

在辛亥革命后的20多年里,四川内战连年不断,办学环境相当恶劣。1917年还爆发了川滇、川黔军阀混战。滇军在英国幕后支持下实行扩张,势力进入四川。1917年4月,学校校舍被滇军占领,仪器设备以及许多公私财物遭到掠夺,受到了严重损失。混乱的时代背景下,学校人事也几经变动,从1916年到1925年短短9年中校长一职更换了十任,陈彰海、高巍、李振旧、郑良、董仁清、江书祥都曾先后担任校长,其中江书祥是在学校被占领时临危受命再度出任。

1918年管理四川军民两政的熊克武,决定按各军驻防地区,划拨地方税款,由各军自行向各县征收局提用,作为粮饷之需。四川军阀防区制由此形成。从 1912 年到 1933 年，川内发生大小军阀混战 470 多次，持续时间长，影响地区广，给整个四川的教育带来了深重灾难。

在这种境况下，整个四川教育处于艰难困境之中，校舍动辄被军阀占据，教育经费经常被克扣、挪用，部分学校因此停办，有的靠变卖校产勉强支持。另外，受到连年内战的影响，教育经费根本无处支取，经费断绝让学校办学举步维艰，一直为了生存而苦苦挣扎。早在 1915 年，就曾由国立成都高等师范学校校长杨若坤领衔，成都五大专门学校校长联名力争教育经费。自 1914 年冬到 1915 年春四川全省大旱，粮价腾贵。四川公立农业专门学校办学因此遭到极大影响，一直苦苦支撑，艰难维持。到 1922 年教职员的薪金每月只能领到二至三成，有时一两个月分文不发。公费学生因经费无着落，不少人只好忍饥挨饿。为了争取教育经费不受军阀内战影响，继续坚持办学，6 月 5 日省学联和省会教职员联合会在高师开会，决定进行全市总罢课，要求教育经费独立。重庆也于 6 月 21 日对成都市的总罢课表示声援。斗争最终取得了胜利，军政府不得不同意将肉税划为教育专款。经费得到了保证后，学校运转总算得以继续维持。

第一次世界大战结束后，参加巴黎和会的中国代表团提出归还中国在山东的德租界和胶济铁路主权，并废除《二十一条》等正当要求，遭到英、美、法、日、意等国的无视，在《凡尔赛和约》中仍然将德国在山东的权利转送日本。声势浩大的反帝反封建爱国民主运动五四运动在北京揭开帷幕。消息传到四川，成都各学校纷纷响应。最终学校罢课、商人罢市，与参与运动的京津学子、民众遥相呼应，在成都地区同样掀起了一场广泛的爱国运动。成都的学生运动蓬勃发展。

五四运动引起了文化思想战线上广泛而深刻的变革。很久以来死气沉沉、静如止水的天府四川像从睡梦中突然被惊醒了一样，各方人士，尤其是文化教育界人士都活跃起来，社会风气为之一变。

四川一地当时出现了一批颇具影响力的进步刊物，如《星期日》、《四川学生潮》、《威克烈》、《半月报》、《直觉》和《新空气》等。

这场思想文化的变革，四川公立农业专门学校也参与其中，与时代同呼吸，积极发挥着自己的作用。1920年初，四川公立农业专门学校积极投身参与学生运动，组织了学生讲演队，到新都县城宣传和揭露日军在福州的暴行，号召发动群众抵制日货，听众达千余人。

1920年9月，北洋军阀唐继尧政府为了达到控制四川的目的，支持由四川逃到陕西的军阀刘存厚组织靖川军进驻成都，以"出兵""靖国"为名，侵占四川为实。11月27日发生了刘存厚部队在少城公园（今成都人民公园）强占操场，打伤和抓走学生的严重事件。愤怒的学生举行了请愿、罢课，并通电控诉刘存厚的罪行。学生的正义行动得到了教职员的同情和支持。29日，学生实行总罢课的当天，时任四川公立农业专门学校校长的高巍与成都高师、外国语专门学校、法政专门学校、工业专门学校等校校长一起，联名致函靖川军总司令部，强烈抗议军阀暴行。12月1日，刘存厚被迫接受省学联提出的三项条件，即惩凶、调防、慰问学生并出告示释放被捕学生。这次反对靖川军的斗争最终以学生的胜利结束，广大学生和教师表现出了不畏强权、反对封建军阀、团结战斗的英雄气概。

进步运动和思潮不断深深影响着四川文化教育界。四川一批早期的马克思主义者，此时也集结在各学校中，为进步事业培养后备力量。在1923年上半年，四川公立农业专门学校已经成立了下属于"中国社会主义青年团成都地方执行委员会"的一个支部。四川早期传播马克思主义的代表人物之一王右木当时正在学校担任教员，而学校因此也成为当时四川省内最早传播马克思主义的基地之一。

第三节 首次加盟四川大学：
公立四川大学农科学院（1927—1931）

1927年到1931年间，从四川公立农业专门学校到公立四川大学农科学院，再到四川省立农学院，学校经历了同公立四川大学的第一次合与分。虽然一路波折，但它却从未停下发展的脚步。

一、组建公立四川大学，首次成为四川大学的重要组成部分

民国建立后，四川高等学堂和各专门学堂纷纷更堂为校，变更校名，数量上基本处于稳定状态。经过长期酝酿，20世纪20年代中期四川开办大学的时机已经成熟。1925年底成都大学成立，1927年9月成都高师改为成都师范大学。成都地区的四川公立农业专门学校、公立法政专门学校、公立工业专门学校、公立外国语专门学校、公立国学专门学校五所专科学校在1927年上半年相继提请改为单科大学，但均未获得批准。同年8月，四川省长公署和教育厅多次召集会议，决议由五所专门学校合并为公立四川大学，各校为公立四川大学的1个学院。公立农专自此并入公立四川大学，改称公立四川大学农科学院，成为公立四川大学的一部分。

合并的公立四川大学未设校长，而是由五大专门学校的学长（1930年后改称为院长）共同组成"大学委员会"。第一届委员会由向楚（中国文学院学长、省教育厅代理厅长）、杨伯谦（外国文学院学长）、刘昶育（法政学院学长）、伍应垣（工科学院学长）和邓崇德（农科学院学长）组成。公推中国文学院学长向楚为首，联合办公，协调对外，内部则由各院自主。农科学院地址仍沿用四川公立农业专门学校原址。

二、公立四川大学农科学院时期，形成了学校早期的民主治校办学和争取自由进步的传统

学院根据当时教育部公布的大学组织法进行日常行政管理。按照大学组织法第 18 条规定，公立四川大学农科学院由各科主任、各部主任、学监主任组成院务会议。院务会议以学长（即院长）为主席，主席不在时，公推一人代理主席；每两周开会一次，遇到紧急事件，由主席或会员（即委员）五人以上提议，可召集临时会议。此后，凡学院内讲座、学系、各附属研究机关、院内各种委员会的设立、废止和变更，各种规程的制定、废止和变更，预算审定及决算审查，学长交议事项，教授及职员和学生建议事项等，都须经过院务会议商议才能决定。

农科学院成立后，原来的农本科和蚕本科在 1930 年合并为农艺系。1931 年，林本科改为森林系。当时农科学院共有专兼职教师 44 人，专任教师中不乏专家名师，有自日本学成返川的造林学专家、森林经理学的第一代带头人佘耀彤（字季可）教授，曾游学日本、返国后于宣统二年（1910 年）授农科进士的凌春鸿，还有邓崇德、刁立本、向井钧、陈彰海、何先恩、聂鑫等。1930 年学院共有学生 197 人，其中除了男生 193 人外，值得注意的是还首次招收了 4 名女生，这成为四川高等农业教育领域接纳女性的开始。

为了争取教育经费不受军阀内战的影响，1922 年在广大教职员和学生的斗争努力下，军阀被迫同意将肉税划为教育专款。但由于军阀割据，连年内战，肉税仍被军阀截留，致使教育经费收入得不到保障，长期入不敷出，教育事业濒临破产。1927 年年底，在中共川西特委领导下，成都又一次爆发了学生反对军阀扣留教育专款肉税，争取教育经费独立的运动，农科学院师生也积极参加了斗争，最后发展到教师罢教、学生罢课。

第四节　在分批整顿中独立建院：
四川省立农学院（1932—1935）

1932年到1935年，在动荡不安的时代大背景下成立的四川省立农学院，依旧为先进农业科学技术的推广和培养高级农技人才而坚持。

一、国家民族面对外敌入侵，地方军阀混战，动荡的局势中四川省立农学院成立起来

1927年夏，日本内阁召开"东方会议"，制定了《对华政策纲领》，露骨地声称中国东北"在（日本）国防和国民的生存上有着重大的利害关系"。同年7月，内阁首相田中义一向天皇奏呈《帝国对满蒙之积极根本政策》（即臭名昭著的"田中奏折"），确立并开始了对这一狂妄计划的具体实施，在之后的数年中为中国大地带来了深重灾难。

1932年"一·二八"事变爆发后，日本攻占了上海。同年，伪满洲国成立。北方局势日渐紧张，而西南巴蜀之地局势也并不太平。1932年10月四川两大军阀刘湘、刘文辉为利益之争，爆发"二刘"大战。这场军阀混战直到1933年8月，以刘湘获胜，刘文辉败退西康结束。在民国时期四川军阀的三百余次大小混战中，这是最后一次，也是规模最大的一次。这一时期政治上动荡不堪，而经济方面发展也受阻。1935年11月国民政府进行币制改革，大量社会财富进入"蒋宋孔陈"四大家族手中。四川仍处于军阀横征暴敛下，有的军阀甚至预征了百姓数十年的全部税款，如刘存厚的川陕边防军一口气预征到了2050年。处在整个政局动荡、经济不振、四川地方军阀混战背景下的四川教育继续艰难发展。

1928年，蒋介石政府任命刘文辉、刘湘、邓锡侯等为四川省政府委员，指定刘文辉为主席。在四川，握有实权的大小军阀纷争不和，但却大都有一个共同特点——格外重视各级教育。其中，刘文辉就以

"勤俭为政、倾囊兴教，开化民智、建设桑梓"作为一贯思想，他认为，物质上的贫瘠可能会使人羸弱，但真正使人丧失自我的却是精神上的颓唐，而教育则是提振士气、昂扬民风的绝好途径。他治下的西康省，重视教育成为自上而下、实实在在的行动。他甚至规定凡是县政府（包括县党部）的建筑物好于学校者，县长一律正法。

尤其是在新文化运动和五四运动对旧文化的荡涤下，20 世纪 30 年代前后，四川各地绅商纷纷办学，使四川新式教育在军阀割据混战时期反而得到了一些发展。到了 30 年代初，四川新式教育达到了相当规模，新式学校数量居全国第二位，传统书院教育逐渐被新式学校教育所取代。

1931 年 5 月，四川省教育厅长张铮，根据四川省政府主席、二十四军军长刘文辉的指令，着手分期分批整顿四川的学校教育。经过几个月的筹划和准备，经四川省政府决定，将国立成都大学、国立成都师范大学和公立四川大学合并，定名为国立四川大学。重复的各系进行相应合并，大学下设文、理、法、教育四个学院。原公立四川大学的工科、农科两学院则予以划开，改为独立学院。从 1927 年到 1931 年，经过 4 年与公立四川大学的短暂合并后，农科学院独立建院，并更名为四川省立农学院。学校经费仍由省款开支，院长由佘耀彤继任，校址仍沿用原公立四川大学农科学院旧址。

二、四川省立农学院在老一辈农科教育者的坚持下取得了一定的发展

四川省立农学院独立后，组织管理有所变化，设院长一人，在院长领导下，其组织系统如图 2-1 所示。

院长下设院务会议，学院事务主要通过院务会议进行处理。在各机构中，农业推广处的设立颇值得注意。农业推广处专门负责促进先进农业科学技术的推广，它的设立表明川农大长期以来，一直有服务社会、学以致用的优良传统。今日的四川农业大学致力于引领和带动区域新农村建设，立足四川，辐射西南，面向全国，打造

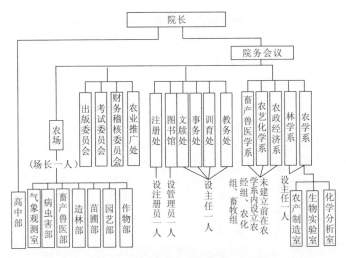

图 2-1 四川省立农学院组织系统图

新型大学农业科技推广模式，这与当时四川省立农学院对自身职责和历史使命的认识，不是不谋而合，而是一脉相承的。

独立建院办学后省立农学院以"教授高深农业理论、技能，培养高级农业技术人才"为宗旨。1932 年，学院遵照教育部训令，按大学规程规定，实行"学年与学分制"。其规定办法有如下五条：

（1）凡采取积点或其他名称者一律改称学分。

（2）凡需课外自习之课目以两小时为一学分。

（3）大学修业年限概为四年，在四年修业期间须习满 132 学分。

（4）大学各院系学生前两年每年以至多修 40 学分，至少修 36 学分为限，后两年每年以至多修 36 学分，至少修 30 学分为限。

（5）上列各系所算学分系指一般课程而言，党义、军训及体育不在其内。

省立农学院设置农学系、林学系，开设课程及学分如下。

农学系：

（1）党义、军事教育、体育三门课程共计 10 学分。

（2）国文 4 学分、英语 6 学分、第二外国语 8 学分。

（3）基础课、专业基础课及专业课共计 31 门，112 学分。

（4）实验课 6 门，14 学分。

（5）农场实习 10 学分。

（6）其他课外自习 15 学分。

四年共开设 37 门课程，其中 6 门有实验，四年总计 179 学分。

林学系：（1）党义、军事教育、体育三门课共计 10 学分。

（2）国文 4 学分，英语 6 学分，第二外国语 8 学分。

（3）基础课，专业基础课、专业课共 28 门，124 学分。

（4）实验课 4 门，4 学分。

（5）实习课 7 门，14 学分。

（6）其他课外自习 12 学分。

四年共开设 34 门课程，其中 4 门有实验，7 门有实习，四年总计 181 学分。

从开设课程中实验课与农场实习所占比例，以及对相应学分的要求，体现出学校一贯的育人理念——坚持理论联系实际，注重培养学生解决实际问题的能力。

1933 年全院教师总人数 41 人。教师人数与公立四川大学农科学院 1930 年相比变动不大，少了 3 人，但结构却有明显变化，师资队伍整体水平有了提升。在总人数 41 人中，按专兼任分，专任 39 人、兼任 2 人。按职称分，教授 14 人、副教授 10 人、讲师 14 人、助教 1 人、其他 2 人。

学校独立建院后，军阀扩军备战，不惜牺牲教育，经常拖欠、克扣、挪用教育经费，学校经费来源困难，这在"二刘"大战结束，四川政权统一后才有所好转。也由于军阀混战，社会动荡，影响外县学生入学，学校建设和正常的教学秩序遭到了破坏，加之毕业学生就业困难，学院生源锐减，甚至招生不能满员。学生人数 1933 年全院两系仅 56 人，其中男生 52 人，女生 4 人，农学系 36 人、林学系 20 人。比 1930 年 197 人减少 141 人。

1935 年为整合教学资源，节省教学成本，农学系和林学系合并为农林系。附属高中部停止招生。

在科学试验方面，学校始终坚持科学研究与服务地方社会相结合，陆续组织相关专业人员进行了"四川森林之现况"、"四川林木垂直与水平分布四川分区造林树种之选定"等七项调查与研究。并且派人员进行推广工作，指导造林，印制《造林浅说》分发给农民，还将苗木低价出售，进行推广。

1934年6月15日，学校第一份自己的刊物诞生，由学院农业推广处编辑的月刊《四川省立农学院院刊》第一期出版，这也是中国早期的农学期刊之一。院刊"发刊词"，讲述发行院刊是"以研究所得，供宣传资料，务期农人技能得以增高，生活渐臻改善，农学人才，亦得以致用于实际，免蹈技就屠龙之消，是则本刊之责任与期望"。院刊一共出版了11期。1935年6月，因院校合并停刊。

四川省立农学院从公立四川大学分出时，院长佘耀彤和教职员代表、学生代表等先后上书呈请将农科学院一体并入国立四川大学，均未获准。但独立后不过短短四个年头，即奉教育部电令，于1935年7月再次并入了国立四川大学，成为国立四川大学农学院。

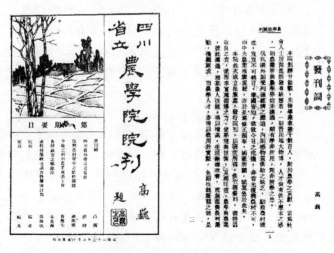

《四川省立农学院院刊》创刊号

第五节　不该被遗忘的三个名字：
许涵度、凌春鸿、王右木

从 1906 年到 1935 年，许许多多的名字曾出现在学校的发展历程中，其中几位尤其值得我们特别注意。

一、许涵度

许涵度（1853—1913），字紫莼。祖籍绍兴，曾祖、祖父和他的父亲许如桐均为绍兴师爷。其父游幕直隶，遂寄籍直隶省保定府清苑县。因为人正直，不为权势所用，许如桐因此辞去师爷工作，闭门专心教养两个儿子。因为许涵度与哥哥许涵敬于 1874 年（同治十三年）同时成为贡士，他们在清苑的老宅门口挂起了"兄弟同科"的门匾。

光绪二年（1876 年）补殿试恩科，许涵度中进士第三甲 82 名。光绪五年（1879 年），补授凤台县知县一职。光绪十一年（1885 年），任直隶省忻州知州，在任 16 年间，为官颇有政绩，多次提升被百姓上书挽留。任职期间他办案公正，在他办案的大堂上还挂有百姓送的一副楹联："评理冤狱，不通关节，乃包老风范；操劳民事，能开言路，是龚黄年度。"关于他，在忻州还流传着一个故事。

清末民初，甚至在新中国成立初期，忻州人茶余饭后爱谈论的人物中，有一个是以武出名的赵贵根。赵贵根，道光后期忻州东楼村人。他体格魁梧，学过一点武功，摔跤格斗，自成一派。在晋北、内蒙古等地是有名的地痞，说起"野鬼赵贵根"的大名几乎无人不知。想不到，知州事许涵度与这位地痞，还有一段故事。

赵贵根在忻州城开设了一家赌场。一天，赵贵根的儿子打伤了一个人，这人有个亲戚是忻州的绅士，跟知州事许涵度认识，便请求许涵度惩办赵贵根。许涵度命衙役将赵贵根传来。赵贵根承认是自己动手打伤人，许涵度让衙役打赵贵根五百小板子。打完后，赵贵根站起来，从大堂东边跳到西边。许涵度认为他不服，便让衙役再打他五百小板子。打完后，赵贵根又站起来，从大堂西边跳到东边。见赵贵根藐视公堂，并且毫无悔改认错之意，许涵度很生气，命衙役按倒赵贵根，取来厨房的"擀面棒"，敲打赵贵根踝骨。结果赵贵根的踝骨被打断。

许涵度在忻州任职期间，为人正派，勤政爱民，一尘不染，两袖清风。任满一届，忻州人联名呈请抚台，要求许知州事连任。朝廷认为百姓请求诚恳，破例允许许涵度继续留任。两届任满，经过吏部考核，许涵度因政绩"卓异"，在光绪二十五年（1899年）被升任潞安知府。尽管州绅与州民挽留，但朝廷这一次不愿再破例。

许涵度赴任前，事先做了一番准备：行期严加守密，不让衙门内人外传。一是躲避绅商民众摆酒席、设香案送行，二是怕赵贵根路上行刺。哪知赵贵根耳目灵通，不知从什么地方打听清楚了许涵度的行期，预先在靴铺定做了一双缎靴，并请木匠给靴子做了个木笼：他要亲自给许知州脱靴。按照当地风俗，清正廉洁的州官离任时，州人要公推一知名侠义人士，脱靴留念，表示爱戴。

启程的这天早晨，许涵度乘着轿子刚走到南城门，便看见南城门口站着一个人，来的正是赵贵根。许涵度命轿夫停轿，对赵贵根说道："我知道会有这么一天。"说完，还用手指着自己的脑袋说："本州脑袋在此，任凭你取去！"赵贵根听了这话，吃了一惊，当即在轿前跪下，说道："大人此言差矣！您把我看成什么人了？当初大人把小人踝骨打碎，让我成了残废。当时我确实恨您，后来一想，想通了。我们这些以赌为生的人，成天刀子来、棒子去，多数被人打死，很少有人'寿终正寝'。自从我被大人打成残废，从此再没与人打斗过。这是大人对我的恩德，我哪能恩将仇报？今天我来给大人脱靴留念，就是为报答大人的恩情。"

许涵度听了，不禁泪如雨下："没想到，遇到您这样的义士。

当时我一时性起，把您打成残废，事后我也感觉自己做得过分了。今天您说出这话，倒让我倍觉惭愧。既然您要脱靴，我满足您的心愿。"随后，许涵度伸出双足，赵贵根向前跪行了几步，双手脱下许涵度的旧靴，将带来的新靴给他穿上，并道："愿大人穿上新靴，青云直上，官升一品。"许涵度扶起赵贵根。然后，转身看着忻州城，久久凝视，很久才回过头来对赵贵根说："谢谢您的佛口，按说您岁数也不小了，在城内有这么一间赌坊，足以维持您一家人的生活，不必再做打闹的事了，以后待人要以忍为上。"赵贵根向许涵度叩首，起身站在轿后，一直送到南门外吊桥："本想再送大人一程，无奈身体不行，就此拜别。"俩人挥泪而别。赵贵根返回城中，将木笼和许涵度的旧靴挂在南城门墙上。据当地人讲，直到民国初年靴子仍在。

光绪二十六年（1900年），随着义和团运动的迅猛发展，八国联军开始了对中国的侵略战争。8月，两万余人从天津向北京进犯。慈禧太后在8月10日下旨西巡，化装为农妇急忙带着皇帝、军机大臣以及后宫一干人等出神武门西逃，8月27日进入山西，途中在大同停留整顿。正担任潞安府知府的许涵度得到召见，因保护有功被擢升冀宁道，署布政使，加强守备，防御八国联军西犯山西。同年，改任陕西延榆道。

光绪二十八年（1902年），许涵度改任湖北武昌盐法道后不久，再次被擢升为陕西按察使。许涵度性格坦率，疾恶如仇，有不如意事或厌恶之人，往往怒骂讥讽，遇权贵尤不肯稍屈就，落落不容于世，为政却很有成绩。任陕西按察使期间，处理积案数千件，署布政使时他谨出纳，裁冗繁，数月内使内库储银达到20余万两。后来为官四川，3年内更为地方节余白银300万两。

光绪二十九年（1903年），因与陕西巡抚不协，许涵度被调任四川布政使。

成都汉昭烈陵

[链接材料] 汉昭烈陵对联：帝本燕人，曾向乡祠崇百祀；蜀为正统，漫言天下尚三分。（许涵度题）

在全国兴学潮流推动下，四川现代教育逐渐开始萌芽。1905年，许涵度奏请在四川省城设立农政总局，后又奏请设立中等农业学堂。在奏疏中他写道："四川土腴民勤，不患农事不兴，而患农民不智；不患古法不守，而患新法不知。"因此，他请求朝廷"设立中等农业学堂，招选生徒，延聘教员，以课蚕桑为先务，其一切科目程度，查照奏定实业学堂章程，择宜办理"。

根据许涵度的奏请，朝廷同意开办四川历史上第一所农业学堂。1906年在许涵度一手操办下，四川通省农业学堂成立。作为学堂创办人，他负责统辖全学堂事宜。同年，为使学堂有更充足的经费，许涵度与四川官办浚川源银号经理乔世杰、川边大臣赵尔丰等一起，筹集白银26万两开办宝丰隆票号，这筹集的银两中就包括来自农业学堂的办学经费 8000 两白银。将资金交给票号为学堂增收利息是许涵度的考量。这部分资金后来果然在 1910 年发挥了重要作用，成为当时学堂搬迁后建筑新校舍的重要经费来源。

作为一介文人，许涵度在布政使任上不忘兼顾治学。宋徐梦莘编的《三朝北盟会编》，是一部反映 1117—1162 年宋金交涉的历史名著，长期以来仅有抄本流传，乾隆年间编《四库全书》时馆臣们曾据某抄本删改，光绪年间出现过活字排印本，但所依据的抄本不佳，校刊又不精，脱误不可胜计。许涵度依据原抄本在公事之暇校勘该书，将四库馆臣删改情形夹注文中，他请曾任四川官印刷局局长的唐百川帮忙刻印。光绪三十四年，许涵度复调回陕西任布政使的这一年，该书刻成。

在陕西布政使任上，他又因与当道不合，1909 年 56 岁的许涵度辞职入都，后隐居于天津马场道，不复与闻世事，直至花甲之年逝世。

二、凌春鸿

凌春鸿（1878—?），字文卿，出身四川叙府宜宾县望族宗场乡凌氏。光绪四年出生，因科举成绩优异为廪生。后游学日本，回国后于宣统二年（1910 年）9 月通过学部对 59 名游学毕业生的考察，被授予农科进士。

有清一代，宗场凌氏一直是当地的冠缨大族，自乾隆年间起宗场凌氏便以科甲闻名乡里。凌氏一门文武科举人才辈出，因此凌氏家族渐入缙绅之列。到清末，宗场凌耀南中举，后成为四川咨议局议员，积极参加保路运动，为乡党所敬仰。凌耀南之子凌均彪曾任昭化县长，凌均吉留学美国威斯康星大学，获政治学博士，归国后历任四川大学、光华大学、成华大学、重庆大学教授，民国国大代表。

1914 年四川高等农业学校易名为四川公立农业专门学校。既有清末进士身份，又有多年留日游学经历的凌春鸿被任命为校长，主持学校事务。留学经历让他的视野开阔，他认为，农业的发展应当基于基础科学与应用科学的相互结合，他希望将公立农专建设成为世界一流的农业院校。他希望学校能囊括农业研究的内容，但却始终围绕农业，而没跨出农业的边界。

在他的任上，四川公立农业专门学校整体划为农、林、蚕三科区分管辖，基本上构成了现代大学的雏形。同时学校开始了"扩招"，除了传统的殖民学、养蚕学、林学之外，他不但将学校的课程延展到了园艺学、畜产学、兽医学通论、水产学通论这一类操作性较强的知识上，还延展到了具有高度前瞻性的农业土木学、农产制造学、农政学甚至农艺物理学等领域。他还要求为学生编制翔实的实习教学计划，形成了完整的教学体系。

三、王右木

从1919年下半年到1921年，中国思想界成长出了第一批马克思主义者。在五四运动中站在前列的突出代表人物就有兼任四川高等农业学校经济学教员的王右木。他是四川最早传播马克思主义的宣传者和四川党、团组织最早的创建人和领导人之一。由于像他这样一批思想先行者的到来，开启了川农大光荣的革命传统，更为"川农大精神"中的"爱国"内涵注入了不可或缺的内容。

王右木（1887—1924），江油县（今江油市）人。四川最早传播马克思主义革命理论的宣传者和组织者，中共四川党团组织的主要创始人。1914年留学日本，考入东京明治大学经济系，获学士学位。曾在日参加"神州学会"。1918年秋回国，1919年赴成都应聘于高等师范学校，任学监，并积极投身于五四运动。1920

王右木

年组织"马克思读书会",在青年及学生中宣传马克思主义,揭露帝国主义和封建主义的罪行。1921年1月创办《新四川旬刊》。1922年2月创办《人声》报,任社长。

1922年夏,任四川争取教育经费独立运动总指挥,率学生代表到省议会请愿。1922年10月建立社会主义青年团成都地方执行委员会。1923年5月1日正式成立成都劳工联合会。1923年底,创建中国共产党成都独立小组,任书记。

1924年与秦正树创办《甲子日刊》,任总编辑。同年赴广州参加党的重要会议,在返川途中,于贵州土城被当地军阀杀害。

1952年9月18日,毛泽东主席亲笔为王右木烈士家属签发了"光荣纪念证"证书。

[链接材料]

四川地区的马克思主义先驱——王右木烈士

陈光复   靳用春

20世纪20年代初期,曾经是五四运动在四川策源地的四川大学(当时的国立成都高等师范学校),又成了四川传播马克思主义的基地和革命者的摇篮。一批具有共产主义思想的知识分子,如吴玉章、恽代英、杨闇公、童庸生等,集结校内进行活动,他们中的代表人物,当首推本校教员王右木。

王右木是四川最早传播马克思主义的先驱者,革命群众运动的宣传者和组织者,四川地区中国共产党、中国社会主义青年团组织的主要创始人之一。他的一生虽然短暂,但留给我们的精神财富却极为丰富。

生在风雨中

四川省江油县武都镇,是一个依山傍水、风景秀丽的有千年历史的小城。背靠巍巍的龙门山脉,面临碧绿奔流的涪江。王右木,1887年11月12日(农历九月二十七日)就出生在这里。

王右木出生的年代，正值神州大地灾难深重，风雨飘摇。其父王源光，为前清秀才，做过教书先生。后来家道中落，只好做点小生意糊口。最后，竟至连小生意也做不下去了，因蚀本躲债，远走他乡。王右木从小由当塾师的大哥王初龄抚养。

　　王初龄是个有学问的正直的旧式知识分子。王右木随他一起生活，日子虽然贫寒，却能受到良好的文化熏陶。大哥经常给他讲民族英雄岳飞、文天祥的爱国故事，教他学习相应的诗文，使他幼小的心灵萌生了报效祖国、救民于水火的爱国主义情愫。

　　王右木少年时代，先后就学于江油县登龙书院和龙安府巨山书院，"应童生试，名列前茅"。他目睹了清政府腐败无能、民族危机进一步加深的现实。11 岁那年，大足爆发了震动全川、波及江油的反帝爱国的余栋臣起义，给王右木以深刻印象；15 岁的时候，席卷全国的义和团运动也在四川轰轰烈烈地开展起来，川西坝的传奇女英雄"廖观音"悲壮感人的事迹，震撼着王右木的心灵。斗争的浪涛给他很大的鼓舞和力量，起义的失败又使他陷入深深的惆怅之中，思考着救国的路该怎样走。

　　1906 年 8 月，江油同盟会会员李时、何如道、高云麟等在家乡高举义旗，策动以武装推翻清王朝，建立共和。王右木这时已是19 岁的青年塾师了。他亲睹亲感发生在身边的革命斗争，对其寄予了无限的希望。但是，势单力薄的起义斗争在清王朝的残酷镇压下，最后还是失败了。王右木对此是"痛心疾首"的，他又一次失望了。救国的道路，究竟在哪里呢？

艰难求索

　　1907 年夏天，20 岁的王右木以优异成绩考入成都四川师范学堂优级部。该部为年龄较大又稍有功名的读书人设立，毕业后可任中学堂教习。

　　他之所以要读师范，是受他大哥王初龄的影响。王初龄是一位受儒家学说影响很深的旧知识分子，他奉孔孟之道，主张康、梁式的改良主义。他教育王右木，改良政治要先从教育入手，只要能培养出大量的人才，国家就会有希望。这也是那时风靡一时的教育救国的主张。

那时正值辛亥革命前夕，成都已是四川革命党人活动的中心和集结地，四川师范学堂又是他们活动的主要场所。教师中有许多外籍人士和留日归国学生，思想十分活跃，革命空气浓厚。在校内，他如饥似渴地大量阅读进步书刊，如梁启超的《新民丛报》、严复翻译的《天演论》、邹容的《革命军》、陈天华的《猛回头》，以及吴玉章主编的《四川》，这些读物对王右木影响很大，民主革命的思想进一步得到启蒙。在学校，他是一个勤奋的学生，同时非常注意锻炼身体，经常爬山、游泳、洗冷水浴。他认为，有广博知识而无强健体魄，是不能成就大事业的。

两年后，22岁的王右木毕业回到家乡，受聘为龙郡中学堂监督（校长）。他大力改革校务，整顿校风，一心想为国育才。但是，神州陆沉，国事日非，单单办好一所中学，与国家民族又有多大裨益？他认为，帝国主义列强之所以敲开了清王朝"闭关自守"的大门而在中国的土地上横行，是因为他们"船坚炮利"，我们要富国强兵，非振兴科学不可。由"教育救国"而"科学救国"，王右木于1910年重新考入母校数理科。

在校期间，辛亥革命爆发，大哥王初龄在江油县首倡共和。长期感到报国无门的王右木，激动异常，欣欣鼓舞，"乃立志专攻数理科，以提倡科学为己任，并经常团结有志之士，研讨国家政治，广为倡导，以发扬民主"。

但是，辛亥革命虽然推翻了几千年的封建专制统治，却没能使中国落后的现状有所改变。国家民族的出路究竟在哪里？王右木在学校时，与日本教习小川相识，过从甚多。他认为，日本自明治维新之后，国家日臻富强，人民生活安定，必有可资借鉴之处。在苦闷彷徨之余，产生了前往东洋考察的愿望。1913年秋毕业后重回龙君中学任职期间，他考取了官费留日学生资格。1914年，他以

27岁之龄辞家去国，浮海东渡，到日本留学。并且一改初衷，由应庆大学理化科转入明治大学法制经济科，如同许多革命先驱一样，决心从改造社会入手来救国救民。

在日本期间，王右木与李大钊、李达等结识，参加中国留学生总会组织的反袁爱国活动。他的一位老朋友参加了筹安会为袁世凯捧场，王右木闻知后怒不可遏，面斥其非："如不退出，即与汝绝交！"

当时日本思想界比较活跃，马克思、恩格斯的著作广泛流传，关于社会主义各派别的著作，日本也有译本。克鲁泡特金、普鲁东、傅立叶、李卜克内西、卢森堡、蔡特金、考茨基等的著作，他都仔细阅读、比较、研究。他除与进步学者山川菊、上衫荣来往密切外，还常常到京都大学去听对马克思主义有较多研究的河上肇讲《政治经济学史》，对"剩余价值论"和无产阶级革命的主张，表现出了浓厚的兴趣。留日期间，时值俄国十月革命成功，他会见了革命诗人爱罗先珂，这些都给王右木以极大鼓舞，使他看到了祖国的希望。

1918年秋，王右木以优异成绩毕业后，立即启程返国，回到家乡江油县。他的大哥王初龄为江油著名社会活动家，本欲让他填补改选后的省议员位置，但被他拒绝了。王右木说："我绝不能求自身荣达，去走升官发财之路。我到日本留学，是为了寻找救国救民的方法。现在我从日本回来，当然是准备去革命的。准备和普天下的劳苦大众一道，共同努力，摧毁这个吃人的黑暗社会。我怎能去当什么省议员呢？"

良师益友

1919年6月，应校长杨若堃的聘请，王右木来到成都高等师范学校当学监，并兼任经济学和日文教员，从此以母校为基地开展改革活动。

五四运动勃兴，反帝爱国浪潮席卷巴山蜀水。作为五四运动在四川的策源地的成都高等师范学校，师生高举民主与科学的大旗声援北京学生抵制日货，反对封建军阀，提倡新思想、新文化，反对封建旧道德、旧文化的斗争，一浪高过一浪。革命青年在探索，在寻求，在行进：中国向何处去？民族的出路在哪里？都成了摆在大家面前的迫切问题。

在这样的氛围中，王右木也在仔细地观察着，深深地思考着。一些进步刊物，如《星期日》《四川学生潮》《威克烈》《直觉》等先后出刊了，其内容虽然传布新思潮，宣传十月革命，但又有些分不清社会主义与无政府主义的界限；反对封建旧思想、旧道德、旧文化，但又说不准中国的出路在哪里。这些矛盾现象给他以强烈的触动。他敏锐地感到，运动要深入发展，"必须抓住高师这支庞大的队伍""必须要有马克思主义作指导，用它来占领思想文化阵地"，因此"亟需要组织一支马克思主义的先进队伍"。

他首先利用教学的机会，在课堂上宣传马克思主义。他讲经济学，就根据教科书上的纲目，结合实际，用形象的语言，深入浅出地讲解马克思主义经济理论。他很注意方法，讲课中并不谈及"马克思"和"共产主义"，但他常常使听课学生在不自觉的情况下潜移默化地受到影响，逐步认识中国社会的某些本质问题，树立革命观念。

王右木不像其他一些旧式教员那样喜欢摆架子，他平易近人，和蔼可亲，"每次上课后，从来不到教员准备室去等工友给他打洗脸水和泡盖碗茶，更不到学监室和教务处去说学生的坏话。他总是把一顶旧呢帽戴得矮矮的，悄悄走到教室侧边来找同学闲谈。下课后又有很多学生围着他谈问题，要一直谈到下一堂课的钟声响了他才脱身"。

他经常教育学生关心政治，注意时局，多读《新青年》等进步书刊，不读死书，他说："你们不要迷信中国先哲旧说，要研究新的社会科学，从旧的国故中走出来，做中国的新青年。"他在和同乡、学生领袖张秀熟等谈话时，要他们多学习马克思主义，在家乡

84

开创出一种新局面来。他在农专讲课时，针对当时一些空喊"实业救国"的论调，尖锐指出："中国政治问题不解决，经济问题就不可能解决，实业就没有前途。"他还利用当学监的便利条件，指导学生的课外活动，物色和联络他们中的积极分子，为开展革命工作进行准备。

马克思主义读书会的启蒙者

1920 年初，陈独秀迁居上海，与在北京的李大钊相约在南北共同筹建党组织。当年 8 月，陈独秀在列宁派来的共产国际代表维辛斯基的帮助下，与李达、李汉俊等在上海建立了第一个共产主义小组。暑假期间，王右木前往上海考察，会见了陈独秀等，了解到上海和各地筹建党组织和《新青年》宣传马克思主义的情况，深受启发。

当时的四川，经过五四运动洗礼的青年追求光明，也迫切需要有组织的斗争。王右木返校后，即于年底在校内明远楼成立马克思主义读书会。这是五四运动以后，四川地区最早诞生的以研究和宣传马克思主义为主要任务的革命群众组织。成员由高等师范学校和附中发展到各校，中小学教师及少数工商从业人员后来也参加进来，人数达 100 余人。

读书会由王右木直接指导，每周活动一次。他自费定购了《新青年》《觉悟》《东方杂志》等进步书刊，手抄、油印《共产党宣言》供会员学习。恽代英给会员讲阶级斗争，但讲得最多的还是王右木。他专题讲《资本论》《唯物史观》《社会主义神髓》等，理论联系实际，深入浅出地揭露帝国主义和封建军阀的罪恶。他"发言激昂，鼓动性强，颇能打动听众的思想感情，是一个很好的革命理论宣传家"。

读书会并不仅仅是"读书"，会员们聚集在一起，分析时局，交流思想，如遇社会上发生重大问题，"读书会员即须参与推动问题的解决"。换句话说，就是要理论联系实际，参加革命活动。那几年，成都地区的重大革命运动中，读书会会员是起了骨干作用的。

马克思主义读书会团结了大批青年，许多党、团的优秀干部，如童庸生、袁诗荛、廖恩波等，都是在读书会中受到启蒙，走上革命道路的。读书会为四川党、团组织的建立，奠定了思想基础和组织基础。

《人声》，人民的呼唤

五四运动以后一段时间，面对无政府主义思潮的泛滥，王右木感到光靠读书会，范围、时间、影响都受限制，必须有一个宣传马克思主义的刊物。于是他主编的《人声》报于1922年2月应运而生了。何谓"人声"？用他的话说，这个刊物"应鼓动人民起来大声疾呼，提出人民的意愿和要求，代表人民的呼声"。王右木的大部分工资都用来办报。他集社长、编辑、主笔于一身。

《人声》报是四川地区第一家以宣传马克思主义为主要任务的刊物。创刊宣言公开声明"要直接以马克思主义的要义"去分析社会问题，寻求解决办法。他深入浅出地介绍剩余价值、阶级斗争、无产阶级革命等基本理论，宣传十月社会主义革命，批判当时泛滥成灾的无政府主义，深刻揭露帝国主义和封建军阀的罪恶，猛烈抨击四川军阀拥兵虐民的防区制，深入探讨文化、妇女、青年等各方面的问题，激励工农组织起来斗争。1922年9月，曾发生《人声》报因刊登揭露江油地方军阀和县太爷狼狈为奸、搜刮民脂民膏的罪行，导致王右木的大哥囚于牢狱，二哥被用刑致死的严重事件。王右木悲愤至极，但革命的决心更坚定了。

《人声》报的出版发行，给徘徊不前的四川革命运动指明了前进的方向，使青年们知道马克思主义的概要和改革社会的正确途径。四川地区两届团委书记童庸生、蒋雪邨在给团中央的报告中，都深刻地谈到他们在创建团组织中受王右木和《人声》影响的情况。

《人声》报发行遍及省内外和社会各界，它如万马齐喑中突发的一声呐喊，震撼着人们的心灵；如天边微露的曙色，让人们在黑暗中看到希望；如战鼓，振奋了无数的热血革命青年。张秀熟说："在中国共产党领导下的《向导》周刊出版前，《人声》在四川起了它不可磨灭的战斗先进作用。"

站在革命群众运动的前头

王右木既是马克思主义理论宣传家，也是革命群众运动的组织者。

1922 年夏天，四川爆发了一场争取教育经费独立的群众运动，其主要领导者就是王右木。

长期以来，由于军阀混战，教育经费无着。各校校长年年为经费所苦，教职员因薪水拖欠情况严重，忍饥挨饿，思想浮动，议论丛生。1922 年年初，成都高等师范学校全体学生发表宣言，历数军阀摧残教育的十大罪状，以"唤起民众觉悟，运动教育独立"。大规模的群众运动有一触即发之势。

王右木抓住时机发动群众，借这个关系学校存亡和师生员工切身利益的十分敏感的问题，掀起一场斗争。经省学联和省会教职员联合会决定，以王右木为总指挥，全市总罢课，并带领群众到省议会请愿，当面与议长熊晓岩进行说理斗争。不久，重庆各校也总罢课表示声援，运动扩展到全川，北京、上海的报刊也作了报道。坚持斗争的结果，迫使省议会通过"拨肉税为教育经费独立专支的议案，并使军阀当年答应拨付欠薪"。斗争取得了巨大胜利。这场斗争是五四运动以后成都地区较大规模的有组织、有领导的群众运动，也第一次显示了王右木领导群众运动的才能。

1922 年夏秋，王右木在组建了社青团成都地方委员会并去上海与中央取得联系后，即遵照中央指示，回川组织社青团员开展工人运动。

当时成都只有兵工厂和造币厂的工人算是现代产业工人，但军警控制严密，暂时不易发动。而一般的手工业工人既零星分散，工作难做，影响也不大。只有"长机帮"（织锦业）工人最多，工作条件差，待遇低劣，受过革命思想影响，迫切要求改变现状。王右木除派社青团员到他们中去外，他自己也取下呢帽，脱去长袍，换上工装，深入"长机帮"，和工人交朋友，出入工人聚居的街道、茶馆、酒店。他还化装进入正在闹罢工风潮、军警林立的成都兵工厂，多次用通俗的语言宣传马克思主义，进行启蒙教育。他说："工人要求自己生活的改善和解放，只有努力奋斗，组织自己的工会，团结自己的力量，不依靠他人，也不希望现实的政府能帮助你们，因为现实的政府都是保障老板的利益的。"

工作有一定基础后，王右木团结工人中的积极分子，在校内办起了成都市第一所以宣传马克思主义为宗旨的工人夜校，他和国文部学生谢国儒等人，在课堂上讲阶级斗争，讲十月革命，讲社会主义和共产主义。后来四川地区工人运动的领导骨干，如梁华、孟本斋等，都是在夜校接受启蒙，走上革命道路的。

由于王右木扎扎实实做了许多发动、启蒙工作，"长机帮""生兔帮""建筑帮""牛骨帮"和"店员帮"等20多个工会陆续成立。1923年"二七"惨案发生后，王右木带领社青团员和读书会员，通过各工会发动全市工人进行政治大罢工，抗议北洋军阀暴行，声援京汉铁路工人。这次大规模的游行、罢工，第一次显示了组织起来的成都工人阶级的伟大力量，有力地配合了党领导下的全国工人阶级的斗争。1923年5月1日，成都市劳工联合会成立，发表了《人日宣言》和《劳动五一纪念游行大会宣言》，标志着四川工人运动进入了新阶段，也是王右木积极宣传马克思主义的巨大成果。马克思主义理论和革命运动相结合，使革命形式发生了很大变化，推动了四川地区党、团组织的建立。

为四川地区党、团组织奠基

王右木在理论宣传和群众运动的基础上，开始进行了创建党团组织的工作。

1920 年至 1924 年期间，每年暑假他都要去上海，先后和党团的领导人陈独秀、施存统、俞秀松、张太雷、阮时达等有所接触，并和施存统进行了较密切的通信联系。这对他领会中央的路线、方针、策略有很大作用。

1922 年 4 月，由王右木领导的马克思主义读书会的骨干成员童庸生、钟善辅、郭祖、阳翰笙、李勋熏、刘弄潮、雷兴政等，根据《先驱》杂志刊登的《中国社会主义青年团临时章程》自发组织了"四川社会主义青年团"，并发表宣言，开展了教育经费独立运动，体现了"为国家除害，为人民谋福，牺牲一切，在所不惜"的精神。

为了和团中央取得联系，建立正式统一的组织，王右木于当年 7 月赴上海。时值中国共产党第二次全国代表大会在沪召开，会议制定了彻底反帝、反封建的民主革命的纲领，使他明确了斗争方向。团中央书记施存统等发给他《社会主义青年团大会号》等文件，委托他回川建立团的正式组织。王右木回到成都后，经过紧张筹备，在原四川社会主义青年团的基础上，于 10 月 15 日在王右木家中正式建立了中国社会主义青年团成都地方执行委员会，选出执委，国文部学生童庸生为书记。王右木则因年龄大，以特殊身份指导团的工作。这是四川地区最早的相当于省一级的团组织。随后，王右木又按团中央指示物色刘砚声、张秀熟（均为本校国文部毕业生）以及何瑢辉等，委托他们分别进行重庆、川北（南充）地方团组织的筹建工作。在成都团的建设中，王右木坚决按中央的正确路线办事，反对无政府主义思潮。后来在恽代英的支持和团中央的决定下，王右木于 1923 年 5 月直接担任了书记，工作有了很大发展。到 1924 年年初，成都地方团下面已建立了 11 个支部，团员遍及全市，并支持邹进贤等创办了机关刊物《青年之友》，先后领导了声援开滦工人反帝爱国斗争，开展了民权保障运动，使团组织成为学生运动、工人运动、妇女运动的领导核心。

随着斗争的深入，四川建党条件开始成熟了。1923年5月，王右木给党中央写信，要求在四川建立党组织。8月上旬，他亲自到上海和广州找党中央联系。党中央批准了他的请求，并委派他回川建党。

1923年秋天，王右木带着党的"三大"文件回到成都。根据党的指示，在社青团中选拔了一批骨干，按组织原则转党，秘密组成中国共产党成都独立一组，直属中央领导，由王右木暂任书记。1923年冬，中共中央正式任命他为成都地区党组织的书记，同时命他辞去团的职务。这个组织即中共四川支部，是四川地区最早的党组织。这个组织的骨干成员童庸生是后来相当于四川省省委的中共重庆地方委员会负责人杨闇公、吴玉章的入团、入党介绍人。可见，王右木在创建四川党、团组织方面的巨大贡献和主要奠基作用。

视高官厚禄如粪土

在创建四川党组织的同时，王右木积极贯彻1923年6月党的"三大"关于建立革命统一战线的方针，在四川积极推进国共合作。当时，很多同志对国民党极为不满，尤其是军阀混战，教育经费独立运动中，对四川国民党当局的种种祸国害民劣行印象深刻，对国共合作很不理解。王右木则耐心进行工作，讲斗争形式，讲国共合作的重大意义，说服大家执行党的决议。

王右木本人则身体力行，带头按党中央的决定，以个人身份加入国民党，由于他的声望和胆识，被聘为国民党四川省"左派"党部宣传科的副科长。他利用合法身份，进行马克思主义宣传，发动群众投身革命运动，为北伐战争做了思想和组织方面的准备。

在国共合作中，王右木正确执行中央的革命统一战线策略，很注意维护无产阶级的独立性和自主权。一方面，他力求与国民党"左派"和一切可以团结的人士合作共事。他与在教育经费独立运动中站在对立面的省议会议长、国民党员、本校教授熊晓岩，不计前嫌，携手合作。另一方面，对国民党右派和陷民于水火的四川反动军阀，则继续进行坚决的斗争。1923年下半年，他在与社青团员、大军阀杨森的秘书泰正树以杨森的名义主编的《甲子日刊》上，著文巧妙揭露帝国主义和封建军阀的罪恶，反对"防区制"，反对军阀混战，反对拥兵虐民，主张还政于民，并颂扬十月革命，介绍社会主义。这些当然为杨森所忌恨，但又慑于王右木在社会上的地位和群众中的威望，便企图收买他。1924年春天，杨森的四个亲信副官抬着一大箱银元和一张杨森签署的军部督办署高等顾问的委员状，说："杨军长久仰大名，请来共理川军。"王右木婉言谢绝。在把军官们打发走后，他对妻子说："杨森想用高官厚禄收买我，简直是痴心妄想，我和他的信仰主张是水火不相容的，我怎么能去做他的官？"

王右木通过长期考察，特别是结合四川军阀实行防区制、兵匪成灾、混战连年的现实，得出"劳工专政，必自握军权始"的结论，他认为："四川到处都是军阀、政阀造成的被压迫的觉悟时机。"1923年下半年即向中央提出让社青团员、革命的工农青年打入团练局，从内部改造团练组织，将其掌握在革命力量手里，使工农成为"有枪的阶级"。建立工农武装，进而夺取政权的建议，表现了他作为一个马克思主义者的远见卓识。

高山仰止

1924年暮春，王右木对工作略作安排后，即告别妻儿，取道嘉定、叙府、泸州，乘轮东下，去上海与党中央联系，并到国共合作的中心地区广州参加党的重要会议。

是时，中国国民党第一次全国代表大会刚刚结束，会议通过了孙中山的"联俄、联共、扶助农工"三大政策，革命事业蒸蒸日上，北伐战争已准备就绪。在这样的氛围和形势下，王右木也受到很大的感染。

不久，王右木接受任务，经广西、贵州步行回川，一路进行社会考察。经过艰苦跋涉，是年中秋前夕，亲属收到他的来信，得知已到贵州土城，离泸州不远。成都的同志们闻讯，异常欢喜，奔走相告，切盼良师益友、领导者早日回蓉，与大家一道为党的事业战斗。但是，此后音讯杳然，同志们和亲人再也没能见到王右木。他在贵州土城至四川泸州的路途上失踪了。据传说，杨森收买利用王右木不成，竟与贵州军阀周西成串通一气，在土城一带将王右木秘密杀害了。

新中国成立后，以毛泽东同志为主席的中央人民政府，于1953年追认王右木为革命烈士，并发给家属"光荣纪念证"。

王右木的一生是短暂的，牺牲时年仅37岁。他从事革命活动的时间更短，从1919年五四运动后投身时代潮流，到1924年秋失踪遇难，不过5年时间。但他的一生，是不断探索的一生、开拓创业的一生、勇猛搏击的一生。他学府执教，泽沃群英，为大革命培育了许多骨干；他巴蜀播火，把马克思主义的真理传遍全省；他艰苦创业，为四川党、团组织的建立奠定基础；他英勇奋斗，给四川地区无产阶级事业开辟了壮阔道路。①

---

① 党跃武主编：《川大记忆——校史文献选辑》，四川大学出版社，2010年版。

第三章 1935—1956 年：
二十年川大情缘

关键词：川大情缘　最强学科　英雄赞歌

从 1935 年到 1956 年，结缘四川大学 20 余年，农学院名师荟萃、英杰辈出，在人才培养、科学研究、社会服务等方面都取得了卓著成绩。英国生物化学家、科学技术史专家李约瑟 1943 年考察了中国高等教育后，在报告中把农学称为四川大学"最强的学科"，并因此认为成都是中国的"农业中心"。在战火纷飞的年代，农学院师生为了新中国抛头颅洒热血，谱写了一曲气吞山河的英雄赞歌。这段历史值得我们铭记。

第一节　重教务实的国立四川大学农学院
（1935—1949）

一、国立四川大学农学院的建立和发展

根据中华民国大学院院长蔡元培 1928 年主持制定的《修正大学区组织条例》，经过反复酝酿，1931 年 11 月 9 日，国立成都大学、国立成都师范大学和公立四川大学三校合并，由国民政府定名

为国立四川大学，成为当时全国最著名的 13 所国立大学之一。

1935 年 7 月 30 日，四川省立农学院收到四川省教育厅通知："奉教育部电令将省立农、工两院，分别派员接收。""省立农学院并入国立四川大学"，同时也将重庆大学农学院并入。四川省立农学院于九月初由四川大学接办，重庆大学农学院学生经甄别核定后进入四川大学学习。

1935 年 9 月 2 日，农业昆虫学家曾省教授接受时任四川大学校长任鸿隽邀请，担任四川大学农学院首任院长。

曾省（1899—1968），浙江瑞安人，1917 年南京高等师范学校农业专科毕业，留校任助教。南高师改为国立东南大学后，转入生物系，于 1924 年获学士学位。1929 年经人推荐，得到中华文化基金资助，前往法国里昂大学理学院攻读昆虫学、寄生虫学和真菌学，1931 年获理学博士。后去瑞士暖狭登大学从事生物学研究工作。1935 年 9 月—1938 年 7 月，担任四川大学农学院院长。

曾省

曾省在害虫生物防治的研究上，取得了开创性的成果。他开始从异地引入大红瓢虫，建立人工自然种群获得成功，为我国国内天敌异地引种开创了典范。他分离出杀螟杆菌，并应用于水稻生产，为害虫防治开辟了新的途径。他还将家畜寄生虫的防治方法移植到柞蚕寄生蝇的防治上，取得了良好效果。此外，对小麦吸浆虫等防治的研究也有较深造诣。

《国立四川大学周刊》曾记载了农学院学生筹备欢迎任鸿隽、曾省的情况[1]：

---

[1] 党跃武主编：《川大记忆——校史文献选辑》，四川大学出版社，2010 年版，第 73 页。

本校农学院学生筹备欢迎任校长、曾院长

本市外东门前四川省立农学院，自教部今合并本校后，任校长即于六日（即 1935 年 9 月 6 日，编者注）派员到院接收完竣。新聘院长曾省现已起程来川。该院学生等以任校长、曾院长暨新聘教员等均为国内名人，此次毅然来川主办川大，将来对于全川文化事业，必有一番新建设。特于昨日在该院合班教室，开全体迎任筹备大会，讨论一切进行事宣，当即议决各项如下：一、名称，定为国立四川大学农学院全体学生欢迎任曾大会。二、组织该会共分文书（二人）、交际（六人）、事务（三人）等三部，由三部共推理事一人，总揽会务。三、经费，决议每人暂缴铜元四千，以作该全一切费用。四、地址，决在该院大礼堂。五、时间，暂定为曾院长到院视事日举行，届时想必有一番盛况矣。

1938 年 7 月初，曾省辞职。7 月 21 日，董时进教授任院长。1939 年 1 月，董时进因抵制程天放任四川大学校长弃职离校。1939 年 7 月 6 日，王善佺教授任院长。1942 年 8 月，王善佺辞职，同年 11 月 3 日，彭家元教授任院长，直至 1949 年 12 月底。

（一）农学：川大"最强的学科"

1943 年，英国生物化学家、科学技术史专家李约瑟考察了中国高等教育后，在报告中把农学称为川大"最强的学科"，并因此认为成都是中国的"农业中心"。[①] 这一评价对当时川大农学院的办学实力给予了高度肯定。让我们来看看当时川大农学院的学科建设情况。

---

① 李约瑟、李大斐编著，余廷明等译：《李约瑟研究著译书系：李约瑟游记》，贵州人民出版社，1999 年版，第 116 页。

四川省立农学院并入四川大学时仅设有农林系一系。1935 年 11 月 11 日，川大第一次校务会议审议"四川大学组织大纲及组织系统图"时，正式决定将农林系分开设立农学系（1939 年经教育部批准，改名为农艺系）和森林系。

1936 年 6 月，增设园艺系、植物病虫害系，并在农学系下设畜牧兽医、农业化学和农业经济三个组。聘请杨允奎、程复新、毛宗良、朱健人等教授分别担任农学系、森林系、园艺系、植物病虫害系的系主任。

1939 年 2 月，增设蚕桑系，聘任高正禧教授为系主任。

1942 年 12 月 11 日，院务会议审议通过，将农业经济组改为农业经济系，报经教育部批准后，农业经济系于 1943 年 9 月正式成立。1944 年 1 月，聘请刘运筹教授担任系主任。

1944 年 8 月 5 日，增设农业化学系。同月，聘请陈朝玉教授担任农业化学系主任。

1948 年 4 月 16 日，农艺系畜牧兽医组经教育部批准改设畜牧系，聘请陈之长教授为畜牧系主任。

随着新系建立，学生人数也逐年增加，1936 年上期期末统计，全院各系各年级共计 65 人，其中农艺系 41 人，森林系 12 人，园艺系 9 人，植病系 3 人。1948 年上期期末统计，全院各系各年级共计 327 人，其中农艺系 113 人，森林系 41 人，园艺系 37 人，植病系 20 人，蚕桑系 36 人，农经系 100 人，农化系 38 人，畜牧系 130 人（见表 3-1）。

表 3-1 四川大学农学院系科设置及学生、教师情况

系科设置	学生规模 （1948 年）	教师队伍 （1948 年）
农学系（1939 年改为农艺系）	113 人	共有教师 79 人（不含公共、基础课教师），曾省第一个被聘为终身教授。
森林系（1935）	41 人	
园艺系（1936）	37 人	
植物病虫害系（1936）	20 人	
蚕桑系（1939）	36 人	
农业经济系（1943）	100 人	
农业化学系（1944）	38 人	
畜牧系（1948）	130 人	

在现今学校林立的时代，某校长于某种课程，大概在社会上是有定评的。而说某校长于某种课程，即无异于说某种功课有某某著名学者在那里担任教课。[①]

——任鸿隽

时任校长任鸿隽非常重视师资建设，把聘任知名教授作为办好学校的第一件大事。经多方设法礼聘，一大批知名专家学者来校任教。

打开国立四川大学农学院教师名册，"开拓者""先驱""奠基人"等字眼映入眼帘。农学院的一批专家教授对我国一些学科的发展起到了开拓性的作用，"开拓者""先驱""奠基人"是对他们学术水平最好的肯定。

农业经济学家董时进是中国农业经济学的开拓者之一，1924年获美国康奈尔大学农业经济学博士。1925 年回国，担任北平大学、四川大学等校农学院教授及院长。1950 年迁美国定居，入美

---

① 罗中枢主编：《四川大学：历史·精神·使命》，四川大学出版社，2009 年版，第 88~89 页。

国国籍，执教于加利福尼亚州州立大学，又任美国国务院农业顾问。

我国近代公园建设的先驱之一、园艺学家李驹 1917 年考入法国高等园艺学校，1921 年毕业并获园艺工程师资格后，考入法国诺尚高等热带植物学院，获农业工程师称号。1926 年开始，先后任国立中央大学、重庆大学、四川大学教授、园艺系主任，还先后在上海、北京、开封、南京、重庆等地城市公园设计与管理部门或园艺场、农场担任高级技师。

我国棉花育种学科的奠基人之一的王善佺早年毕业于清华学校，后赴美国留学，获乔治亚大学农学学士、科学硕士学位。1920 年回国，先后在东南大学、浙江大学、中央大学、北平大学、河南大学、四川大学等校任教。新中国成立后，他历任西南军政委员会农林部副部长、重庆市农林水利局局长、四川省农业厅副厅长。

土壤肥料学家彭家元是中国现代土壤肥料科学的先驱，1923 年获美国衣阿华州立大学农学硕士学位。归国后，曾在北京农业大学、福建厦门集美农林学校、广东中山大学、武汉大学、四川大学等校任教。编写出版的我国最早的大学肥料学教科书《肥料学》，较长时期为多所大学使用。他主持筹建的四川省内江土壤研究室，对四川的水土保持事业起了推动作用。

林学家邵均是中国森林经理学的开拓者之一。先后在多所林业院校讲授森林经理等课程。长期从事森林主伐与更新、次生林改造和利用、中壮龄林抚育等的研究和实践，提出过许多学术论点，并在他担任黑龙江省林业厅领导期间加以贯彻实行，为黑龙江林业的发展做出了重要贡献。

水稻专家杨开渠是世界上最早系统再生稻的学者，在稻作学尤其在水稻分蘖、双季稻和再生稻等方面的研究颇有建树，是四川种植双季稻的最早研究者和世界最早系统研究再生稻、水稻分蘖习性的科学家。他是四川农学院首任院长，也是川农大和"川农大精神"的主要奠基人之一。

作物遗传育种学家杨允奎是利用细胞质雄性不育系配制玉米杂交种的开拓者。1928 年获庚子赔款资助入美国俄亥俄州州立大学攻读作物遗传育种专业，1933 年被授予博士学位。他倡导数量遗传学在作物育种上应用，并提出简化双列杂交配合力估算方法。新中国成立后，曾任四川省农业厅厅长、省农科院院长，四川农学院院长。

园艺学家毛宗良首先对茭白进行了解剖研究，为我国榨菜、花叶芥确定拉丁学名。20 世纪 30 年代首次在四川引种甘蔗良种成功，为我国培养了大批园艺人才。毕业于巴黎大学理学院植物系的他在园艺植物分类学、解剖学和造园学方面造诣深厚，对十字花科蔬菜及苋菜的分类研究做出了贡献。

1935 年，土壤学家侯光炯作为第一位中国人参加了第三届国际土壤学会议，并在会上宣读了论文。他提出用土壤粘韧曲线作为判断土壤肥力的方法，提出"土壤肥力的生理性"的观点，后发展成土壤肥力的"生物热力学"观点。运用他的观点研究"水田自然免耕"技术获得成功，为发展我国土壤科学做出了开拓性的贡献。

植物病理学家林孔湘一生潜心研究柑橘黄龙病，首先证明黄龙病病原为病毒，首创柑橘繁殖材料热处理消毒方法，推行"无病虫栽培"技术，为振兴中国柑橘事业做出了卓著贡献。

畜牧学家张松荫在我国中卫羔皮山羊品种的发掘和"群选法"的运用，以及我国细毛羊新品种培育、地方良种选育和绵山羊行为学的研究等方面，做出了重要贡献。

中国农业史学家任乃强一生涉及诸多领域，最早将《格萨尔王传》翻译成汉语，撰写了一部农业史，绘成了第一部康藏地图。他历任重庆大学、华西医科大学、四川大学教授和中国民族研究会理事，中国民族史学会、四川民族学会顾问，四川省社会科学院特约研究员。

为使教员聘任制度化，1941 年四川大学制定"教员聘任规则"，对教师每周授课时数规定为 9～12 学时，不满 9 学时者作兼任对待。在外校兼课者，应为学术上需要，每周不得超过 3 学时。以后，又实行教员联聘制和终身聘任制。农学院曾省首先被聘为终身教授。

1945 年抗日战争胜利后，一些内迁来川的外地学校，陆续迁回原地。四川大学农学院兼任教授也随校迁回，但 7 个系专任教师则较稳定。据统计，1945 年教师人数共 50 人（不包括公共课、基础课的教师），其中教授 19 人，副教授 3 人，讲师 5 人，助教 20 人，技士 3 人。

1946 年 6 月，又增聘一些知名的教授，如植物病理学家何文俊、土地经济学家朱剑农、农业制造学家曾慎、蚕桑学家赵烈、兽医学家陈之长、蔬菜学家李曙轩、农产制造学家施有光、家畜解剖学家吴文安、畜牧学家张传琮等。

1948 年 10 月，全院发展到 8 系，共有教师 79 人（不包括公共课、基础课的教师），其中教授 28 人，副教授 5 人，讲师 12 人，助教 34 人。比 1945 年增加了 58%。

国立四川大学农学院时期，农学院各系的基础课和部分专业基础课均由川大文学院、理学院教师担任。如外国语由外文系教师担任，国文由中文系教师担任，动物学、植物学、地质学、植物生理学由生物系教师担任，无机化学、分析化学、有机化学由化学系教师担任，物理学由物理系教师担任，高等数学由数学系教师担任。这对加强学生的基础理论和基本技能，提高教学质量，起到了极其重要的作用。

农学院并入国立四川大学后的十多年来，系的增设、教师阵营的扩大、学生人数的倍增，都显示了农学院办学规模逐渐发展壮大，特别是农学院未受到抗战轰炸和搬迁损失，一直在成都办学，因此，教学科研水平得到显著提高。新聘的教授中，不少曾留学欧美，这对于开展学术交流、广泛吸取东西方各国的先进科学技术、提高学院学术水平都具有较大的作用。

（二）办学成果显著

一所高校的办学水平需要许多指标来衡量，人才培养、科学研究都是其中的重要部分。国立四川大学农学院人才培养独具特色，科学研究硕果累累，可以说办学成果是显著的。

学院强调理论与实践相结合，要求学生既要掌握理论知识，又要掌握实践技能，做到学与做统一，从而实现"教""学""做"一体化。这是农学院并入四川大学后独具特色的人才培养模式。

当时的大学教育实行学分制，学分的计算方法为讲课一学时一学分，实习两学时一学分。规定学生学年成绩不及格之学分总数超过所习学分总数 1/3 者，应留级，超过所习学分总数 1/2 者和连续两次留级者，应即除名。规定学生成绩计算办法为平时考试成绩占40％，学期考试成绩占 60％，每学期至少有一次平时考试。

农学院院务会议曾讨论各系所开课程，认为必修课程不宜太多，为使学生得以多选适合个性的课程，各系可斟酌情况，分设学科组，针对专业有系统地开设课程。其后，又专门召开课程审查会议，审查学分选定情况，决定学生每期学分最高不得超过 22 学分，以便学生有较多的时间阅读课外参考书。

农学院各系一年级基础课程，由学院统一安排，学年课为国文、英文、植物学。学期课，上期为无机化学、物理学、地质学，下期为有机化学、动物学、植物生理。按照学校规定，英文为一年级必修课程，每周 3 学时。开设第二外国语，以日文为第二外国语，每周 2 学时，规定三、四年级学生必须选读。为了支援四川边区，1938 年 11 月系主任会议上议定农学院开设藏文，学生愿意学习藏文的，可以代替第二外国语。1943 年后，为了加强农学院学生的英语阅读能力，特聘请林孔湘教授开设英语研究班，每周讲课 4 学时。

在教材的选择上，学院要求教师要选定一套国内外优良适当的教科书、参考书，作为讲授蓝本。教师讲授时，学生须做笔记。另指定数本参考书，由学生课外阅读，并作笔记；学生的听课笔记和阅读笔记，教师随时调阅加以修改评分。

除了对学生在校学习严格要求，开展社会调查是农学院在加强理论联系实际方面的一项重要措施。1936年1月，寒假期间，杨允奎教授与理学院熊祖同教授一道带领农学院学生赴资中、内江、简阳等地实地调查，之后发表《内江、简阳甘蔗及糖业调查》一、二、三号报告。毛宗良教授与助教带领学生赴重庆、泸州、垫江、江津以及广汉县连山、金堂县赵家渡等地进行柑橘生产调查。杨礼恭教授赴川东各县调查农业经济、合作事业，并带领数十名学生和四川农村经济调查团合作，对四川152个县及单位开展调查和对成都、华阳两县进行农村定点调查。沈嗣庄教授率学生到石羊场，深入开展农村经济调查。佘耀彤教授率领森林系三年级学生赴灵岩山实习林场，参加播种、造林、测量林场地势及面积，测算全场面积及每年林木生长量以及树干解析、采伐木料等工作，并造林200亩，植苗10余万株。

1939年7月，为了了解边区农林垦牧情况，农学院利用暑假组织学生，分四组分赴西康东南部，川陕鄂交界的巫山、巫溪、城口、房县、广元、昭化、剑阁、宁强和巴中、通江等地调查。植物病虫害系阎攻玉教授利用暑假赴雅安、天全、康定及峨眉山一带做植物病虫害调查，并采集标本进行研究。园艺系曾宪朴教授利用暑假率助教、学生多人，前往简阳县属阳春坝、贾家场、龙泉驿等地，调查梨的栽培情况。

1942年7月，农艺系农业经济组接受农林部委托，进行农村经济调查。由曹茂良教授率领助教、学生6人，前往新都、华阳两县实地调查。

为便于教学和学生实习，1943年农艺系畜牧兽医组设立家畜诊疗室，每周星期二、四午后对外门诊。

1947年5月21日，农化系农产制造学曾慎教授提出购买"大川酿造厂"，作为农业化学系农产制造的实习工厂。经学校批准同意，并于9月3日完清购买手续。1949年学生到实习工厂实习制造维他命绍酒成功。

用所学知识为农业农村服务，农学院师生一直在行动。1935年9月，教育部拨款2000元，委托学院举办冬季农民训练班，招生30人，学习三周。1936年1月16日开学，食宿、纸笔、书籍由学院发给。同年12月在赵家渡、金堂菜子坝举行柑橘讲习会，讲授嫁接、修枝、贮藏、病虫害防治等，园艺系、植物病虫害系的系主任以及部分教师和学生都参加了讲授，讲解深入浅出，深受农民欢迎。

1937年11月，农学院受省教育厅委托，代办省立成都高级农业职业学校，由杨开渠教授兼任校长，时间一年。校址在四川大学校园内。

1938年6月学院制定推行社会教育办法，内容包括在观音桥等三处，各设农民补习学校一所，举办乳牛、柑橘栽培、水稻螟虫防治及其他讲习会，在办补习学校的三地各办合作社一所，农作物收获后举办农产品比赛以及宣传乡村卫生教育等七项措施。

农业经济系在1948年寒假举办学生农村服务工作，工作内容有五大项，包括创办华阳县多宝寺合作农场，辅导设置华阳县保和乡合作社，筹设农民学校及补习学校，举办农产物价市场调查及农村经济调查，举办义卖、义展等活动以筹募农民文化、福利基金等。农经系筹建的华阳县保和乡建设实验区得到当地人士的赞助，顺利开展了工作。他们还商请省农业改进所农事总场，供应洋槐、麻柳、桤木等树苗1000株，协助该区，垦荒种植。

农学院非常重视聘请专家学者来院作学术讲座，讲座内容也很丰富。中央棉产改进所副所长冯泽芳先生讲解"中国棉产之天然环境及四川棉产之将来"。全国稻麦改良场副场长沈宗瀚先生讲解"中国麦粮自给之可能"。林学专家郑万钧先生讲解"开发四川省森林资源与救济中国木荒"。四川省蚕桑改良场场长尹良莹先生讲解"四川省蚕桑改良问题"。朱天佑先生讲解"松、理、懋农牧情况"。张奚若先生讲解"国际政治与中国"。姚石安先生讲解"农村经济建设"。傅孟真先生讲解"我对于西北农业前途的感想"。梁漱溟先生讲解"乡村建设之路线"。四川省政府秘书长李伯申讲解"中国古训之农业道德观"。印度农业访华团来院参观后也对学生作了学术讲座。

曾省院长在校期间积极提倡利用纪念周时间,由各研究室派员报告本室研究工作或请专家、教授作学术报告。他首先向全院师生报告了主持的昆虫研究室的研究工作。以后,毛宗良教授的"连山、赵家渡的柑橘调查"、杨礼恭教授的"四川农村经济调查"、佘耀彤教授的"华阳窑子坝油桐生产的调查"陆续在纪念周上呈现。

为了提高教师们的教学科研水平,农学院积极提供了出国进修考察的机会。1936年暑期,农学院决定派送张文湘副教授赴美考察。主要研究柑橘,包括调查搜集优良品种以及贮藏与包装。张文湘回国时带回了华盛顿脐橙、罗伯生脐橙、红玉血橙(路比)、佛令夏橙等果苗和枝条。

经四川大学行政会议研究决定,1944年度的进修教授由农学院派送曾省教授出国研究一年。

1944年9月,农林部制定选考赴美农业实习人员办法,经过考试,农艺系畜牧兽医组邱祥聘讲师被录取,翌年春赴美实习。

教育部制定专科以上学校教员应约出国讲学或研究的办法于1946年1月15日公布执行。经教育部批准农艺系畜牧兽医组张松荫教授应约赴英、美考察研究。

此外,先后还有陈万聪副教授和陈希桓副教授赴美考察,蓝梦久教授应邀赴美研究,熊文愈讲师、刘佩英讲师赴美留学。

科学研究也是农学院历来重视的领域。自建院以来,学院在水稻、玉米、豌豆、小麦、果蔬、工艺作物、植物病虫害、森林、蚕桑、农业经济、农业化学、畜牧兽医等方面取得了骄人的成绩。

抗战期间,尽管科研条件困难,杨开渠教授的水稻研究仍坚持进行,到1941年育成了优良品种"川大洋尖",该品种特点是防螟害、丰产、质良。为此,农林部补助杨开渠教授水稻研究费(1~

12月）12万元。"川大洋尖"水稻研究报告发表后，引起各方面重视，纷纷前来征集种子。杨开渠教授经过多年比较试验后，又选育出"川大白节子""川大白脚粘""川大一号"等水稻良种。这些良种经农经系师生和农场职工在成都市郊县进行了示范推广，受到广泛欢迎。

杨允奎教授在开展"小麦杂交育种研究"的同时，还进行了"小麦杂种性状之遗传研究"，在新中国成立前夕，育成了小麦新品种"川大101"。结合玉米、豌豆育种进行的性状遗传规律研究，突出了经济性状的研究、定量的研究，运用了生物统计技术。其研究成果，以论文《玉米杂种优势涉及株高的雌花期之研究》《豌豆之生长发育理论》先后发表在美国《农艺学杂志》上，该项研究为农学院建立数量遗传研究奠定了初步基础。1946年5月，育成了"川大201"早熟、丰产的综合杂交秋玉米和"川大红花豌"（亦名红早豌）以及从地方品种"资中大白豌"中纯系选育成"川大无须豌"。这些品种一直为育种的重要亲本材料。经示范推广，深受广大农民、有关农业院校和农业推广单位的欢迎。

张文湘教授1938年回国引进美国脐橙、夏橙、柑橘枝条等，在赵镇试验场芽接成功，后又继续嫁接，繁殖砧木和繁殖国外接穗母株夏橙、血橙、脐橙（两种）、柠檬（两种）、文旦（两种）等。并利用高接法嫁接外国优良品种以及通过整形、修剪、株行距、施肥、防治病虫害等对金堂县果农作示范推广，受到广泛欢迎。在金堂县举办的展览会上，脐橙获特等奖，血橙获乙等奖。在移植果树方面有上海水蜜桃、美国金冠苹果和苍溪梨，特别对美国夏橙生长及疏果观察和柑橘类嫁接时期与砧木之亲和力及嫁接后之成活率进行了专门的研究。

棉花的研究是在棉花专家王善俭教授主持下进行的，中英庚款董事会派王翌金协助。1940年进行"棉纤维品质之研究"，主要测定棉纤维品质取样方法与数量的研究，以后增加"长柄美棉品种之研究"以及"中美品种比较研究"。

　　甘蔗研究在内江圣水寺甘蔗试验场进行。1937年进行品比、行距、区域试验，品种观察，温室繁殖无病害良种试验，宿根繁殖，爪哇蔗越冬，糖分分析等试验研究。对陈让卿教授由美国寄回"绝无病虫"的两个印度种、四个美国种也进行了栽培试验。这些都为内江的甘蔗发展起到良好的作用。

　　1936年5月，植物病虫害系植物病理研究室进行"油菜的嵌纹病""大麦条纹病""寄生孢子种之分化"等研究。昆虫研究室在曾省教授带领下对果树为害最烈之虫害"梨蟋蟀""梨狗子""臭斑虫""梨瘿蛾"等研究材料整理完成，收集了很多蚜虫标本，发表了《中国蚜虫名录附记四新种》，还进行了"水稻螟虫生活史的研究"，获得初步结果，"柑橘红蜡介壳虫防治"也有相当效果。

　　1939年初，中英庚款董事会派研究员刘君谔（女）来到四川大学农学院植物病虫害系，由曾省教授负责指导对"柑橘褐天牛之生活史及防治方法"进行研究，历时两年半完成研究课题，并印有《柑橘褐天牛治虫浅说》一书，供果农使用。

　　1936年5月，森林系首先在院内苗圃地30亩作育苗试验，分别就四川主要树种杉、柏、松等17个种进行播种期及育苗期方法试验。在灵岩山林场作春季造林方法试验，种植紫柏一万株，桤木二万四千株，并直播青杠种子，并开展了"四川油桐研究""木材抗腐试验""苗木抗旱试验""四川主要林木生长研究"等。以后又增加了"各种木材白蚁危害之观察"和"观察成都各种林木的生态状况"等项目。

　　1939年，蚕桑系成立后，对"桑树品种研究""家蚕丝茧调查""白僵病传染试验"等五个项目开展研究。以后又增加"柞蚕丝腺之研究""家蚕品种的培育""家蚕饲养法的研究""现行家蚕品种的纯化研究"等课题。

　　农艺系农业经济研究室于1940年开展了"成都市近郊农家经济"的调查研究。1943年农业经济系成立后，编写了《中国农业史》和《农场管理学》两书，并完成了"成都郊区蔬菜经营调查"

"四川省轮作制度的研究"，创办了华阳县多宝寺合作农场。

农业化学营养方面进行了"蚕蛹蛋白质营养价值之研究""成都地区各种蔬菜之营养价值""黑、白木耳化学组成的探讨"及"动物蛋白质营养价值研究"等专题研究课题。土壤肥料方面侯光炯教授对土壤的粘韧曲线等进行了研究。

早在1935年，四川大学农学院建院时，农艺系畜牧兽医研究室曾为成都市首次引进奶山羊和鸡的品种，引进"川大一号"种公牛，为成都市改良乳牛品种起了重大作用。出国考察的陈万聪副教授为四川及农学院首次引进浪伯野细毛羊，为四川发展绵羊改良品种提供了条件。

1949年畜牧系邱祥聘副教授进行"成都市家禽业调查""成都鸡育种试验"和"成都鸡蛋的色泽形状及重量之研究"等项目。这些研究工作为新中国成立后家禽研究奠定了基础。

建院以来，农学院取得的一系列成绩也吸引了不少外国代表团来访。1942年10月，英国议员代表访问团来院参观。1946年8月，中美农业考察团来访。1944年6月，美国副总统华莱士来农学院访问旅美同学杨允奎教授，彼此交流了有关玉米育种问题的研究和交换玉米种子。印度农业访华团来院参观后来信说："对贵院成绩极为钦佩。"

二、治学不忘救国的川农先贤们

自大革命、土地革命战争、抗日民族战争，直到解放战争胜利，无一年无革命斗争，川大校友无不站在斗争前列，监狱也成为战壕，"二一六"、渣滓洞、十二桥，至今黄土丰碑，犹有烈士鲜血的光芒，这就是新民主主义革命时期四川大学的革命斗争史。

——革命前辈、教育家张秀熟[①]

---

　　① 罗中枢主编：《四川大学：历史·精神·使命》，四川大学出版社，2009年版，第88～89页。

1937年7月7日，抗日战争全面爆发。包括农学院在内的国立四川大学师生积极投身到民族救亡运动的大潮中。

（一）全体师生：不畏战火 贡献后方农业

1938年国民政府迁到陪都重庆后，日寇飞机接连轰炸重庆、成都。当年，日军两次轰炸成都，共出动飞机35架次，投炸弹199枚。1941年7月27日更是进行了成都大轰炸。这天，川大办公区、教学区、宿舍区以及图书馆和博物馆等，共127间房屋变成废墟，残垣破瓦，触目惊心。抗战期间，四川大学农学院就在这样的战火纷飞中，没有随学校大部分师生迁到峨眉山，长期坚持在九眼桥和望江楼一地办学。

1937年11月，农学院受四川省教育厅委托，代办省立高级农科职业学校，由杨开渠教授兼任校长，为四川省农业人才的培养做出了巨大贡献。1938年夏，农学院开设了农民补习学校、合作社各三所，举办乳牛、柑橘栽培、水稻螟虫防治及其他讲习会，宣传乡村卫生教育等。农学院的学子们还根据四川省建设厅的建议，分赴各县推广杨开渠研究的防螟害、丰产、质良的再生稻，有效提高了粮食产量。

杨允奎教授是我国作物数量遗传学科的拓荒者，抗战中，他在川大农学院农艺系任教并兼系主任，主讲遗传学、作物育种学、生物统计学及田间设计等课程，同时开展了玉米、小麦、豌豆的遗传育种研究工作。在三、四十年代，先生利用他与美国农业部蒙里森教授以及他在美国的同窗好友后成为美副总统的华莱士的关系，从他们那里得到一些美国优良的玉米品种，用来和四川当地的玉米品种进行杂交，培育自交系。到1945年，先生及其同事先后培育出50多个玉米双交、顶交优良组合，增产幅度都在10%～25%。玉米的大幅增产，为当时的抗战提供了有力的粮食支持。

时任农学院院长曾省说："本院同仁对于后方生产的农垦事业，向甚关心，总希望在危急存亡之秋，打通一条血路。"

"七七事变"前，四川交通不便，军阀倾轧，被视为西南"僻壤"。可1943年，李约瑟在考察了中国高等教育后认为，农学是川大"最强的学科"，而成都可以说是当时中国的"农业中心"。八年抗战期间，四川以一省之力为全国贡献三分之一的粮赋，成为支撑中国抗战的大后方，这离不开当时川农人的坚持和努力。

（二）莘莘学子：积极活动　抗日救亡

农学院有着光荣的革命传统，早在抗战初期，农学院学子就开始积极投入抗日斗争洪流，尽己所能参与抗日救亡活动。

1937年秋，为了欢送川军出川抗战，农学院学生动手参与缝制棉衣。仅用六天，他们和其他川大学生一起，共缝制棉衣1075件赠送川军，同时收集旧衣数百件赠送战区难民。另外，他们还赠送毛巾1200条和锦旗十六面，上面写着"为民族解放而抗战""保卫中华，争取我们的生存""把我们的血肉筑成我们新的长城"等口号。

1937年在宣传抗战的活动中，农学院植物病虫害系喻季姜等学生还曾遭反动政府逮捕。1938年底，农学院成立了党支部，罗贤举、蔡定炽、王秋成先后担任支部书记，积极参与和组织抗日救亡活动。

为推动抗日救亡活动开展，同学们还组建了一些抗日救亡组织。"七七事变"爆发后，学校成立了以进步学生为主体的全校性群众救亡组织——四川大学学生抗战后援会，主要负责一些抗敌宣传、上街演说、演唱、张贴标语、散发传单，为抗日将士募捐。他们还组织了两个宣传队，印制了传单、口号、漫画和国难地图等，前往温江、郫县、新都、新繁、德阳等地，在广大农村传播抗日救亡的火种。

在抗敌后援会开展活动的同时，1938年，成都学生抗敌宣传团成立，共分为四个团，其中川大农学院和理学院学生为第二团，农学院学生喻季姜就曾先后担任该团的副团长、团长。他们利用少量经费和大家捐款，制作旗帜，在星期日走上街头讲演，教唱革命救亡歌曲，出演街头剧。

1939年2月，抗宣一团、二团发起义卖募捐活动。同年5月7日，以川大抗宣一团、二团为主，在成都市内举行了声讨汪精卫叛国投敌的火炬游行示威。这是一次大规模的群众示威活动，在全市引起了较大反响，推动了抗日救亡运动的发展。

1939年川大组织学生暑假农村服务团，农学院学子以抗宣二团为组织也参与其中，并动员了大批进步学生参加。由于服务团内进步力量较大，经费又有保证，因而在开展抗敌救亡的宣传活动上，取得了很好的成绩。在青神县工作期间，适逢"七七事变"抗战两周年纪念日，服务团举行坚持抗战反对投降的火炬游行，群情激动，盛况空前。

除抗战后援会、抗宣二团外，农学院学子还积极参加进步社团活动。如1944年秋季创办的时事研导社，开初以剪贴报纸中揭露时弊的评论以及盟军反攻日本的图片为活动内容。农艺系学生张大成就是其中骨干成员，1947—1948年间还曾任该社负责人。

（三）活跃在抗战中的川农人

1937年7月7日抗战爆发，国难当头，不久农学院杨开渠教授便捐出了自己8月份的全部薪金260元作为抗敌费。当年，这些钱足以买到4.5头牛或大约2200多市斤熟盐。为此，"国立四川大学抗敌后援会"第三次常委会议特别给予了杨开渠教授表彰。1938年，他又一次捐出了在四川省立高级农科职业学校兼课的全部工资支援抗日。

其实杨开渠先生一生简朴，在女儿杨光蓉的记忆里，家中从未有过豪华家具，父亲总是布衣、布鞋，甚至草鞋。但对于支援抗战等事业父亲却从不吝啬。抗战期间，他一次又一次地把工资、奖金和稿费捐赠出去。

让杨开渠这样做的是一颗爱国心。早年他考入东京帝国大学农学部农实科，因踏实勤勉，成绩优异毕业后被留校工作。但 1931 年"九一八事变"日本强占东三省后，他出于民族义愤毅然抱着"科学救国"信念回到祖国。

回国后，他一直重点进行双季稻的研究。1936 年秋，杨开渠应聘到我校前身国立四川大学农学院农艺系任教授，主讲稻作学，并主持稻作研究室工作。抗战爆发，为支援抗战，争取在"最短期内"获得粮食的增产，杨开渠又把研究重点转移到再生稻上。

杨开渠曾在日记中写道："整个国家如此破碎，难道还忍心顾到逸乐吗？""为民族尽孝，为国家尽忠，顶天立地，艰苦卓绝，鞠躬尽瘁。我当牢牢地记住才好！"

贾厚仲是我校退休老教师中的一位，今年已 92 岁高龄，但一说起 70 年前参加抗日远征军的经历，老人仍激动得难以自抑。

1944 年成都的冬天很冷，贾厚仲正在金陵大学读一年级。这时，传来中国远征军失利，急需征召文化水平较高的学生兵，以接收盟军援助的现代化装备的消息。国家兴亡匹夫有责，"要亡国了！我是中国的学生！"一时间杀敌雪耻、保家卫国的热血在胸中沸腾激荡。于是，贾厚仲留下一封请表兄转寄父母的信后，毅然报名参了军，当了一名远征军战士。

1945 年，元旦刚过，贾厚仲随军从成都到新津机场，到昆明，再到印度，最后到缅甸，辗转来到了缅北，他正式成为中国驻印军新 22 师的士兵。新 22 师是新六军的前身，正是这支部队在缅甸反攻战役中，给了日军王牌 18 师团毁灭性打击，歼敌两万人，还缴获了该团发布作战命令的关防大印，这在抗战期间绝无仅有。蒋介石的嘉奖电只有 3 个字：中国虎！

贾厚仲编入驻印军时，缅北战役已近尾声，但日常训练出操他仍非常积极，就是一个托枪的动作，晚上睡觉前也要练上无数遍。印缅地区蚊虫肆虐，生存条件极其恶劣，不足以动摇坚定的报国心，"学好了本事，才好去打日本鬼子！"

回国后，贾厚仲成为新六军 14 师炮兵营一名士兵。让他没想到的是，他还见证了一个重要的历史时刻。1945年9月9日，国民政府在南京接受日军投降仪式举行，贾厚仲所在的炮兵营三连，受命到南京城墙上放礼炮。贾厚仲被选定为在受降仪式上的21响礼炮中负责打响第一炮的炮手。抗战结束后，他到川大农学院继续学业。

颜济，1924年农历5月12日生于成都一个书香门第。父亲颜楷在四川"保路运动"中被推为领袖，成为四川辛亥革命的主要人物。颜济从父亲那里继承了刚直不阿的性格和天下兴亡匹夫有责的强烈责任感。

抗战形势的不断发展几乎伴随了颜济整个青少年时代的成长。对那时的他来说，抗战影响最大。他就读的华西协和中学就因战火而迁到了温江乡下；跑空袭警报是家常便饭；学生活动就是参加学校剧团宣传抗日；因为是教会学校，唱的除了圣诗之外都是抗战歌曲；最关心的也莫过于报纸上各种抗战消息。

当时为避战火，数十所高校纷纷内迁，四川成为迁入高校最多的省份。颜济中学毕业考入华西协和大学牙科。1944年，日军攻陷贵州独山的消息传来，"大后方危险"！来自全国各地的青年学子群情激奋，成都华西坝一时掀起了"投笔从戎""保家卫国"的高潮。此时，成都开始征召抗日远征军，同时国民党空军军官学校也到成都招收飞行员。在母亲支持下，还在牙科二年级学习的他毅然报考空军，投身抗战行列，成为空军军官学校飞行班第24期学员。

在昆明接受着严格的飞行训练约一年，抗战胜利，颜济才离开空军，重返华西协和大学学习，改学农学，后随全国院系调整进入我校工作。

◆材料

川农大抗战老兵的故事①

杨雯　杨彩艺　罗继泳　田添

9月3日抗战胜利纪念日前夕，学校多位退休老教师拿到了国家颁发的抗战胜利70周年纪念章。一枚枚纪念章，将昔日的抗战故事向我们娓娓道来。他们当年那些义无反顾、舍身抗敌的经历，令人肃然起敬。

王绍虞：少年交通员

"工农兵学商，一起来救亡，拿起我们的刀枪！……"尽管已过去70多年，我校原党委书记王绍虞至今仍旧能哼唱出当年游击队教唱的抗战歌曲。

"七七事变"后不久，山西晋中地区就沦陷在日军的铁蹄下，这里正是王绍虞的家乡。在共产党的领导下，晋中地区逐渐成为典型的游击区，在广大农村有了很好的群众基础，八路军时常在老乡掩护下与日本人周旋。王绍虞家所在的文依村虽然也属于敌占区，但经常是"白天日本人来，晚上八路军来"。

因为家中的亲人就有地下党，在八路军中担任区长，1943年，年仅十四五岁的王绍虞便在其带动下积极参与到一些抗日活动中。他干得最多的就是传递消息、送信。尽管没有直接参加战斗，但能"为打日本人出力"，尽快把侵略者赶出家园，这让王绍虞感到很高兴。那时没有电话，但因为老乡掩护和消息传递及时，往往日军从据点出来刚进村，八路军就已迅速转移到了邻村，有时甚至是日军在村东头，八路军就藏在村西。"要是秋天，往高粱地里一跑，日本人根本就发现不了。"

1945年，在日本宣布投降前不久，王绍虞来到了解放区。

① http://www.sicau.edu.cn/news/news/2015/0904/24037.html.

1980 年历任我校党委副书记、书记，直至退休。

宋捷德：严刑拷打仍不屈

宋捷德，1920 年生于山西省洪洞县西永凝村。1938 年，抗战形势严峻，眼看着侵略者打到了家乡，年仅 18 岁的他毅然参军，加入第二战区由薄一波等领导和指挥的随营学校政治保卫队，在山西洪洞一带进行抗日宣传活动，动员青年参加抗日斗争。当日军逼近洪洞县，他随军转战汾西、霍县、灵石一带开展游击战，破坏铁路，抗击日寇。

由于工作需要，1939 年 7 月他被派到陈赓领导的培养军政干部的沁源干校学习，结业后被分配至洪洞县敌占区从事教育工作。他先后在东永凝、西永凝、三阳堡、湾里等村任教，明里教书，暗中宣传抗日。1942 年，他因为持有抗日课本被警备队汉奸发现后告发，被日本宪兵队抓走。在宪兵队，宋捷德遭受了严刑拷打，可他咬紧牙关没有吐露一个字。后来，他在地下党员营救下才得以出狱。

此后，他被调至游击区曹生村继续任教，他教过的青少年有不少都走上抗日的道路。

1961 年因工作需要，他调到我校担任总务处长，后又担任教务处副处长，图书馆副馆长等职。

李玉贤：弃学投军奋勇杀敌

李玉贤 1926 年出生在山西夏县一户农民家庭。"七七事变"不久，他的家乡便沦陷在日寇铁蹄下。在残酷的杀光、烧光、抢光"三光"政策下，老百姓过着暗无天日非人的生活。当时李玉贤已进入小学读书，对日寇的血腥暴行，看在眼里，恨在心头。

1941 年他已进入中学，此时抗日战争已进入最艰苦、最困难的阶段，敌我斗争形势非常紧张。这一年他寒假返家，同村的陈国忠正在暗地串联，组织抗日游击队。与之交谈后，李玉贤感觉与他志同道合。经地下党人介绍联系，1942 年春节李玉贤辍学离家，毅然协同当地 20 余名爱国热血青年，冲过敌人封锁线，直奔中条山抗日根据地，参加了抗击日寇，保家卫国的神圣斗争行列。

经过两个月的简单训练，他们被编入了太岳军区三分区康俊仁支队第七大队三中队。李玉贤当时因为才 15 岁，被分配担任中队文书，半年后他又调到大队工作，任大队长陈青林同志的随身文书。

在大队，李玉贤参与了长达四年的抗战斗争。他所在的部队主要是深入敌占区，发动群众，开展游击活动。当时晋南地区敌我力量对比悬殊，对大部队作战十分不利，根据分区司令部的部署，他们采取麻雀战和运动战相结合的形式，分散打击敌人。

李玉贤所在的七大队活动的重点地区分配在闻喜、夏县接壤的蛾眉岭一带，前面不到 1 公里就是日寇统治的同蒲铁路线，身后左右均有国民党在晋南的杂牌军队。这些军队相互勾结，狼狈为奸，不打日本人，专攻八路军，给七大队的活动造成了极大威胁。再加上当时晋南连年干旱，群众和部队的生活遇到了很大困难。他们每天平均往返行军百里以上，却不得不以小米稀饭和谷糠馒头维持生活，有时甚至几天都吃不上一顿饱饭。但大家的抗战情绪高涨，不畏艰险，夜出日归，东奔西杀，不仅击毙、俘虏了一批日伪军和汉奸、特务，还缴获了大批武器弹药，打得日伪汉奸闻风丧胆。

在这个时期，李玉贤先后参加了上百次的大小战斗，这让他从一个不懂事的农家毛孩子成长为一名革命战士。

陈义亭：党性坚强 坚持学习

因为身体原因，陈老没能接受我们的采访，但陈老的子女告诉我们，她们从小接受父亲的教育，父亲一生节俭，党性坚强，坚持学习，这些都对她们有着深刻的影响。

陈义亭，1921 年出生在山西襄垣县，1939 年年仅 18 岁的陈义亭成为一名襄垣县子弟兵战士。在抗战中，他负过伤、立过功。经过 5 年多抗战经验的积累，1944 年陈义亭在特九团特务连当了一名侦察员。1950 年转业到茂县，1978 年他调入四川省林业学校（后并入我校）任党委书记。

自从 1943 年入党，72 年来陈义亭从未漏缴过一次党费。"4·20"地震后，他一次性缴纳特殊党费 2000 元，他说交党费是一个共产党员的标志，他十分珍惜共产党员这个光荣称号。今年 6 月，学校组织党员干部召开座谈会，生病住院的陈义亭听说后当即拔掉针头，不顾子女的劝说，坚持到会场参加会议。

94 岁高龄的陈义亭依旧坚持学习，读书看报、写读书笔记是他每天的必修课，看党史、新闻，关注党的重要的会议，新党章修改的部分他都会认真勾画出来跟子女讨论交流。

马桂香：巾帼英雄　傲骨丹心

马桂香，1926 年出生于山东昌邑县一个普通农民家庭。她从没正式上过学，却在国难当头的危急时刻，坚定地投入保家卫国的队伍中。

1937 年，日本入侵东北，马桂香本应快乐的童年被侵略的枪炮声打破。全城戒严，整日的抓人、扫荡搞得人心惶惶。家里亲人接连被杀害，在她年幼的心里留下了不可磨灭的伤痛，更在她的心中种下了抗日的种子。日本人三番五次抢夺粮食，连藏在被絮中的麦种都不放过；日本人全村抓人，当时年仅 11 岁的马桂香也差点被抓走，父母将她藏在地窖中才躲过一劫……她在惶恐中艰难度日，直至地下党的到来，才为她指明了前方的道路。她积极参与抗战活动，为地下党传递信息；跟着学生们上街游行；呼吁普通群众参与抗日。虽为女子，却勇敢站在抗战前列，父母的阻拦，奶奶的苦求，都没能阻挡她抗日的脚步。

青年时期的她，有着同龄人没有的勇气与决心。她冒着生命危险侦察敌情，趁着夜色在敌军行进路途中埋下地雷，号召各阶层群众团结抗日，发动农民反抗抢粮。

1945年，她正式成为八路军的一员。同年，日本无条件投降。听到这个消息时，她激动地欢呼起来，情不自禁加入了街上的庆祝队伍。

施勇：革命事业一直紧握手中

施勇，1928年出生在江苏启东农村。一家5口本来过着安宁的生活，可是1938年日本人的入侵打破了村子的宁静。

日本人开着机械船在村子边的河道里走，不管有人没人随时放枪，吓得老百姓听见船声就躲起来。日本人向当地老百姓收人头税，强行抢走老百姓的口粮。当时，百姓的生活都很艰难，虽然住在沿海地区，却连盐也吃不起，只有从海边的泥土里过滤出一点盐来。

1944年，年仅16岁只读过几年小学的施勇半工半读地在苏北公学工作，参与做一些抗战工作。在那里施勇接触到了自然科学、历史、唯物主义理论等知识，为后期工作学习打下了基础。艰难中，他从未放弃学习，后来被分配到华中印钞厂工作。从此，施勇一直跟随革命队伍多方辗转，当过联络员，当过财经接管处代表，在大后方默默坚守自己的岗位，为革命事业贡献自己的绵薄之力。

除了这几位，我校离退休老教师中还有王义全、何日明等都曾是抗击日寇的八路军战士，其中王义全曾任连长的八路军129师在八年抗战中更是功勋卓著，歼灭日伪军达42万余人，解放县城109座。

在采访中，施勇老先生感慨现在的生活来之不易："比起以前，我们的国家确实是好得多了，大家要爱护，为我们祖国的建设出力。"当战争的硝烟远去，我们分享这些抗战老兵的故事，除了向他们致敬外，也让我们铭记历史，感恩今天的幸福生活。

三、莫谓书生空议论，头颅掷处血斑斑——为新中国抛头颅洒热血的川农英烈

在新中国成立前夕，在党组织安排下，数以百计的川大学生深入到省内 70 多个县市，发动群众，开展武装斗争，进行上层统战工作和策反，牵制敌人有生力量，为大西南的解放尽了最大的努力。在这场冲破黑暗、迎接黎明的战斗中，川大师生进行了艰苦卓绝的斗争。农学院农艺系学生江竹筠，农科学院学生黄宁康，农经系学生何懋金，农艺系学生胡其恩、张大成、杨家寿，蚕桑系学生曾廷钦等英烈为了新中国的诞生付出了青春，乃至年轻的生命。

江竹筠（1920—1949），原名江竹君（即《红岩》书中的江姐），出生在四川自流井大山铺宋家沟的一个农民家庭，10 岁就在袜厂当童工。她曾在孤儿院小学读书，后考入中国公学附中。1939 年在重庆加入中国共产党，入党后，曾任中华职校党组织负责人和新市区区委委员，后在重庆市委机关工作。根据党组织的安排，1944 年秋，江竹筠考入四川大学农学院植物病虫害系，在校用名江志炜。上级决定让她不转组织关系，到川大以隐蔽为主，以普通学生身份，做好群众工作。她善于与觉悟程度各异的同学相处，关心帮助同学，无微不至。1946 年暑期，组织决定让她回重庆投身农村武装斗争，活动于川东云阳、奉节、巫山等地。1948 年 6 月，由于叛徒出卖，江竹筠被捕，在狱中受尽酷刑。她怒斥敌人、坚贞不屈。1949 年 11 月 14 日，反动军警将江竹筠押到处决地。临刑前，江竹筠高呼"中国共产党万岁"，英勇就义。

黄宁康（1905—1949），男，四川岳池县人。1927 年考入公立四川大学农科学院，不久参加了四川大学、成都大学学生联合会组织的"协进社"，为该会创办的《活期》刊物投稿、捐款，成为该社的重要骨干，被选为学联代表。1930 年夏，国民党反动派先后在成都多次镇压学生运动，黄宁康等学联代表出面向反动当局交涉，被无理扣押。释放后，于同年秋参加了中国共产党。1932 年

他到南充、岳池等地发动农民武装暴动，在岳池县地下党特区支部改选时，担任特区支部书记。以后在进行地下斗争时，又一次被捕，释放后一度与组织失去联系，1947 年返回岳池县并恢复了组织关系。在党的领导下，为华蓥山武装暴动做准备。1948 年 8 月 25 日在白庙茶馆与地下党员、国民党乡长周殖藩联系时被捕，关押于岳池县监狱，10 月 4 日被押往重庆渣滓洞。1949 年 11 月 27 日被杀害于渣滓洞，时年 44 岁。黄宁康从事革命斗争，四次被捕，忠贞不渝。

何懋金（1917—1949），男，四川万县人。中学时代就开始阅读马列书籍，1944 年考入金陵大学农经系，后加入中国共产党，1946 年转入四川大学农学院农经系。他领导过"黎明歌唱团"①，1947 年任川大党支部委员、"民协"干事，在历次运动中起骨干作用。1948 年夏，经组织派遣到家乡从事农民运动，组织武装斗争。1949 年 3 月 2 日在万县被捕。狱中，他受尽了毒刑，致手残、眼瞎，始终严守党的秘密，保护了同志。1949 年 11 月 27 日深夜，特务们突然从牢房两头用机枪扫射，何懋金立即从上铺跳下来，伏在下铺难友的身上，使难友幸免于难，何懋金则当场壮烈牺牲。

胡其恩（1919—1949），男，四川成都人。1939 年考入国立四川大学农学院农艺系读书，因家境贫寒，两年后被迫停学。1942 年春到成都农行当职员，参加了成都地下党领导的"职工联谊会"，经常回母校四川大学参加革命活动。银行当局认为他是危险人物，调往重庆北碚农行。胡离开成都后，仍与成都保持联系。1948 年成都发生"四·九血案"，胡立即写信慰问受害学生，痛斥国民党反动派。不料这封信落入特务手中，同时还查出他向香港邮购进步书刊的汇款单。1948 年 5 月 14 日，胡其恩被关进渣滓洞。在狱

---

① 为了同官办的川大合唱团唱对台戏，推广秧歌、陕北民歌和各种进步歌曲，以歌咏活动形式团结教育全校青年而成立的组织，1946 年下半年由民盟盟员和进步学生发起创立。

中，他担任单线传递消息的秘密联络员。他把牙刷磨成一个"红心"，表示他热爱中国共产党、忠于人民的红心至死不变。1949年11月27日被杀害于渣滓洞，时年30岁。

张大成（1920—1949），男，出生于四川郫县一个贫苦农民家庭。1944秋考入四川大学农学院植物病虫害系，第二年转入农艺系。在校期间，他积极投身历次爱国学生运动，参加了进步社团"自然科学研究社"和"时事研导社"，1946年加入中国民主同盟。1948年毕业回家，在郫县简明女中教书，把郫县地区的革命活动推动起来。1949年5月，张大成加入中国共产党，根据党的指示，到灌县中学任教，在灌县中学设立党的联络点，接待成都与灌县来往的党员。1949年8月，经张大成介绍去灌县煤矿的党员出了事，暴露了灌县中学的联络点。张大成撤退不及，于1949年10月12日被捕，在省特委监狱内遭受重刑，坚贞不屈。1949年12月7日被杀害于成都西门外十二桥，时年29岁。

杨家寿（1923—1950），男，出生于南川县隆化镇，1945年秋考入四川大学农艺系。入学后，立即被正在兴起的革命学生运动所吸引。1948年3月加入党的外围组织"民协"。1949年4月底，按照党组织的安排，杨家寿离校下乡，参加农民运动。1949年6月被吸收为中共党员。不久，他担任邛崃县临济乡党小组长，后又任党支部书记。经过一段时间的工作，上级决定在邛崃成立游击队，杨家寿任大队副指导员。游击队配合解放军阻击国民党21军。1949年12月19日邛崃解放。1950年元旦前后，杨家寿被任命为邛崃平落区副区长，开展征粮剿匪工作。1月22日，土匪开始在全县发动暴乱，邛崃县城被围。杨家寿被土匪抓捕，当天被杀害在孔明乡，时年26岁。

曾廷钦（1923—1950），女，1923年农历二月出生在四川井研一个破落的封建家庭中。1945年秋考入四川大学农学院蚕桑系，进校后加入了进步学团"文研"和"民协"，积极投入学生运动。按照组织安排，1949年夏她被派到乐山沐川马边河据点工作。

1949年9月，担任高笋地区的"民协"联系人。不久，曾廷钦被吸收为中共党员。1950年乐山地区解放，曾廷钦被分配到沐川县四区征粮队工作。1950年春节期间高笋乡发生土匪暴乱，将征粮队的几个同志捆绑起来，匪首对曾廷钦威逼利诱，曾廷钦大义凛然，正告匪徒们，你们"只有投降才是出路"。敌人终于下了毒手，将曾廷钦杀害在场口，并推下深坑。曾廷钦壮烈牺牲，时年27岁。

[链接材料]

江姐在四川大学

赵锡骅

忘却不了的回忆

1946年秋季开学的时候，党的外围组织——中国青年民主协会（简称民协）安排我转移到解放区去，可惜临行时肺结核病猝发，连日咯血，未能成行。次年初冬，我搬到学校设在江边西头的疗养室去住。那里只有三间病房，我和进步学术团体"文学研究会"的会员小王同住一室。因为偏僻破败，不引人注意，所以成了进步同学的联络点。

1948年初夏，一个天气阴沉的下午，一位不相识的人，像熟同学一样地不打招呼就推门进来找我。那人比我大两三岁，中等身材，脸型有点方，穿着蓝布长袍，机警沉着地走了进来。他坐下后，就低声地说："江志炜写信叫我来找你，我是她的同乡。"说着，从荷包里取出一封信来，抽出信纸理开，将夹在里面的一张纸条放在上面，再递给我，说："先看字条。"

我先看字条，上面写着："我们是笔者的同事。她写完这封后还没有交，就被重庆来的客人会走了，没有回来。我们根据笔者的意愿，代她把信交了。"

看了字条，我心里顿时压上一块石头，掀开被盖噌地站了起来，说："出事了！江志炜被抓了。"

我把字条递给小王，再来看信。好熟悉的笔迹呀，分明是江志炜的亲笔信。信中主要说她想回川大，叫这位同乡来找我，问行不行。显然，她处境很不利，需要转移隐蔽，所以想回到川大来。可恨特务抢先一步把她抓走了。"重庆来的客人"，指的是重庆派来的特务；所谓"会走了"，就是特务以"会客"为名，把人抓走了。

她问回川大行不行，是问当时的斗争形势，她若回校，待不待得下来。她在川大没有暴露，回校是待得下来的。像她这样熟悉情况、善于团结同学的大姐姐，川大的斗争多么需要啊！

那位同乡走后，我思绪翻腾，浮想联翩，独自一人沿着柳荫覆盖的沿江马路往东走去，好像急急忙忙地赶着去迎接江志炜的归来。但是，她不能回校了，只有她的音容笑貌、她在校时的情景，一幕幕亲切地再现在我的眼前……

解放以后，我们这些当年战斗在川大的战友，曾多次从辽阔祖国的四方回到母校，我们满怀胜利的喜悦，踏着青年时代的足迹，谈笑着往事穿越校园。可当我们指点队伍，却已经有十二位亲密的战友不能回来了。江志炜、何懋金、李惠明、马秀英、张国维、蒋开萍、郝跃青在重庆中美合作所英勇就义，缪竞韩、余天觉、张大成、田中美、方智炯在成都十二桥壮烈牺牲。为了人民的解放事业，他们无畏地献出了自己的青春。我们怎么能够忘却他们呵！于是，我提起笔来写下这篇忘却不了的回忆。

在同窗共读的日子里

原国立四川大学学生注册档案里，有一份江志炜的注册档案，那上面写着，江志炜，女，22岁，四川巴县人，1944年9月进入农学院植物病虫害系一年级，学号331044。1945年秋季，转系到农艺系，读二年级。1946年9月28日，申请休学一年。

江志炜出生于1920年，1944年年龄应是24岁，为什么只填22岁呢？因为这个江志炜不是她的真名。她，就是大家都很熟悉的江姐——江竹筠。江姐没有读完高中，地下党要她考川大，可是没有高中毕业文凭，于是借了江志炜的文凭来报考，姓名、年龄、籍贯都是按江志炜的文凭照填的，名字也因此改叫志炜了。

江姐初到成都时，借住在重庆银行一个小职员（地下党员）的家里，自修了3个月的高中功课，就考上了四川大学。

在考生口试时，她遇见了从郫县乡间来应试的女同学小董，好像同坐一船、同乘一车的旅客一样，很自然地互相攀谈起来。小董比江姐稍微矮胖一些，为人朴实厚道，语言不多。江姐对她产生了好感。后来碰巧都考上了同一个系，又做了同班同学，还同住一个寝室，上下课走在一起，渐渐地建立了深厚的友谊。

小董的功课比较扎实。江姐的功课有困难时，就请小董辅导。听小董说，江姐小学、初中、高中都没有读满过，都是跳级升学的，基础比较差，学大学的课程，自然有困难。但是，她以顽强的毅力学下去，上课时专心听讲，努力做笔记；自修时抓紧复习，不懂的及时请教小董。后来，生小云儿又缺了些课，她就利用星期天从城内住地赶回学校找小董帮助，终于还是取得了较好的成绩。

江姐在学好功课之余，时常在夜里抽时间阅读课外的进步书报，有时一直读到深夜。党的《新华日报》是她经常细读的报纸。她阅读这些书刊报纸都很专注，读后常写笔记或摘录。

党开设在祠堂街的新华日报成都营业处，是城内最吸引我们的地方。那里不但有《新华日报》，还有其他进步书刊。我们进城时总要到那里去看看翻翻，有时买上一两本书刊。书架上陈列有不少来自列宁故乡的俄文书刊，我们虽然爱不释手，但由于文字不通，只能看看插图或画报而已。

能够学点俄文该多好呵！二年级可以选修三个学分的第二外国语，可是学校只开了法、德、日三种第二外国语，没有开俄文。

一位姓徐的东北籍同学会俄文，我去请她教我们，她欣然应允了。于是我便约了江姐等几位同学间日傍晚从望江楼前过河，到河边街八号一位同学的姐姐家里去学俄语。

"我是学生，
我是女学生，

同志。"

这就是我们初学的单词。

可惜我们只学了几次，就停止了。因为我们从沿江马路过河时，三四个人走在一起，引起了特务的注意。徐同学是川大话剧团的演员，那个话剧团是特务控制的团体，里面的特务看到她同我们来往，就警告她："你少和那些共产党在一起开会呵。"考虑到已经引起特务的注意，我们只学了几个晚上，初识几个单词，就中辍了。

江姐善于做群众工作，经常通过日常生活的接触，启发同学们认识社会。

和江姐同寝室的还有一个同学，在班上年龄最小，聪慧纯良，思想进步，大家都很喜欢她，亲切地叫她妹妹。江姐晚饭后喜欢邀几位同学一起出去散步。有一次，她们散步从培根火柴厂门前经过，江姐问大家到里面工作过没有，接着说："厂里的工人都是很好的人，一天要为社会作很多贡献，我们生活上都离不开他们。可是她们生产很多，资本家给他们的工资却很少。"几句话就发人深省。

妹妹的父亲是新民电影院的股东，因此她可以随时去电影院拿票，请同学们看电影。

那时候的电影，多数是美国片，少数是国产片。苏联电影很难见到，几年中只放映过两部。有一次，妹妹邀江姐等几位女同学去看苏联影片《夜莺曲》。看罢电影回来，江姐很兴奋，走过九眼桥，到了沿江马路人少的地方，便低声哼起影片里的插曲来："河边林中，夜莺在歌唱……"接着，她激动地对同伴说："今天的电影，看起来就是好看。《夜莺曲》很好。那个女的好勇敢啊！像丹娘一样。"回到宿舍，她又讲起丹娘的故事，说："丹娘是苏联内战时期的女英雄，她被捕后，坚贞不屈，忍受了一切酷刑，还鼓励难友们坚持斗争。就义之夜，她光着脚，在风雪中从容地走向刑场，带头高唱《国际歌》。"

还有一次，江姐和同学们一起看了一部美国影片，上面有苏联妇女的形象。看后回到寝室，她问同室的同学："你们说，这部电影好不好？"

有人回答说："不大好。"

江姐气愤地说："歪曲！"

有人问："你怎么知道？"

江姐说："看也看得出来嘛。影片上的苏联妇女，咋个都是多硬一个的，一点人情味都没有？"她模仿着一些影片上的动作说："你看，这叫啥子嘛！"

江姐认为，革命的妇女，还是应该有人情味，应该活泼有生气。她自己就是这样的革命女性。

有一位姓王的同学，善良而文静，不喜欢活动。她思想上同情进步，但参加进步活动不多，和男同学交往更少。有一天，一位男同学到女生院门口请传事叫她出来，小王迟疑着不想出见。老传事见此情景，便诙谐地说："我去说，她说她不在好吗？"

"不，你说她跟着就出来。"江姐在旁插话说。等老传事出去后，她便直率地鼓励羞怯的小王，大胆地去会来找她的男同学。江姐说："人家没有啥子不好，人家找你，总有啥子事嘛！"还笑着说："我是采取主动的。"

但是，江姐历来反对早恋，反对在恋爱上花过多的时间。有一位男同学过早地谈恋爱，后来受到波折，异常苦闷。江姐同一位女同学谈起此事，说："这些青年都很好，可惜在女孩子身上花的时间太多了。希望那位同学丢掉烦恼，把精神寄托在大事业上。"

在个人生活上，江姐十分朴实勤俭。蒋介石政府的法币快速贬值，物价飞涨，学生伙食很差。江姐在女生伙食团吃饭，从不加菜。有时错过吃饭时间，便到女生院围墙外的小棚内去吃一碗酸辣面就算了。她的衣着，老是海昌蓝布旗袍外罩一件紫红毛线衣，只有夏天，穿过一件白底蓝小圆点花短袖旗袍。就是穿这些朴素的普通布料衣服，她还嫌贵呢。有一次，她和小董去买原白布来自己染色，一段染成苹果绿，一段染成克力登，各自做了两件新旗袍。

我们那些女同学，一般都梳两根辫子，穿素色的旗袍，夏天才穿浅细花的短袖旗袍。只有个别从金陵女子大学转学来的才烫过头发。特务们说："女的梳两根辫子，男的穿草鞋，都是共产党。"江姐听了，就把头发烫卷了发梢，还略涂口红，再穿上一双半高跟皮鞋，用来迷惑反动派的看家狗们。她发觉我注意她的改装，便顾盼一下自身，先笑了，我也会心地笑了。

她的星期日，过得朴实无华但饶有意味。有一位身材修长、衣着朴素的姑娘，每个星期天都要远从西门外的金牛坝，穿城赶来看她。有时星期六来，夜里就和她同住。她向人介绍说是她的表妹。其实是她小时候在重庆孤儿院时的同伴。她俩是那样亲密，一见面就是没完没了地低声亲切叙谈。她们促膝谈心时，不避讳在旁的小董。小董也没有注意听，只听到她们时常提到"四哥"。这四哥就是江姐的爱人彭咏梧。

江姐十分爱自己的丈夫。但她在处理家庭生活时，把服从革命需要放在第一位。她是和"四哥"结婚后才考进川大的。老彭在重庆从事地下工作，江姐只有寒暑假才回重庆，一来联系工作，二来同爱人欢聚。

1946年春天，江姐要生孩子了，托人帮忙在东大街的一个半节小巷里找到一间小屋。

暮春初夏之际，孩子快要出世了，江姐由于难产住进华西大学附属医院，做剖腹手术。妹妹按医院的规定，代表亲属在手术书上签字。剖腹时，江姐要求医生一并做了绝育手术。她对同学们说，这样，免得孩子多了拖累。当时中国人口四亿七千万，只有现在的一半，没有人提倡计划生育，像她这样生第一胎的二十几岁的女青年，就自己提出绝育，一般人觉得难以理解。江姐是怎么想的呢？她想到，抗战胜利后国民党反动派顽固坚持反共反人民的反动政策，撕毁政协决议，挑起内战，新中国的实现还需要艰苦曲折的斗争，一个从事地下工作的革命者，面临着许多艰险的工作，必须轻装战斗，为了革命，为了人民的解放事业，不能过多地拖儿带女。这种高尚的情操和坚毅的意志，是只有无产阶级革命战士才具有的。

孩子平安地降生了，是一个胖胖的男婴。取名彭云。

　　出院后，母子俩住在东大街那间小屋里。她托小董买了一床小棉絮，一剖为二，小云儿盖的、垫的就都有了。

　　四十天后，江姐回校继续上课了，还抱着小云儿来参加了一次文学笔会的活动。女同学们争着抱小云儿，都说这是文学笔会的下一代。

　　暑假到了。这次要带着小云儿去见爸爸，江姐特别兴奋。她满怀惜别心情，把贴有自己照片的借书证留赠给小王，同时送给她一本《辩证法》。回到重庆以后，又给小董寄来两张照片，一张是自己的，没有题字；一张是云儿的，背面写着："给嬢嬢，云儿。"

　　1946 年 7 月 20 日，中共中央向全党发出了《以自卫战争粉碎蒋介石的进攻》的指示，号召全党全军和全国人民做好准备，彻底粉碎蒋介石的进攻。地下党给江姐另外安排了工作。秋季开学的时候，她写信请女同学帮助办理休学一年的手续。她还想有机会再回校继续读书的，谁知从此竟与母校和同学们永别了！

在地下革命青年组织里

　　1943 年冬，日寇攻占贵州独山，震动了国民党统治区，广大人民对反动腐朽的蒋介石政府更加不满。1944 年，要求结束国民党的独裁统治、实行民主、保障言论自由的呼声此起彼伏，人民民主运动日益高涨起来。在成都，11 月 11 日，全市大中学生游行示威，抗议警察鞭打市女中同学，爆发了"市中事件"，冲破了 1940 年"抢米事件"以来的长期白色恐怖。

　　"市中事件"前夕，成都各大学的进步学生骨干在地下党的领导下，秘密成立中国青年民主救亡协会（以下简称"民协"，抗战胜利后删掉"救亡"二字）。这是一个党的外围地下革命学生组织，相当于地下共青团。

　　在抗战高潮时期，川大的共产党员较多，国民党反共高潮后，许多共产党员转移到延安去了。1944 年时，川大只有几个共产党员。1945年年底又发展组织，才建立了党的地下支部。川东党组织根据"隐蔽精干，长期埋伏，积蓄力量，以待时机"的方针，用"转地不转党"的办法，派遣江姐考入川大读书，从事地下工作。她的组织关系仍在重庆，利用寒暑假回重庆汇报、请示工作，没有和川西地下党有过联系。

民协是地下党的助手。早期会员近三十人，都是进步学生骨干。江姐为了便于在进步同学中开展工作，也参加了民协。民协女生小组组长黄立群是徐特立同志的外甥女，是延安派来的党员。她和江姐没有横的组织关系，但保持精神上的默契和工作上的配合。

民协领导着一些公开的进步的学术团体，其中较大的如"文学笔会"（简称文笔）"文艺研究会"（简称文研）"女声社""自由读书会""时事研导社""自然科学研究会"等，都建立了秘密的民协小组，作为团体的领导核心。

各个进步的学术团体都按照学校的规定，办理了登记手续，因而可以公开活动，经常出壁报，举行文艺晚会、时事和学术报告会或座谈会，通过这些方式揭露社会黑暗，宣传党的主张，教育广大同学。但团体内部的活动却严守秘密，在学校也只登记负责人的名字，不登记成员名单。这些团体后来发展到将近三十个之多，它们的成员便是学生运动的中坚分子。

江姐先后参加了女声社和文学笔会。

女声社设在女生院，是团结教育女同学的进步团体。黄立群就是女声社的负责人。

文学笔会早期是几位爱好文艺的同学组织的研究文学和创作的团体，出版的壁报有诗歌专刊《旗》、小说散文专刊《山·水·阳光》和理论批评专刊《野花与剑》三种，思想进步，内容充实，形式新颖，很受同学们的欢迎。我参加文学笔会后，便先后介绍了黄立群、江姐等民协会员参加；后来，在文学笔会内建立了民协小组，推动文学笔会积极参加学生运动。文学笔会初期规定只吸收有文学修养的人参加，后来我们根据民协的意见，说服大家取消了这条限制，壮大了队伍。活动内容增加了歌舞，成都市第一台秧歌舞《兄妹开荒》《朱大嫂送鸡蛋》，就是1946年冬天我们文笔排练演出的。

1945下半年，我被选为文学笔会的负责人。我当时只有22岁，之所以敢于挑起这个担子，主要是因为有民协的领导，有黄立群和江姐这样的老大姐的具体帮助。黄立群和我都是民协干事会的干事，她比我大一两岁，能干，懂得的事情多。江姐又比黄立群大两岁，更显得沉着老练。她们经常给我讲革命理论和时事，在工作上经常给我出主意。那时我虽然不知道她俩都是共产党员，但深感她们就是我理想的革命者，因此很尊重、很信赖她们。

江姐出生在乡间，由于生活所迫，妈妈带着她和小弟弟到重庆投靠开医院的舅父。可是，一心行医赚钱的舅父和舅母认钱不认亲，经常虐待她们。母女俩愤而去纱厂做工。在资本家的压榨下，妈妈患了伤寒，资本家不给医治，还停发了工资。……苦难生活的磨炼，使得江姐爱憎分明，意志坚强，朴实勤恳。

她是我们的大姐姐，又是我们中的一员，公开的斗争她不便领头出面，总是勤勤恳恳地做许多深入细致的实际工作。江姐在政治上比较成熟，但她不让这个特点在同学中显得突出，总是平等地和同学们交往，在亲切的谈笑中，很自然地给予我们许多启发和帮助。文学笔会曾经只顾自己的壮大，把有些更适宜参加其他团体的同学也吸收进来了，兄弟团体对此有意见。江姐得知后，立即转告我，并说："还是要其他团体都壮大起来，我们进步阵营才有力量。单是一个文学笔会，特务又会像过去一样藐视我们，说我们'不过就是这七八个人'，我们会再被孤立的。"江姐说的特务藐视我们的事，发生在1944年冬天，反动势力煽动几个在川大先修班读书的反动军官的子弟，捣毁了进步报纸《华西晚报》的营业处，我们用"十七学术团体"的名义，严正地谴责反动派的暴行，声援《华西晚报》。那时，我们只组织了几个团体，为了壮大声势，临时把一些系级学会、中学同学会也凑数署名。特务策动那些学会中的一些人出面反水，声明不能代表他们，弄得我们很被动。特务头目马云声、段兴典在望江楼茶园拿着一张黑名单，说："所谓十七学术团体，不过就是达凤德、赵锡骅这七八个人！"江姐用这个往事，启发我们：不要只看到自己一个团体，只突出自己一个团体，要同兄弟团体互相支持、互相帮助，不断壮大我们的力量。

进行革命活动和学好功课两者，往往顾此失彼，我们总是处理不好。有一天，江姐得知化学系有一位功课好的同学，新近参加了"自然科学研究会"，引起了大家的注意，就用这个同学启发我们。她说："他功课好，在中间同学里面有威信，他们愿意和他接近，比较听他的话。达凤德和你比较暴露，特务们又有意把你们往红的方面渲染，使中间同学对你心存疑惧，不敢靠近。我们和反动派公开斗争，需要人打冲锋，这就难免暴露，但还是尽量不要脱离班上的同学，想法子多上课。"江姐的话，对我和一些参加活动多而上课少的同学，是及时的帮助。不久，民协便做出决定，要会员不要跨团体，以适当减少参加活动的时间，保证上好课。

有一次，女生院伙食团要选一位年度经理，主持全年的伙食管理工作。进步团体女声社里的一位姓陈的同学当选了，可是她嫌管伙食耽误读书，不乐意干。江姐知道后，便鼓励她说："对同学们真正的福利事业，我们应该多做一些，而且要把它做好，使同学们相信我们是真正关心大家的。"陈同学终于愉快地接受了任务。

江姐总是这样，对我们循循善诱。

1945年11月11日，文学笔会成立一周年，那天是个星期日，我们举行郊游庆祝。雨后初晴，和暖如秋，我们从望江楼坐船过河，到狮子山去，在省农业改进所所在地的庙宇侧边席地而坐，讨论毛主席《在延安文艺座谈会上的讲话》，朗诵田间、艾青的诗篇。饿了，我们把带去的拌红白萝卜丝夹锅盔拿出来野餐。江姐兴致勃勃地和我们一起度过了那难忘的一天，彼情彼景，至今记忆犹新。

江姐对我们要求比较严格，是基于对我们的信任和爱护。我们也没有辜负她的期望。我们开展的活动比较多，在学生运动中总是积极带头。发表宣言或声明，我们文学笔会经常第一个署名；集会或游行，我们也走在前列。

我们的青春时代在党的领导和教育下，生活在地下革命青年组织中，经受着严酷斗争的洗礼。这期间，江竹筠同志以一颗共产党人热忱的心，关怀和爱护我们这批青年学生，指引我们在革命的道路上前进。江姐的崇高形象永远活在我们的心中。

学校里火热的斗争，江姐为了长期隐蔽，没有站在前列，局外人看来，她像一般进步同学一样。其实，她是学生运动的指导者。斗争在酝酿时，她就启发周围的同学注意事态的发展，认识事件的性质；斗争开始后，她就鼓励大家积极投入斗争。在事件的进程中，她经常和大家一起，分析事件的进展，评论斗争双方的人物，给学运骨干和领头人当参谋，出主意，帮助他们研究斗争策略，总结斗争经验，指导运动健康发展。而这一切，她都是以一个普通进步学生、学运参加者的身份出现的，是那样地不露声色。

《华西晚报》事件发生时，正处于三次反共高潮之后，进步力量比较弱，在反动势力的围攻下，处于不利的地位。有个同志对此焦虑不安。有一次，在从图书馆到望江楼的那段校园路上，江姐开导那位同志说："他们'护校团'利用了同学们爱护川大校誉的心理，蒙蔽了许多同学，占着优势。我们要揭穿他们的阴谋，不能笼统地讲校誉，要分清是非，让大家知道，我们才是真正维护川大校誉的人。他们的目的是打击进步报纸，扼杀人民的言论自由。不要怕他们一时的嚣张，只要把不明真相的中间同学争取过来，他们就闹不起来了。"一席话，使那位焦虑不安的同志受到了鼓舞，看到了前途。后来的事实证明，当我们逐步把部分中间同学争取过来，反动势力的嚣张气焰就被打下去了。

1945年12月6日下午，我们在书库三楼举行"声援昆明'一二·一'惨案反对内战大会"，特务们事前进行威胁恐吓，开会时又聚集在会场后面，企图伺机破坏。面对此情此景，李相符老师（地下党领导人）义愤填膺，上台讲话说："抗战胜利了，我们不能笑，难道连哭的自由都没有了吗？"他愤怒已极，在讲桌上猛拍一

131

掌，凛然正气，使后面围立的特务们不敢动作。同时，悲愤使他掉下了老泪，江姐和同学们也都愤激得哭了起来。接着，西南联大在成都的校友代表和川大师生先后义正词严地痛斥了蒋介石政府的法西斯特务统治。会开得悲壮激烈，显示了巨大的正义力量。

特务们在会上不敢行动，会后又来陷害曾经在大会上当面点名要特务头子训导长丁作韶"拿出良心来说话"的李实育同学。当伪法院以所谓"危害民国罪"审判李实育时，江姐和同学们一起去伪法院旁听，给李实育同学撑腰。当李实育据理批驳，弄得伪法官无言可对、假证人狼狈逃席时，江姐和同学们一起为李实育同学尽情鼓掌。

江姐不但关心我们当前的斗争，还想到下一步的斗争，对我们进行气节教育。她对一位参加了民盟的同学说："在这样严酷的白色恐怖下，要革命就随时有被捕牺牲的可能。必须有准备。如果被捕了，只说自己的，不涉及别人，一概推说不知道。"

一次，我谈起读高中的时候，看过一本巴金翻译的俄国剧本《夜未央》，其中有一个动人的情节令我经久难忘：一个少女颤抖着双手将燃着的蜡烛放上窗台，她的情人见着这个信号，知道迎面驶来的马车里坐的是总督，便拿起炸弹向马车冲击……我还说，后来我做过一次类似的梦，我也为革命而献出生命。江姐听了点头笑了笑说："有你献身的时候。你们几个已经暴露了，随时有被捕的可能。但是，牺牲并不是目的。如果被捕了，就把法庭和刑场作为新的战场，揭露反动派，宣传革命真理，斗争到最后一刻。讲些什么话都要先想好，到时候才能沉着从容。你小说、诗歌看得多，有热情，还要注意冷静，才好想对策。"

江姐教育我们，随时准备献身革命；她自己早已作好这样的准备，后来在中美特种技术合作所里，英勇斗争，从容就义，表现了一个共产党员的高尚气节。

1949年秋，和江姐同囚在渣滓洞女牢房的小曾被营救出狱后，来到西康和我一起工作，住在我的家里，多次向我讲述渣滓洞的情况。

"江志炜你知道吗？你们川大的。"

"知道，知道……"

她向我讲述了敌人把竹篾子扎进江姐的十指，她坚贞不屈，难友们写诗歌来赞颂她是丹娘似的英雄的情景。

12月初，中美合作所大屠杀的消息传来，我们沉浸在无比的悲愤之中。小曾正在饰演歌剧《白毛女》中喜儿一角，她一连几天台上哭，台下也哭；台上哭爹，台下哭江姐。

江姐狱中斗争的英雄事迹，小说《红岩》、电影《在烈火中永生》、歌剧《江姐》已经作了形象而深刻的描写。我和全国青年一样，每看一次，都受到一次革命传统的教育。不过一般读者或观众看到的，是烈士的文学或舞台形象，我们看到的却是战友的音容，感到特别亲切、特别激动。

江姐，您永远活在我们的心中。

（原文1980年8月发表于《青春的脚步》，中国青年出版社）[1]

江姐入学登记表

---

[1]　《青春的脚步》，北京：中国青年出版社，1980年版，第207~225页。

第二节　共同开启的新一页：
四川大学农学院（1950—1956）

一、解放初期的政治运动与院系调整

1949 年 10 月 1 日，中华人民共和国成立。12 月 30 日，中国人民解放军第一野战军司令员贺龙率解放大军胜利进入成都城，举行隆重盛大的入城式，成都全市人民热烈欢迎，欢庆成都光荣解放。31 日，刘伯承司令员、邓小平政治委员命令，成都市实行军事管制，成立"中国人民解放军成都军事管制委员会"。

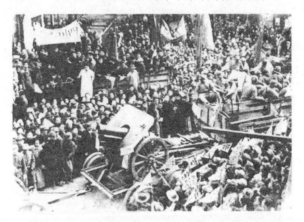

四川大学师生迎接解放军入城

1950 年 2 月 7 日，成都市军事管制委员会指令：成立四川大学临时校务管理委员会，委员会由 31 人组成。并任命谢文炳为主任委员兼文学院院长，刘绍禹为副主任委员兼教务长，李景清为副主任委员兼总务长，罗鬐渔为副主任委员兼生活辅导委员会主任。上述正、副主任与法学院院长彭迪先教授、师范学院院长普施泽教授、理学院院长曾远荣教授、农学院院长程复新教授、工学院院长

林启庸教授以及秘书室主任倪受禧组成常务委员会，其余委员21人，在教职工和学生中推选，其中农学院有六位教师和一位同学。2月9日，在川大操场召开全校师生职工大会，正式宣布临时校务管理委员会成立，四川大学新的行政领导机构即由此诞生。以后，各院（系）也分别成立临时院（系）务委员会。

1950年9月，教育部发文，取消了全国各级学校在校名前所冠"国立""省立""私立"等字样，国立四川大学正式改称四川大学。根据政务院1953年10月11日《关于修订高等学校领导关系的决定》，四川大学成为四川唯一中央教育部直接管理的综合大学。

新中国成立后，政局逐步稳定，涉及全国高等教育界的院系调整也开始启动。

1949年10月以后，中央政府颁布的《共同纲领》规定："中华人民共和国的文化教育为新民主主义的，即民族的、科学的、大众的文化教育。"按中央政府的解释，当时的大学课程在相当程度上还不算是"民族的、科学的、大众的"，也不能适应国家建设对专业人才的迫切需要，政府"应有计划有步骤地改革旧的教育制度、教育内容和教学法"。

同年12月，中央政府召开了"第一次全国教育工作会议"，根据毛泽东的建议，确定了"以老解放区新教育经验为基础，吸收旧教育有用经验"的高校改造方针，并且认为，由于老解放区高等干部教育是农村环境与战争环境的产物，因此"特别要借助苏联教育建设的先进经验""应该特别着重于政治教育和技术教育"。当时，中国政府缺少办学经验，非常倚重苏联专家的帮助，在20世纪50年代，中国的高等院校共聘请了861名苏联教育专家，直接参与中国高等教育的改造和建设，而中国派往苏联的留学生和进修教师亦高达9106人。

在苏联专家的帮助下，政府在1950年树立了两个按照苏联经验实行"教学改革"的"样板"：其一是文科的中国人民大学，另一个是理工科的哈尔滨工业大学。哈尔滨工业大学仿效苏联工业大学的模式管理。政府为中国人民大学确定的办学方针是"教学与实际联系，苏联经验与中国情况结合"，并且在该校投入重金，为全国高校培养马列主义政治理论课的师资，同时大批培训"调干生"，1950年中国人民大学一所学校的经费就占教育部全部预算的20%。

1950年6月1日，教育部部长马叙伦在第一次全国高等教育会议上首次明确提出："我们要在统一的方针下，按照必要和可能，初步调整全国公私立高等学校或其某些院系，以便更好地配合国家建设的需要。"同年6月，毛泽东在中共七届三中全会上提出："有步骤地谨慎地进行旧有学校教育事业和旧有社会文化事业的改革工作"，"在这个问题上，拖延时间不愿改革的思想是不对的"。此后，中央政府教育部针对各地、各校有关合并、调整院校的请示报告，逐步提出了院系调整的一些具体原则，如："各系科之分设，主要应视其设备及师资等项条件是否足够而定""今后开设新学系，必须日趋专门化""学校中原有系组向专门化方面发展，是符合建设需要的"。

1952年7月4—11日，政务院教育部在北京召开全国农学院院长会议，四川大学农学院院长程复新参加。会议讨论农学院办学的方针任务、农科院校必须与农业行政部门和生产部门密切联系、学习苏联先进经验贯彻教学改革等问题，重点是研究决定各大区农学院专业设置和院系调整。西南文教部认为，西南高等农业院校的专业设置和院系必须进行调整，其理由是：综合大学设置的农学院，因学校领导重视不够，发展缓慢，系、科重复设置，师资力量分散、浪费，实验设备和实习场地严重不足；同时国家强调全面学习苏联，根据苏联的经验，高校中大多设置单科学院。政务院决定西南和全国农科院校从实际出发，需要人才多的农学专业，应普遍设置；一些为农业服务所急需，但需要人才不多的专业，如土壤农化专业，应加强师资力量，不宜多设专业；现有人才基本够用，如园艺专业，就不要普遍设置。

此次会议决定：西南地区农业院校，调整设置为四所农学院。川大农学院由八系（包括林业中技班）调整为三系四个专业，即农学系设农业专业，林业系设林业专业（包括林专科），畜牧兽医系

设畜牧、兽医两个专业。园艺、植物病虫害、蚕桑、农化四个系的
教师、学生于1952年调整到西南农学院。调出的教授、副教授有
侯光炯、李驹、张文湘、李隆术、刘佩英、刘明钊、赵烈、王道容
等。贵州大学农学院和云南大学农学院需要土壤学教师，也从川大
农学院农化系各调去一人。西南农学院、云南大学农学院、川北大
学和西昌技专等院校的畜牧、兽医、农艺、林业（云南大学农学院
不调出）专业的19名教师，先后调入川大农学院，其中教授、副
教授有朱堂、杨凤等4人。西南农学院森林系、畜牧系学生59人，
也调入川大农学院。1953年川大农学院农业经济系师生调到北京
农大的教授1人、助教1人，西南农学院助教2人、学生41人，
沈阳农学院学生20人。云南大学农学院牧医系和西昌技专农艺科、
畜牧科学生58人调入四川大学农学院。林业中技班学生91人调到
灌县林校。见表3-2、表3-3。

表3-2 四川大学农学院调出系科、师生略表
（1952—1953）

调出系科		调出师生		接收院校
		教师	学生	
园艺		8人	40人	西南农学院
植物病虫害		5人	36人	
蚕桑		8人	23人	
农艺		1人		
农化	土壤组	6人	52人	西南农学院
	生化组		14人	云南大学农学院
	农产制造		23人	贵州大学农学院 西南化工学院
农经		4人	61人	西南农学院 沈阳农学院
林业中技班			91人	灌县林校

表3-3　四川大学农学院调入师生略表

(1952—1953)

调出院校	调入师生	
	教师	学生
川北大学	3人	
西南农学院	7人	59人
云南大学	2人	29人
西昌技专	7人	29人

经过1952年的院系调整，工科、农林、师范、医药院校的数量从此前的108所大幅度增加到149所，而综合性院校则明显减少，由调整前的51所减为21所；与1949年以前工科、农林、师范、医药院校的在校生历史最高年份人数相比，1952年这4个科类的学生人数从7.04万人上升到13.84万人，几乎翻了一番。

在院系调整中奔赴外地的川大师生

二、以苏联为师的教学改革和科研工作

1952年下半年开始，全国高等学校普遍开始了以"学习苏联

先进教育经验"为主要内容的教学改革。通过这场改革，中国的高等教育建立起了依据教学计划、教学大纲、教科书等，按照专业培养人才的教学体制。这次改革使四川大学农学院发生了深刻变化，教学工作迈向了一个新的阶段。

学习苏联经验进行教学改革，在当时有其特定含义，是指以苏联高等教育的教学模式为蓝本，建立适合我国社会主义建设时期要求的教学模式。教学改革的主要内容有：进一步明确高等学校的任务及具体培养目标；改变原有系科，重新设置专业；实施教学计划，制订教学计划和教学大纲；采用苏联教材和教学参考书；学习苏联教学法，开展教学研究；加强实践性教学环节；建立基层教学组织；聘请苏联专家讲学等。

在四川大学的苏联专家（左二）

关于培养目标的确定，1952年全国农学院院长会议，在学习苏联教学计划中的培养目标（农艺师、园艺师、兽医师）的基础上，提出根据我国农业建设的需要，农学院的培养目标应该是：培养国营农（林）场、合作农（林）场的高级技术干部，农（林）科学研究人员，县以上的农（林）业技术行政干部，农（林）业学校的师资。

1954年，在第二次全国高等农林教育会上对培养目标又进行了讨论，较明确地提出：培养具有一定的马克思列宁主义理论，忠于社会主义事业，体格健全，掌握先进农业科学理论和技术的高级农业技术人才和管理人才。

专业设置上，院系调整前不设专业。院系调整后，根据国家建设需要，按照苏联工科大学教育模式按系设专业，由按系招生改为按专业招生，"这一变化实质上是按学科分类招生改为按工程对象或产品对象招生，是属于根本性的培养目标的变化"。1952年，川大农学院由八系（包括林业中技班）调整为三系四个专业，即农学系设农业专业，林业系设林业专业（包括林专科），畜牧兽医系设畜牧、兽医两个专业。这一转变使人才培养纳入了国家计划的轨道，为经济建设和社会发展输送了急需的人才。然而过分强调专业教育在一定程度上削弱了基础理论，某些专业面过窄。

教学计划是学校培养人才和组织教学过程的主要依据。1952年全国农学院院长会议带回了苏联农学院各专业的教学计划以及政务院高教部试拟的农学专业教学计划。学校组织教师在学习的基础上结合学校的情况，制订了各专业的教学计划，将新民主主义论、社会发展史、中国革命史、哲学以及政治经济学等课程正式列入教学计划，取消了学分制，实行学时制，规定各个专业必修的课程门数和学时数，并加强了理论联系实际和培养学生独立工作能力的各个教学环节，从而使学校的专业教育纳入国家计划轨道，有计划地进行教学。但由于对培养目标理解不够，对完成培养人才规格的教学计划的重大作用也理解不深，所以制订的教学计划有照抄硬搬苏联教学计划的现象。

1954年，第二次全国高等农林教育会上要求进一步贯彻学习苏联经验与中国实际相结合的原则，制订和颁发了19种专业的统一教学计划。在1955年2月及7月两次审定高等农林学校教学大纲的会议上，修订了畜牧、兽医、农学、果树蔬菜、植物保护、土壤农化、农业经济与组织等七个专业的统一教学计划。统一教学计划是国家颁发的指令性文件，实施统一教学计划对专业教育走向计划化和培养专业人才更加规范化有着重大的意义。全院教师在学习后进一步明确了全面贯彻执行统一教学计划的严肃性与艰巨性，并对过渡性的年级教学计划进行了修订。二年级基本上符合统一教学计划，只个别专业稍作调整。三、四年级根据统一教学计划精神，增开了一些必修而没有学习的课程，并要求开展各个教学环节。执行调整后的教学计划，在学生中又出现了学习上消化不良和学习负担过重的问题。

1955 年，国务院高教部颁发《关于研究和解决高等工业学校学生负担过重问题》和贯彻"全面发展"的教育方针的指示。全院教师通过学习，认真分析学生负担过重的情况和原因，采取措施积极加强对学生学习的指导，试行自学指示图表，健全同级授课教师会议，检查教学内容和教学方法等，并着重研究教学计划执行情况，对有困难或不能完全执行统一教学计划的提出意见，报部批准。对过渡性教学计划，结合实际条件，控制每学期的课程门数，每周的总学时数以及考试、考查的科目等，使负担过重的现象有所克服。

关于拟定教学大纲，1952 年，全国农学院院长会议后，就下发有苏联教学大纲。1954 年 8 月，高教部对农林院校 47 门课程的教学大纲进行审定。1955 年 2 月 3—19 日，又召开高等农林院校畜牧、兽医、造林、森林经营四个专业教学大纲审订会议，制定了四个专业的 44 门专业课的教学大纲。之后高教部颁发统一教学大纲（草案），使多数课程有了统一教学大纲作依据。一方面在保证执行统一教学计划方面起到应有的作用，使各课程之间的联系和配合有了进一步的加强，显著地提高了教学质量。另一方面，也出现了机械执行统一教学大纲或脱离大纲自行发挥的偏向，加之统一大纲与苏联大纲某些部分与农学院实际不尽符合，学校即抓紧对各种类型教学大纲的审核工作，对统一教学大纲提出了不同意见和执行中遇到的困难问题，对苏联教学大纲在保持课程的科学系统性的基础上作了必要的精简或补充，密切结合中国实际的内容，进一步贯彻学习苏联先进经验与中国实际相结合的原则。据统计，1955—1956 学年度，有教学大纲的课程 145 门，其中使用自拟的 38 门，占 26.2%；使用统一教学大纲的 106 门，占 73.1%；使用苏联教学大纲的 1 门，占 0.7%，只有 5 门课程没有教学大纲。

关于教材，从 1952 年起教师均感到新教材缺乏，当时翻译的苏联教材还不多，在高教部大力组织人力进行编写和翻译下，全院教师也非常重视此项工作。在制订教学大纲的同时，学校鼓励教师编写讲义、讲稿或讲授提纲。随着教学大纲的稳定，学院要求教研组发挥集体力量，讨论研究编写教材，系进行督促检查，院抓紧审核。同时有条件地选用苏联教材。由于教材工作的开展，丰富了教学内容，提高了教学质量。

1954 年初，一般课程均有了教材，并印发给学生作为学习前的主要依据。后来部颁教科书、翻译教材和交流讲义逐渐增多，教师中能阅读专业俄文书籍的，也进行了翻译，因此教材更加丰富起来。据统计，1954—1955 学年度，全院开出 97 门课程，使用苏联教材的有 43 门，占 44.3%；使用国内教科书的有 7 门，占 7.2%；使用交流讲义的有 16 门，占 16.5%；使用自编教材的有 31 门，占 32%。1955—1956 学年度，全院开出 150 门课程，使用苏联教材的有 56 门，占 37.3%；使用国内教科书的有 10 门，占 6.7%；使用交流讲义的有 13 门，占 8.7%；使用自编教材的有 71 门，占 47.3%。

在学习苏联经验的过程中，从教学组织、教学内容到教学方式都进行了改革。1952 年开始，学校要求相同或相近课程的教师组织起来，成立教学小组，有领导、有组织地进行教学活动，共同研究教学上的问题。各个教学环节都做得很好的，经学校批准，可成立教研组。四川大学首批改为教研组的有两个教学小组，农学院农学系的遗传育种小组是其中之一。到 1954 年试行教学工作量制度时，才普遍改为教研组。教研组组织教师集体备课、试讲和研究教学法，使各个课程的教学质量有了显著的提高。

　　教学内容与教学方式的改革是教学改革的基本内容。教学内容方面，要求教师给予学生的知识是全面的、系统的，而且能反映先进的科学水平。因而教研组保证教师有足够的时间备课，有的要在教研组内试讲，以检查教学内容是否符合教学大纲。在教学法工作方面，1952年以后在执行专业教学计划的同时便积极地开展了教学法工作，到1954年特别强调加强课堂讲授、全面安排实验实习、课堂讨论或习题课、生产实习等各教学环节，保证计划的落实。

　　农学院一直把讲课视为课堂教学中的主要环节。当时对讲课提出最低要求是"备好课，讲好课，在课堂上解决主要问题"。要求通过一次讲授，多数学生在课堂上弄懂主要内容，少数学生经过辅导，也能掌握基本内容。因此，提出大班讲课要由有经验的、业务水平较高的教师担任讲授。1953年农学院在总结这一经验的基础上，进一步提出"通过各种教学方式，培养学生的独立思考、独立工作能力"，要求任课教师必须充分掌握教学大纲，在规定学时内，将主要内容进行透彻地讲解，启发学生积极思维活动，以深入理解和掌握所学知识。学院还制定了《教学方式的暂行规程（草案）》交各系和教研组执行。同时加强了系主任和教研组主任的检查性听课，对任课教师进行具体帮助，使讲课质量有了明显的提高。除了课堂讲授外，有的基础课随着学习进度安排了实验操作，制定出实验操作规则，要求学生遵守。有的理论性强的课程则组织课堂讨论，要求学生在讨论前按照教师提出的讨论题目独立思考，写好发言提纲。在课堂讨论中积极发言，提出自己的见解和论点，通过讨论，相互启发，共同提高，最后由教师归纳总结。有的课程计算分析方法较多，教师编写课堂习题指导书，布置学生练习，教师批改评讲。

　　教学实习和生产实习。一、二年级的教学实习和三、四年级的生产实习在教学计划中被列为十分重要的组成部分，也是教学方式中极为重要的环节。一、二年级的教学实习主要在农场内进行。

1951 年农场包括校内试验地、狮子山园艺场和畜牧场、灵岩山林场、赵镇柑橘试验场、蚕种场和农产品加工厂。1956 年，农场包括狮子山园艺场、畜牧场和灵岩山林场，土地面积包括农田 306.9 亩、林地 933.8 亩。有干部 14 人，工人 70 人。1953 年上学期，川大根据高教部关于高等学校生产实习的指示，成立了生产实习指导委员会，制定了《学生生产实习暂行规定草案》和《学生生产实习学习计划草案》。农学院成立了生产实习指导工作组，具体制订计划，安排指导全院学生生产实习工作，并进一步密切与有关业务部门的联系。

1953 年 10 月，全院举行生产实习经验交流座谈会，听取了赴京学习和参加国营农场、农业生产合作社生产实习返校的农经系教师的汇报。教师们进一步认识到学生生产实习在专业教育中的重要性，特别是四年级学生毕业生产实习，更是理论联系实际、培养学生独立思考和独立工作能力的重要教学环节。1955 年，林业、畜牧、兽医各专业第一次进行毕业生产实习，农学专业第一次大规模地分散到 12 个农业生产合作社进行毕业生产实习。

这期间，农学院还选派教师参加农业部举办的米丘林遗传学研究班、遗传育种学习班、哈尔滨俄专组织的俄文速成班学习。

第四章　1956—1985 年：西迁雅安的四川农学院

关键词：迁校　独立建院　"文化大革命"　"三杨"

第一节　从迁校雅安的独立建院到"文化大革命"爆发前夕（1956—1965）

一、是否迁校雅安的激烈争论

新中国成立后，高等教育在制度结构上经历了较大规模的改革。有关统计显示，1949 年，全国接受高等教育的在校大学生人数只有区区 11 万，其中工学院每年毕业生连 1 万人都不到，根本无法满足国家工业建设，特别是重工业发展的需要。1950 年 6 月，第一次全国高等教育会议上，时任教育部部长马叙伦在讲话中就提出："我们的高等教育，必须密切地配合国家经济、政治、文化、国防建设的需要，而首先要为经济建设服务。"中央教育部于 1951 年 11 月召开全国工学院院长会议，会议以"培养工业建设人才和师资为重点，发展专门学院和专科学校，整顿和加强综合大学"为精神，揭开了 1952 年全国院系大调整的序幕，涉及全国四分之三的院校，对中国高校原有格局改变很大：医学、农学、法学、财经、政法等科目从原有大学划分出来，或成立单科学院，或进行同类归并。

1952年，我国开始实施第一个五年计划。为了纠正我国高等教育中普遍存在的布局不合理、办学小而全、系科庞杂、师资不足等弊端，使高等教育能够适应蓬勃发展的社会主义革命和建设事业的需要，为即将开展的大规模经济建设提供合格人才，从1951年起到1953年底，中央人民政府教育部统一部署，参照苏联高校设置的模式，对全国高等学校进行了有计划、大规模的院系调整。调整的办法是全国一盘棋，由中央和各大区统一考虑高等学校的布局与系科设置；调整的方针是以培养工业建设人才和师资为重点，发展专门学院；整顿和加强综合性大学。

1952年7月，中央教育部召开全国农学院院长会议，做出了调整全国高等农业院校的决定，并以苏联农业院校脱离综合性大学单独成立学院的模式，将综合性大学中的农学院分离出来，加以调整、合并，单独成立农学院。四川大学农学院也在此列。

四川大学农学院在选择新院址时，曾先后向川西行署申请划拨狮子山、董家山、成都外东沙河堡等处土地建院，均未获批准。直到1955年初西康省宣布撤销，中共四川省委考虑到该处省级机关房屋可供使用，遂决定四川大学农学院迁雅安独立建院，经国务院批准，于1955年4月30日正式下达了迁院的决定。

1955年6月8日，四川大学成立了农学院建院筹备委员会。1956年1月20日，四川大学向农学院全体师生职工宣布了迁院决定，并按四川省人民委员会通知要求，由四川大学农学院接收原西康省人民委员会部分办公、生活用房。但是四川大学农学院建院筹备委员在向农学院全体师生职工报告在雅安建院的各项问题时，部分师生持有不同的意见，认为领导作此决定比较匆忙，且单纯着眼于利用西康省的行政办公房屋，而没有从如何办好高等农业教育的实际需要和特点来考虑，是不利于学院今后发展的。而当时四川大学领导为维护省委决定，向农学院师生反复做了思想工作，又组织农学院各系和农场领导同志去雅安实地观察。同时，派出了农学院驻雅安迁院办事处工作人员，积极进行建院准备工作。1956 年 3 月 16 日，四川大学再度召开农学院建院筹备委员会，研究农学院建院工作的进行情况及存在的问题，并决定成立农学院建院第一工作组（设在四川大学内），雅安的建院办事处改为第二工作组，均在建院筹备委员会领导下进行工作。各系成立工作小组，协助建院。根据"全面照顾"和"支援农院"的精神，提出了农学院干部和基础课教师配备方案。会议为了做好搬迁工作，防止意外事故发生，订出搬迁计划和原则，确定搬迁日期。

在这场轰轰烈烈的院系调整和与之相随的迁校运动中，个人的去留似乎微不足道。1956 年春夏间，建院和搬迁准备工作正积极进行，但农学院师生思想波动较大。高教部农林司刘司长和苏联专家叶尔绍夫去雅安视察时也曾有在该处建院不妥的表示。为此，四川大学专门召开了农学院建院问题座谈会，建院工作组组长高之仁就建院的房屋、设备、农场土地和人事四个方面作了汇报，各系、组负责人谈了在雅安建院办学的各种困难，还讲了苏联专家和高教部农林司刘司长亦认为在雅安建院欠妥的意见。省高教局康乃尔局长表示，农学院决定迁雅安，去年就已定案。苏联专家和高教部刘司长提了意见和建议，农学院教师也提了意见，但省委考虑结果，仍维持原议，与高教部研究亦是维持原案。他传达了高教部和省委的意图，再度肯定迁雅安，四川大学农学院应考虑如何执行这个决定。四川大学负责同志也指出，在雅安建校有很多困难，已向领导作过反映，但省委和高教部做了决定，当然要遵照执行。要在肯定迁雅的前提下来考虑问题，积极准备搬迁工作，发动更多的人参加搬迁。会后，川大、雅安两处的建院工作组积极开展工作，为迎接当年农学院的成立和开学作了极大的努力。在短短几个月之内，就在雅安完成了收购土地、搬迁农户、拆除和改建西康省部分旧办公用房，划拨新建教学、生活用房，调整土地及平整操场，接收登记办公生活家居、被服、文娱器材，新置教学、生活用具等大量的工作，保证了在 9 月上旬如期开学。

二、四川农学院独立建院

四川大学农学院独立后，经过高教部批准，定名为"四川农学院"。

四川农学院徽章

1956 年 9 月 5 日四川农学院在雅安举行成立大会，学校党委书记赵光荣、院长杨开渠、副院长郝笑天和教职工、学生 1500 多人参加了成立大会。高教部于 8 月 30 日发来贺电。

1956 年 9 月四川农学院成立大会

四川农学院独立建院是学校发展史上的重要里程碑。建院时仍设农学、畜牧兽医、林学三系，农学、畜牧、兽医、森林经营（林业专业改名）四个专业。全校教职工 515 人，其中教师 205 人（教授 14 人、副教授 8 人、讲师 54 人、助教 129 人），学生 1134 人。建院时图书馆仅有藏书 24706 册，教学设备也相当简陋，为了保证教学基本需要，高教部拨款 36 万元购置新建立的基础课、专业基础课实验实习所需的仪器设备及筹建部分教学用房。实习农场有成都狮子山园艺场、灌县灵岩山林场，以及雅安的濆江、姚桥、多营三个农场。教学和生活用房也相当紧张。距建设一个独立学院的要求，还存在着相当大的距离。

建院初期，学校除以较大精力安排好师生职工来雅后的工作和生活，全面完成搬迁任务，保证如期上课和开展各项工作外，还根据 1955 年召开的校院长会议精神和高教部下达的《关于高等农林学校 1956—1957 学年教学工作中需要采取的若干措施和关于教学计划方面的意见》，认真改进教学工作，在解决学生学习负担过重的问题和培养学生独立工作能力等方面，采取了一系列措施，调整教学计划，加强了实践性教学环节，修改教学大纲，加强教材修改编写工作，采取课前集体研究、课程听课和课后分析等方式改进教学方式。

1958 年春，四川农学院林学系开始筹备独立建院，经过一年多的工作，1959 年 10 月 3 日在雅安正式独立成为四川林学院，但部分林学院师生仍在学校学习和工作。为了支援林学院，除调去专业课教师 51 人、教学辅助人员 8 人、工人 15 人外，还调去基础课公共课教师 6 人、行政人员 20 人，林学教学设备全部随系调走。学校还调给林学院有关林业书籍 5411 册。1971 年四川林学院被撤销，原林学专业少数教职员工又调入学校。1976 年学校重新恢复林学专业。

1958 年以后，学校在"大跃进"形势下发展很快，无论是专业设置和招生人数都急剧增加，学校规模发展过快，超过了学校办学的承受能力，给教学和生活带来了不少困难。随着国民经济进入困难时间，这些新上马的专业终因条件不够又纷纷被迫下马，学生人数也大幅度减少，许多仪器闲置，人员浪费，给国家造成了相当大的损失。在学校党委领导下，全校师生同心协力，终于战胜了困难，学校又恢复了稳定发展的局面。

1959 年四川农学院新成立的果蔬专业全体教师誓师大会合影

三、"向科学进军"——从蛰伏中复苏

新中国成立初期，高等科学研究基本上处于蛰伏状态。一方面，旧型的、脱离实际的研究基本停止；另一方面，学校的工作重点在于对旧教育的改造和院系调整，同时"认为教学改革是当务之急，科学研究的条件尚不成熟"。随着社会主义现代化建设的推进，人们对科学研究在高校发展中的地位和作用，以及高校科学研究在国家科技发展中的地位和作用的认识也在不断深化。

1953 年 9 月，高等教育部召开全国综合大学会议，明确指出：

"综合大学主要是高等教育机构，但也是科学研究机构。"1954年3月，中共中央对科学院党组报告的批示中指出："全国各高等学校集中了大量的科学研究人员，为发挥这一部分力量，为提高高等学校教学的科学水平，必须在高等学校开展科学研究工作。"1956年1月，中共中央召开关于知识分子问题的专门会议，发出了"向科学进军"的号召，周恩来总理在报告中进一步指出："各个高等学校中的科研力量，占全国科学力量的绝大部分，必须在全国科学发展计划的指导之下，大力研究发展科学研究工作，并且大量地培养合乎现代化水平的科学和技术的新生力量。"

随着国家对高校科研工作的日益重视，1956年9月四川农学院独立建院后，科学研究也从蛰伏中复苏，根据农业生产发展需要和学校在一些学科上的优势，学院建立了研究室（所），对各课题的研究力量进行了调整，在科学研究上取得了较大的成绩。

建立研究机构。1957年成立了四川农学院科学研究委员会，统一领导全校科研工作。1964年2月，成立了四川农学院学术委员会，负责审议科学研究规划、计划，讨论科学研究工作中的重大问题，鉴定科研成果和指导出版学报等。先后建立了"水稻研究室""小麦发育形态研究室"。1957年又建立了"山地农业研究室"，1960年3月建立了野生生物研究所、遗传选种研究室。1962年3月撤销农学系的遗传选种科研所，牧医系的畜牧、兽医两个研究所，生物系的野生生物研究所和农机系的农机研究室，其科研任务和资料移交有关教研组。保留同位素应用、稻作、小麦发育形态3个研究室以及邛崃地区复种轮作研究基地。1963年，成立数量遗传实验室和猪饲养实验室。原设同位素应用、稻作、小麦发育形态研究室统一改为试验室。

调整研究课题。根据国家科学研究规划，两度调整了研究课题，尽量使全部研究项目与国家计划要求相适应。同时，结合原有科研工作基础和技术力量加强了对作物和家畜优良品种的选育研究。

开展实验研究。1957年11月学校开展了山地农业研究，先后多次组织专业教师对二郎山区的植物资源、土壤状况和农牧业生产特点等进行了专题研究，积累了相当数量的标本和资料，出版《山地农业科学》刊物6期。1958年，全校师生下放农村劳动锻炼，在雅安、内江、温江三地区建立农村基地，开展农牧业的生产调查和生产经验总结及丰产试验，以后又派出师生进行作物栽培、耕作制作、饲料资源以及家畜生产和主要疾病等的基本情况调查，为科研工作进一步联系实际提供了基础资料依据。

开展学术交流。1957年5月学校举行了科学报告会，论文数为独立建院前的两倍多。从1957年至1961年，陆续出版了《山地农业科学》《科学研究报告》《农业科学译丛》《科学简报》四种刊物，共220万字。水稻专家杨开渠教授的水稻专著《水稻栽培》《双季稻、粳稻、再生稻的性状研究》《稻论文选集》《稻的一生》以及与其他专家合著的《中国水稻栽培学》出版发行。

四、整风和反右时期的错误处分

1957年4月，中共中央发出《关于整风运动的指示》。许多知识分子和民主党派人士就党的工作提出了许多宝贵意见，但也有极少数资产阶级右派分子乘机向共产党和社会主义制度进行攻击。1957年6月8日，中共中央发出《关于组织力量准备反击右派分子进攻的指示》，《人民日报》发表了《这是为什么》社论，从此，在全国开展了反右派斗争。对于右派分子的进攻予以反击是必要的。但是，由于中央对国内政治形势做出了不切实际的估计，又采取了"大鸣、大放、大字报、大辩论"的错误方法，不适当地在全国范围内开展了一场持续近一年时间的群众性政治运动，把大批知识分子、党员干部和爱国民主人士等错划为右派分子，为数达55万人，造成了不幸的后果，并使党内的"左"倾错误明显地发展起来。在中共十一届三中全会后，绝大多数被错划的右派分子都得到了平反。

1957年6月9日，学校农学系系主任杨志农教授等16位民主党派、无党派人士应邀去成都参加省委统战部召开的整风座谈会，在会上就迁院址问题的发言较多。杨志农、夏定友两教授根据学校迁雅安办学遇到的众多困难以及偏离政治文化中心对学校今后发展会带来诸多不利的情况，作了反对学校迁雅安办学的发言。当6月15日《四川日报》发表他们的发言摘要和省高教局负责人关于迁雅建院经过的谈话后，在学校部分师生（特别是学生）中引起了较强烈的反响。他们认为《四川日报》发表杨、夏的发言摘要断章取义，被曲解了原意，不全面，还节外生枝地说学生要搞大民主等，因此要求到成都去向《四川日报》反映真相，因未买到去成都的汽车票未能成行。于是校内贴出多张大字报和漫画，矛头直指《四川日报》，同时支持杨、夏的发言。6月17日中午到晚上10点时左右，由雅安地委发动和组织进校的大批机关干部和街道居民三五成群地涌入学校，进校后就撕毁大字报和漫画。从此，学校从整风鸣放转入了反右派斗争，中共雅安地委派出工作组进驻学校，领导学校的反右派斗争。地委工作组进校后就将"是否反对学校迁雅安""是否反对群众进校"作为划分右派的根据，将一批师生戴上"右派分子""反动分子"的帽子，并将迁院事件错误地定为"反革命暴乱"上报中共四川省委、国务院公安部、最高人民检察院和最高人民法院。最后，省人民法院批复定为"反革命闹案事件"，形成了雅安地区反右派斗争中最大的冤案，在全国造成极坏的影响，严重地混淆了两类不同性质的矛盾，极大地挫伤了广大师生发表意见的积极性，降低了党在群众中的崇高威信。

　　反右结束时，杨志农、夏定友等7人（教师2人、学生5人）被定为"反革命分子"，逮捕法办，杨、夏被判刑15年，85人（其中教师29人、学生56人）被打成右派。另有305人被定为参加了所谓"反动组织"，材料装入档案。参加省委统战部座谈会的刘运筹教授因证实《四川日报》确实歪曲了杨志农、夏定友的发言原意，也被划为右派。迁院事件给学校和广大师生以沉重的打击，以当时师生总数 1500 人计，被打入另册的即占 26.4%。

在反右斗争的基础上，学校开展了以反浪费、反右倾保守为中心的"双反运动"和向党"交心运动"，开展了教育大辩论、红专大辩论，进行了"拔白旗、插红旗"和反右倾等一系列运动。被批判的教授或副教授多数是有真才实学，在师生中有较大影响的教师，却被说成是"又白又空"的"空白专家"，严重伤害了广大知识分子的积极性。

学校反右倾斗争是从学校党员干部参加中共雅安地委 24 次扩大会议开始的，主要批判所谓对"总路线""大跃进""人民公社""三面红旗"有不同看法的党员，学校有 19 位党员干部、教师受到了批判和斗争。这些被错误批判的同志，在 1962 年至 1963 年后得到甄别平反。

第二节　十年凄风苦雨的执着坚守（1966—1976）

"文化大革命"从 1966 年 5 月到 1976 年 10 月，是中国发生的给党、国家和人民造成新中国成立以来最严重挫折和损失的一场内乱。"文化大革命"的"理论基础"是所谓的"无产阶级专政下继续革命的理论"。

党的十一届六中全会《关于建国以来党的若干历史问题的决议》中指出："文化大革命，是一场由领导者错误发动，被反革命集团利用，给党、国家和各族人民带来严重灾难的内乱。"高等院校是这场动乱的重灾区，四川农学院和全国其他高等学校一样，也经历了一场浩劫。学校在极为困难的条件下走着一条迂回曲折的道路，教学工作被迫停顿，招生中止了 8 年。

一、险些消失的四川农学院

1966 年 5 月，"文化大革命"开始。四川农学院于 6 月 5 日召开全校誓师大会，大小字报铺天盖地而来，弄得人人自危。学校取消期末考试，停放暑假，毕业生也延期分配，红卫兵组织和其他群众组织相继在学校出现。在"造反有理""踢开党委闹革命"的冲击下，学校工作陷于停顿。同年 10 月，在校内掀起了"批判资产阶级反动路线"的高潮。1967 年 1 月，学校的造反派夺了四川农学院的党、政、财、文大权和印章，成立了"临时接管委员会"。1968 年 12 月 30 日省革委会成立，各系成立了革命领导小组。1969 年 1 月起，在院革委领导下，开始进入"斗、批、改"阶段。1970 年 5 月初，根据四川省革命委员会的通知要求，855 名师生分别下到中国人民解放军驻雅安部队名山县的农场和本校农场，进行"斗、批、改"和劳动锻炼，1971 年 9 月底返校，历时一年零五个月。

1971 年 4 月 15 日到 7 月 31 日，全国教育工作会议在北京召开，《全国教育工作会议纪要》（以下简称《纪要》）的下发和贯彻促使"文化大革命"期间极"左"教育体制进一步发展。《纪要》基本否定了"文化大革命"前 17 年的教育工作，错误地提出"两个估计"："文化大革命"前 17 年毛主席的无产阶级教育路线基本没有得到贯彻执行，教育战线上是资产阶级专了无产阶级的政的"黑线专政"；知识分子的大多数世界观基本上是资产阶级的，是资产阶级知识分子。"两个估计"中的两个"基本"把"文化大革命"前 17 年教育战线说得漆黑一团，是强加给全国广大教育工作者身上的沉重的"精神枷锁"。《纪要》还在其附件《关于高等学校调整、管理体制和专业设置的意见》中，决定将西南农学院、四川农学院、四川林学院、西南民族学院予以撤销。同年 9 月，省革委召开省教育工作会议，贯彻 4 月全国教育工作会议上"四人帮"炮制的《纪要》精神。当时，四川农学院的教职工对撤院非常反对，之后，学校行政管理松弛，教育经费减少，教学科研基本停顿，但大家仍然坚守在各自的岗位上。直到 1974 年 6 月 4 日，国务院教科组发函通知，恢复西南农学院、四川农学院、西南民族学院的建制。同年四川省教育局通知学校恢复招生。学校经过 8 年停顿后又开始招收学生入学，各项工作才重新运转。

1976年10月6日，党中央一举粉碎"四人帮"，学校经过十年的动乱和破坏，重新走上坦途，迎接教育战线上春天的到来。1979年3月19日，中共中央决定撤销1971年8月13日转发的《全国教育工作会议纪要》，彻底推倒了《纪要》否定教育战线17年伟大成绩的"两个估计"，解除了"四人帮"强加在广大知识分子身上的精神枷锁。

二、在困境中的执着坚守

"文化大革命"期间的1966—1974年，四川农学院停止招生达8年。学校的教学科研基本停顿，相当一部分研究课题处于停滞状态，研究室被撤销2个，许多试验资料散失，对科研造成严重影响。在长达十年的浩劫中，广大教职工和学生受到诬陷、打击和迫害，业务上被否定，身体上也受到摧残，公私财物受到严重损失。

1971年9月四川省教育工作会后，四川农学院被"明文规定"撤销。为了发展社会主义教育事业，为了给我国的农业建设培养更多人才，全校的教职工在困难条件下，坚守岗位，顶着风险，在力所能及的范围内坚持进行教学和科学研究。

举办各种类型的培训班。1971年9月师生从军垦农场返校后，尽管学校已经停止招生，但广大教职员工为了发展农业生产，仍然与地方农、牧业单位联系，举办各种短训班，为地方培养农机人员。仅在1972年就举办各种技术短训班22次，培训各类技术人员1893人。1973年到1974年，学校派出教师200多人次，到雅安等8个地区的27个县举办各种类型的短训班56期，培训14000多人。1975年全校办短训班61期，培训人员5000多人次。

恢复招生和举办"社来社去"班。1974年，学校在中断8年招生之后，根据四川省高教局的通知恢复招生，招收普通班学生295人，实际入学292人，学制三年。1975年根据国务院批转教育部有关文件，在高校等农业院校招收一年制"社来社去"学生，毕业后不再由国家分配工作，回乡当农民。当年分别在绵阳、西昌地区与地区农校合作举办"社来社去"试点班，共招收学生 646 人。

　　开展援外工作。1974 年 5 月，学校受四川省革命委员会农业组的委托，举办援外水稻技术人员培训班，有 35 名学员参加学习，学员培训时间一年半，均来自我省农业生产第一线。据不完全统计，有一半以上的学员被国家派赴非洲，帮助发展水稻生产。

　　科学研究在困境中发展。"文化大革命"中，学校的水稻、小麦、玉米等主要作物和猪、鸡等品种选育的研究工作，一直在极端困难的条件下坚持进行，其他研究课题在 1972 年也逐步恢复和发展。1973 年根据全国和四川省"农林牧渔科学试验重点项目计划"的要求，学校确定的 56 项科研项目，大多与国家计划要求相适应。尤其是 1969 年选育出小麦优良新品种和优异的种质资源繁六，结束了四川麦区长期依赖国外引进品种的历史，第一次创小麦亩产千斤的高产纪录，成为 70 年代四川麦区主栽品种，推广面积占四川麦区 50％以上。1978 年，学校有一批科研成果被推选参加四川省科技展览。

第三节　在科学的春天里恢复与发展（1977—1985）

　　1976 年 10 月，党中央采取英明果断措施，一举粉碎了"四人帮"，结束了长达十年之久的"文化大革命"，使我国进入了一个新的历史发展时期。教育战线也重新迎来了明媚的春天。

一、恢复高考带来的发展机遇

　　1966 年"文化大革命"刚开始时，曾说推迟当年高考，结果成了遥遥无期。1972 年周总理接见外宾时，曾讲要从应届毕业学生中直接招收大学生，但由于当时斗争激烈复杂，未能实现。1973 年邓小平同志恢复工作，又一度盛传要恢复高考，但不久"反击右倾翻案风"的恶浪袭来，希望又成泡影。从 1968 年起，开始执行毛主席的"7.21"指示（1968年7月21日毛主席讲话：大学还是要办的，……要从有实践经验的工人、农民中选拔学生进入大学，到学校学几年，又回到生产实践中去），在工人、农民中选拔学生进入大学，层层下达指示，逐级推荐上报。选拔不须考试，不讲文化基础，主要看阶级成分、劳动表现和年龄、身体状况，初中、小学文化，甚至半文盲都可进入大学。数量极少，质量更难保证，还助长种种不正之风。尽管学校教师忧心忡忡，青年学生感到迷茫，广大群众怨声载道，但谁也不敢提出异议或改变这种局面。

1977年7月中共十届三中全会决定恢复邓小平党内外一切职务后，同年8月，刚刚复出的小平同志主持召开科学和教育工作座谈会，提出了当年恢复高考的想法。1977年9月，教育部在北京召开全国高等学校招生工作会议，决定恢复已经停止了10年的全国高等院校招生考试，以统一考试、择优录取的方式选拔人才上大学。1977年10月12日，国务院正式宣布当年恢复高考。由于"文化大革命"的冲击而中断了十年的中国高考制度得以恢复，中国由此重新迎来了尊重知识、尊重人才的春天。这是具有转折意义的全国高校招生工作会议决定，恢复高考的招生对象是工人农民、上山下乡和回乡知识青年、复员军人、干部和应届高中毕业生。会议还决定，录取学生时，将优先保证重点院校、医学院校、师范院校和农业院校，学生毕业后由国家统一分配。1977年冬天，中国570万考生走进了曾被关闭了十余年的高考考场。当年全国大专院校录取新生27.3万人；1978年，610万人报考，录取40.2万人。1977级学生1978年春天入学，1978级学生秋天入学，两次招生仅相隔半年。1977年恢复高考制度，不仅改变了几代人的命运，尤为重要的是为我国在新时期及其后的发展和腾飞奠定了良好的基础。据了解，恢复高考后的二十多年里，中国已经有1000多万名普通高校的本专科毕业生和近60万名研究生陆续走上工作岗位。

1977年恢复高考制度时，四川农学院设有农学、牧医、农化、园艺、林学、农机6个系和农学、农经、畜牧、兽医、土化、园艺、茶叶、林学、农业机械 9 个专业，教职工总数 807 人（其中教师 306 人），在校学生 939 人。

学校在 1977 年招收三年制本科生，1978 年将本科学制改为四年，并恢复研究生招生，1982 年国务院学位评定委员会批准学校各专业为首批学士学位授予单位。到 1984 年，在校学生增加到 1795 人，其中，本科生 1623 人，硕士生 86 人。同年，动物营养、动物遗传育种、作物遗传育种 3 个专业经国务院学位评定委员会批准，获博士学位授予权。为支持地方经济建设，在恢复本科教育的同时，积极开展了专科教育。1983 年开始，学校将培养农业职教师资列入招生计划，为农村职业中学培养了一批具有大专水平的作物、果树、畜牧、兽医、农经、林学和农产品加工等专业的专业课教师。1978 年至 1985 年，学校受国家农牧渔业部、国家畜牧总局、四川省农牧厅委托先后举办了局长、（站、场）农艺师、统计师、专业证书班、两年制党政干部和农业管理干部专修班，共 107 期。

1984 年以后，学校根据国家"四个现代化"建设和四川农业发展的需求，在重点抓好本科生和研究生教育的同时也努力挖掘潜力，逐步开展了专科生、函授生、短训班、专业证书班等多渠道、多层次的人才培养，发展成为教学科研水平较高，拥有种植、养殖、兽医、林业、加工和师范职业技术教育等多学科配套，博士、硕士、本科、专科多层次发展，全日制、函授、短期培训等多种形式办学的综合性省属重点农业大学，为四川农业生产的发展和农业建设人才的培养做出了重大贡献。

二、大力推进教学改革

经过"文化大革命"的十年动乱，学校的教学秩序被彻底打乱了。恢复高考的决策带来了教育事业发展的春天。在这发展的大好机遇面前，四川农学院全校上下振奋精神，领导集体和全体教职员工积极采取各种措施，恢复和修订各种教学规章制度，切实加强教学管理，努力进行教学改革，使教学和科研工作都出现了新气象。

制订教学计划。1978 年，为搞好恢复高考后新生的教学工作，学校从长远考虑，结合自身实际，专门制订了 1977 级、1978 级和 1979 级的教学计划。1980 年起，农业部相继颁发了高等农业院校各专业教学计划《试行草案》，学校结合实际修订了各专业的教学计划，为顺利实施教学奠定了良好的基础。

精心编订教材。在恢复本科专业招生初期，在没有统编教材的情况下，学校组织各专业教师自己编教材，确保了全部学生课前到手，人手一册，按时保证了教学的需要。针对统编教材内容庞杂、与教学计划规定的教学时数不相适应的缺点，各专业重新编写讲义和讲稿，增加科学新发展的内容和适合本地区实际需要的内容。1978 年以来，学校共有 100 多人次的教师主编或参加编写 50 多门统编教材、教学参考书和实验指导。

选好任课教师。学校为保证学生的教学质量，认真选拔有经验的教师上教学第一线，并对任课教师提出了严格的要求。1978 年，学校规定，任课教师在课前要熟练掌握教材和教学大纲，要编写教学日历和教学进程表，做到有计划、有准备地进行教学。在 1982 年的工作要点中，提出任课教师要做到"六认真、一严格、一表率"，即认真备课、认真讲课、认真指导学生实习实验、认真辅导答疑和批改作业报告、认真指导学生的学习方法和培养学生的自学能力、认真考试考查；教师要严格要求学生，为人师表，作学生的表率。多年来的严格教学，学校一批富有教学经验的中、老年教师以热忱的教学态度、良好的教学方法和较高的课堂讲授水平受到了广大学生的欢迎和一致好评。

加强教学实践。学校通过开好实验课，建好实验室，抓好教学实习和毕业生产实习，组织学生参加科技兴农工作，鼓励学生参加实践活动等方式，对学生掌握本专业的基本技能、养成理论联系实际的工作作风和严谨的科学态度起到了积极的作用。

加强教学管理。学校十分重视教学管理工作，采取了一系列有效措施，保证了教学秩序的正常进行。一是稳定教学秩序，强调以教学为主，各项工作都围绕教学进行安排，提出了"三为主"原则（即在一般情况下，教学与科研发生矛盾时，以教学为主；校内工作与进修提高发生矛盾时，以校内工作为主；校内教学与校外其他工作发生矛盾时，以校内教学为主）。通过认真贯彻"三为主"原则，稳定了教学秩序，保证了教学有计划地进行。二是建立经常性的教学检查制度。从 1978 年起，学校就坚持开展中期教学检查，保证了教学计划顺利实施。三是坚持检查性听课制度，深入课堂了解教学情况，及时解决教学中出现的问题。四是采取定期召开学生干部和课代表会议、开展教学研究活动、举行教师座谈会、建立健全规章制度等多种措施，使教学管理逐步走向正规化和制度化。

交流教学经验。为及时总结和交流经验，推动全校教学工作，1980 年 7 月 1 日，学校召开了以正确使用统编教材、严格要求学生、加强基础技能训练为主要内容的教学经验交流会。1984 年 6 月，召开了第二次教学经验交流会，对改进教学方法、提高教学质量起到了很好的推动作用。

三、加强重点学科建设

早在 1956 年独立建院以前，作物遗传育种、动物营养、动物遗传育种三个学科经过杨开渠、杨允奎、杨凤、邱祥聘等教师的努力，在教学、科研方面奠定了较雄厚的基础。迁雅安独立建院以后，在地方偏僻、经费、设备等办学条件等较差的情况下，学校从实际出发，注重发挥自身所长，积极争取校内外支持，为这三个学科的发展创造了有利条件，以保证他们在教学、科研方面稳步发展。在教学方面，这三个学科分别在 1959 年和 1964 年先后招收过研究生。在科研方面，三个学科密切联系我国农牧业生产实际，注重基础研究和应用研究的结合。坚持科学研究工作，即使在"文化大革命"中也未曾中断，从而取得了丰硕的成果。

按照 1985 年《中共中央关于教育体制改革的决定》中提出的

"要根据中央关于科学技术体制改革的决定，发挥高等学校学科门类比较齐全，拥有众多教师、研究生和高年级学生的优势，使高等学校在发展科学技术方面做出更大贡献。为了增强科学研究的能力，培养高质量的专门人才，要改进和完善研究生培养制度，并且根据同行评议、择优扶植的原则，有计划地建设一批重点学科"的精神，学校加快了重点学科的建设。在人员编制、仪器设备的配置、经费安排、实验室的调整和安排教师出国上都采取倾斜政策，初步形成了一支力量雄厚、学科专业配套、老中青相结合的学术梯队，使这三个学科有了较快的发展，在学术上具有自己的特点和影响力。这三个重点学科长期坚持科学研究，在猪的营养需要、饲料成分分析、家禽育种、小麦、水稻、玉米育种及水稻杂种优势利用等方面开展了卓有成效的工作，科技推广成绩突出。

四、积极开展科学研究

"文化大革命"结束以后，由华国锋提议，经过充分的筹备，1978 年 3 月 18—31 日，中共中央、国务院在北京隆重召开了全国科学大会。大会提出了"向科学技术现代化进军"的战略决策，确立了"科学技术是生产力"的论断，明确了科技队伍又红又专的标准，规定科学研究机构要实行党委领导下的所长分工负责制，制定并通过了科学技术发展的八年规划，表彰了先进集体和个人，奖励了优秀科学成果。这次大会是中国共产党在粉碎"四人帮"之后，国家百废待兴的形势下召开的一次重要会议，也是中国科技发展史上一次具有里程碑意义的盛会。邓小平在这次大会的讲话中明确指出"现代化的关键是科学技术现代化""知识分子是工人阶级的一部分"，重申了"科学技术是生产力"这一马克思主义基本观点，从而澄清了长期束缚科学技术发展的重大理论是非问题，打破了"文化大革命"以来长期禁锢知识分子的桎梏，迎来了科学的春天。

四川农学院根据全国科学大会会议精神，结合学校实际，制定了《1978—2000 年科学研究规划》，提出"三年打基础，八年跨大步，二十三年要赶超"的分段目标，加强了对科研工作的领导和组织管理。从此，学校的科研工作有了较大的发展。

明确科研方向，加强科研管理。1978 年 1 月，学校成立第二届学术委员会。1979 年 8 月，制定了《四川农学院学术委员会任务条例》。1982 年 10 月，成立第三届学术委员会。1984 年 5 月，成立了第四届学术委员会。学校在科研工作中，把全校的主要科研力量和研究方向放在发展农村经济这个主战场上，在指导教师选题、项目申报时始终把好为农村服务这一关，学校的课题申报命中率始终保持着较高的水平，科研经费逐年增加。1977 年，由国家和四川省下达的重点项目及学校自选项目共 61 项，科研经费仅 20万元。到 1985 年，科研课题增加到 100 项，科研经费增加到 105万元。

扩充研究机构，充实研究队伍。经过全校广大科技人员多年的努力，由于科研课题不断增加，经费逐年增大，机构和人员的编制也得到了相应的扩充，原有的小麦研究室经过上级批准，升格为研究所。同时，新增水稻、动物营养、家禽、数量遗传、养羊、原子能农业应用、植物组织培养和环境保护等 8 个研究室。全校有专职科研人员 30 余名，教学人员中 60％以上的教师都兼作研究工作，形成了一支力量雄厚的专、兼职相结合的科研队伍。

科研取得重大突破。学校在科学技术研究工作中坚持走"教学、科研、生产三结合"的道路，注重发挥重点学科优势，广泛争取科研课题，注意应用学科、边缘学科、交叉学科的研究。自1978 年恢复科技成果评奖制度以来，截至 1985 年，共取得科研成果 223 项，其中获奖 173 项，获奖率达 77.5％，获国家级和部、省级奖的 136 项（次），占获奖总数的 78.6％。在"六五""七五"期间，获国家和四川省科技成果奖数，在全省 60 所普通高校中名列前茅，为学校申报国家"211 工程"创造了条件。在上述获奖成果中，不少项目在学术上居于国际或国内的先进水平，为我国农业生产和农村经济的发展做出巨大的贡献。

五、促进对外学术交流

1978 年 6 月，学校召开了四川农学院第三届科学报告会，共交流学术论文 110 篇。1988 年 10 月，联合国粮农组织（FAO）与国际原子能机构（IAEA）在学校举行了"应用同位素研究稻/鱼生态系统中农药残留"第二次协调研究会。中国、菲律宾、印度、泰国、马来西亚等国的科学家及 FAO、IAEA 的官员参加了会议。此外，还先后举办了"全国兽医产科学会研究会成立大会暨第二次学术讨论会""全国高等院校农业推广学教学研讨会""全国人畜共患病第一次代表大会暨狂犬病、腹泻病学术研讨会""全国兽医外科学研究会第四次学术讨论会""四川省原子能农学理事扩大会及学术交流会"等。1983 年 8 月，学校综合性的学术理论刊物《四川农学院学报》经四川省委宣传部和四川省科委批准正式创刊。同时学校还出版《科技资料》《国外农业科技资料》《科技动态》等不定期内部刊物，对推动学校的教学科研发展起到了积极作用。

六、强化科技推广工作

农业科技推广是农业高校实现产学研紧密结合的桥梁和纽带，是加速农业科技进步、促进农民增收的重要途径。为进一步加强科技成果转化和推广工作，学校采取了多种方式开展科技推广和科技咨询服务工作。

加快研究成果示范推广。采取"研究—中间试验—示范推广"环节紧密衔接，配合进行，使研究成果迅速应用于生产。如水稻研究室组织了 11 个省（区）的 50 多个县（市）种子公司参加的冈·D 型杂交稻研究协作组，边培育新组合，边多点鉴定，边示范推广，使育种和推广工作紧密衔接。20 年来，增产小麦 31 亿千克，累计经济效益 22.953 亿元。兽医系推广了一批高效药物、疫苗及防治技术，累计经济效益达 1.92 亿元。

建立校外科技推广基地。本着"政府、科技人员、农民三结合，教学、科研、生产三结合，试验、示范、推广三结合"的思路，1983 年学校率先与大邑县签订了校县共建农业现代化实验基地协议，推广科技成果 20 多项，建立了杂交水稻、杂交玉米制种及生产基地，商品梅生产基地以及优良种猪、兔为主的畜牧生产基地，合办各类技术培训班 80 余期。

1983 年大邑县政府、四川农学院农业现代化试验协议签字仪式

　　运用科技成果支援企业。学校动物营养研究所"四川猪的饲料标准"向四川省 14 个县（市）的 200 个饲料工厂推广，取得显著的经济效益。学校有关系（部）还与 6 个果品加工厂、4 个茶叶工厂、2 个造纸厂及汉源花椒厂、名山芒硝厂等建立了技术合作关系，林学院协助筹建中外合资大型企业雅安纸浆厂建立造纸原料（竹、木）基地。学校 1986 年被评为全省支援中小企业和乡镇企业的先进单位。

七、1977 级、1978 级的奋斗与拼搏——杰出校友的集中爆发产生时期

　　1977 年，停顿 10 年的高考在邓小平的果断决策下得以恢复，当年的 11—12 月，全国 570 万青年开始争夺 27 万个大学生名额。1978 年 7 月，又有 610 万人进入考场。1978 年的春天和秋天，一年之内两届大学生走进大学课堂。可以说，自"文化大革命"结束后，又一个被人誉为"科学和文化复兴"的时代，重视知识、尊重人才、相信科学开始渐渐流行始于 1977 级、1978 级这一代。

　　1977 级、1978 级大学生是中国高等教育史上十分特殊一个群体，是一个多数人经历过上山下乡磨炼的群体，是一个历经艰辛终于得到改变命运的机会的幸运群体，是一个经历了最激烈的高考竞争后脱颖而出的群体，是一个大浪淘沙后特色鲜明的群体。1977 级、1978 级大学生在上大学前几乎所有人的遭遇和生存状态都不一样，每一个同学都可以说出自己独特的高考故事。有人曾说："不会再有哪一届学生像 1977 级、1978 级那样，年龄跨度极大，而且普遍具有底层生存经历；不会再有哪一届学生像 1977 级、1978 级那样，亲眼看到天翻地覆的社会转变，并痛入骨髓地反思过那些曾经深信不疑的所谓神圣教条；不会再有哪一届学生像 1977 级、1978 级那样，以近乎自虐的方式来读书学习……这就注定了 1977 级、1978 级要出人才。"在饱经沧桑之后，这一群体普遍个性坚定沉毅，很能吃苦。而在社会上摸爬滚打形成坚毅的个性和练达的人情，也成为日后发展的重要因素。他们倍加珍惜这来之不易的学习机会和大学时光，在学校如饥似渴地看书，从教室到图书馆，从早到晚，他们就是上课、上课，学习、学习，像一块海绵被投进了知识的海洋，疯狂地吮吸着知识的营养，可以说是空前绝后的用功。他们夜以继日刻苦学习的精神给老师留下了难忘的印象。有位老师说，在他的执教生涯中，从没有看到 1977 级、1978 级这样的学习精神和劲头。功夫不负有心人，成就必出努力人，这

两级同学毕业后，没有让学校失望，在各条战线上做出了骄人的成绩。无论是从政人员的进步经历和为民之绩、从文人员的奋笔疾书和大量作品，还有广大从教人员的辛勤耕耘和桃李满天下的业绩，都达到了一个高峰。当年的 1977 级、1978 级学生，现在已经成为社会的中坚力量，有相当一批人已成为各行各业的"栋梁"和骨干，这离不开恢复高考圆了他们的大学梦，离不开那个特殊年代的造就，更离不开当年那批可亲可敬的老师的教诲。

　　20 世纪 80 年代初，中国还是处于万物复苏、需才孔急的状况。甚至在 1977 级本科生读到三年级时，主管部门就曾在部分大学征求学生的意见，问是否愿意提前毕业，读完三年或三年半就按本科毕业走上工作岗位。1980 年夏到 1982 年春之间，1977 年考录的 27 万本专科大学生陆续毕业，成为改革开放后所选拔、培养的第一批优秀人才，为求才若渴的中国社会注入了一批新生力量。1982 年夏，40 万名 78 级大学生也基本毕业。当时，各行各业人才"青黄不接"。而 11 年的积压，67 万毕业生汇聚到一起喷涌出来，受到社会的普遍欢迎，填补了巨大的需才空缺。当时流行在大学生中的一个顺口溜叫作"金 77，银 78"，大学生把这个来之不易的求学机会比作金银一样珍贵。另一种说法是，后来因这两届学生成功率之高，被民间戏称为"金 77，银 78"。相对其他同龄人而言，1977 级、1978 级大学生无疑是时代的幸运儿。考上大学，在当时是令人羡慕的大好事，"大学生"似乎是头上罩着光环的三个字。他们的工作和发展机遇特别好，作为与众不同的群体，起点普遍比其他同龄人高，后来发展也较快。30 多年后，无论是在政界、学界、商界，都有许多领军人物是 1977 级、1978 级大学生，有人将之称为"77、78 级现象"。

　　1977 级、1978 级大学生是从 2000 多万被耽误了青春的人中突围而出的一个群体，相对于现在的大学生，他们的命运与经历颇有几分传奇的色彩。经过多年的磅礴郁积之后，终于喷薄而出。"百年能几何，三十已一世。"1977 级、1978 级大学生在中国改革开放历史上留下了深刻的印记，其影响和作为，相信还将在未来的岁月中更加显现出来。

四川农学院林学系 1977 级毕业照

四川农学院园艺系 1978 级毕业照

我们广大的川农学子们要发扬 1977 级、1978 级学长们坚忍不拔、积极进取、勤于思考、敬业奉献的精神，在当今知识爆炸的时代，努力学习新知识，跟上时代的步伐，为祖国、为人民做出新的更大的贡献。让我们记住我校 1977 级、1978 级等一大批杰出的校友的名字和突出业绩吧！

李登菊，1977 级农机专业，曾任四川省委常委、省总工会主席。

于伟，1977 级农业专业，现任成都市人大常委会主任。

杨冬生，1977 级林学专业，现任四川省国土资源厅厅长。

侯晓春，1978 级农学专业，现任中共广安市委书记。

龙漫远，1977 级农学专业，现任美国芝加哥大学终身教授、兼任北京大学"长江学者"讲座教授、国务院国家自然科学奖和国家自然科学基金会重点课题的特邀评审员、美国国家科学基金会和美国健康研究院课题评审组成员等多个学术职务。

凌宏清，1977 级农学专业，2000 年入选中国科学院国外引进杰出人才"百人计划"，现任中国科学院遗传与发育生物学研究所研究员，创新课题组长。2002 年获得"国家杰出青年基金"。

林硕，1977 级茶学专业，2001 年起任美国加州大学洛杉矶分校（UCLA）教授，2005 年至今任北京大学生命科学学院长江学者讲座教授，2006 年至今，北京大学深圳研究生院兼职教授。曾获得国家杰出青年科学基金（海外）。

李华，1977 级果树专业，曾任西北农林科技大学副校长。教授、博士生导师，第九届全国人大代表。国家"百千万人才工程"入选者。农业部中青年有突出贡献专家、国家教委有突出贡献留学回国人员。

许为钢，1978 级农学专业，现任河南农科院小麦所高产育种室主任。河南省农业科学院研究员，小麦育种专家，享受政府特殊津贴的专家，全国"杰出专业技术人才"。

王红宁，1978 级兽医系，国务院政府特殊津贴获得者、四川省学术技术带头人，现任四川大学生命科学学院教授、博士生导师，四川大学"动物疫病防控与食品安全四川省重点实验室"主任，四川大学"985"西南资源环境与灾害防治科技创新平台学术带头人。

陈育新，1977级农学专业，现任希望集团总经理、华西希望集团董事长兼总裁。

文心田，1977级兽医专业，教授、博士生导师，省学术和技术带头人，享受国务院政府特殊津贴，原四川农业大学党委书记、校长。曾获"全国留学回国人员先进个人""四川省有突出贡献的优秀专家""感动中国畜牧兽医科技创新领军人物"等称号，2007年被评为四川省高校教学名师。

邓良基，1977级土壤农化专业，现任中共四川省纪委委员，四川农业大学党委书记，教授、博士生导师，四川省学术和技术带头人，享受国务院政府特殊津贴，中国土壤学会常务理事，四川土壤肥料学会理事长，四川土地学会、农业机械与工程学会副理事长，中共四川省委、省政府决策咨询委员会委员。先后获首届侯光炯科技先河奖，国家星火先进科技工作者奖。

郑有良，1977级农学专业，现任四川农业大学校长，教授、博士生导师、省学术技术和带头人。国家百千万人才工程首批人选，享受国务院政府特殊津贴。在小麦基因资源发掘、分子标记、基因工程、染色体工程、新材料创制和新品种选育等领域取得了一系列创新性研究成果。指导毕业博士中获全国优秀博士学位论文2篇、提名1篇。

朱庆，1977级畜牧专业，现四川农业大学副校长，教授、博士生导师，四川省学术和技术带头人，享受国务院政府特殊津贴，国家现代农业产业技术体系岗位科学家，省政府研究室特邀专家。

杨文钰，1977级农学专业，现任四川农业大学副校长，教授、博士生导师，四川省学术技术带头人，享受国务院政府特殊津贴。农业部大豆产业体系岗位专家，农业部西南作物生理生态与耕作重点实验室主任，中国作物学会作物栽培专业委员会副主任委员。

秦自强，1977级果树专业，曾任四川农业大学党委副书记，教授、硕士研究生导师。曾先后获得全国、全省高校毕业生就业工作先进工作者，全国、全省高等学校招生工作先进个人，四川省新长征突击手等称号。

何临春，1977 级果树专业，副厅级巡视员，教授、硕士研究生导师。曾先后被评为四川省女职工双文明建功立业竞赛先进个人、四川省高校优秀党务工作者、四川省大学生就业工作先进个人。

潘光堂，1977 级农学专业，教授、博导，四川玉米育种攻关组组长，四川省学术和技术带头人，教育部首批长江学者与创新团队带头人，农业部玉米产业技术体系玉米遗传育种岗位专家，国务院学位委员会第六届学科评议组成员，农业部《西南作物种质资源利用重点开放实验室》主任。

李学伟，1978 级畜牧专业，教授、博士生导师，省学术和技术带头人，国家"千百万人才工程"百千层次人才，省跨世纪青年科技学术带头人，享受国务院特殊津贴；教育部科学技术委员会学部委员，全国动物遗传育种学会分会副理事长，四川省委、省政府科技顾问团顾问，现任四川农业大学动物科技学院院长。1998 年当选"四川省十大杰出青年"。

·········

还有许许多多奋斗在农业、林业、动物等各条战线从事科研、生产、教育等工作的川农学子、杰出校友，他们用所学到的知识为国家、人民做出了积极的贡献，为母校增光添彩。

第四节　川农"三杨"的故事
——杨开渠、杨允奎、杨凤

如今在川农大，一提起学校的发展，人们总要提起"三杨"精神，这就是以学校前三任院长杨开渠、杨允奎、杨凤为代表的那种"作风朴实、治学严谨、脚踏实地、锐意创新、勇攀高峰、争创一流"的精神。作为川农大的"镇山之宝"，这种精神代代相传，不断发扬光大。

下面，让我们通过"三杨"的故事一起来感受"川农大精神"的魅力吧。

杨开渠，（1902—1962），男，自号顽石，1902年10月27日生于浙江省诸暨县。家境贫寒，杨开渠5岁时父亲去世，靠二哥、三哥教书维持全家生活。他8岁多才入学，但刻苦勤奋，18岁高小毕业，文学、书法功底较好。后来靠半工半读在杭州甲种工业学校毕业。1924年经校长许炳堃介绍到杭州有利电气公司工务股任检表员。此时正值孙中山在广州成立革命政府，热血青年无不欢欣鼓舞，迎接革命高潮到来。1927年初北伐军攻

杨开渠

克杭州后，杨开渠参加了东路军政治部宣传队。后又返回电气公司工作，并于同年3月加入中国共产党，被选为工会副会长，积极为党工作。后因身处白色恐怖中才于1927年7月离杭州经上海去日本东京，与党组织失去联系。

杨开渠在东京经短期补习日语后，抱着科学救国的理想考入东京帝国大学农学部农实科。学习期间生活极其清苦，主要靠翻译稿费作为经济来源。由于他踏实勤勉，成绩优异，受到日本老师的器重，农实科毕业后被留在育种研究室做研究工作。1931年"九一八"事变后，他出于民族义愤毅然辞谢了老师近藤万太郎的挽留，于同年冬回到祖国。

1932年春，杨开渠应聘到杭州浙江省自治专修学校任教员，讲授"农学大意"等课程，并开始在杭州试种双季稻。

1935年春，经金善宝先生介绍，应聘到四川重庆的乡村建设学院任教授，讲授稻作学、麦作学，提出改革四川稻田耕作制度、种植双季稻、旱稻的建议，继续进行双季稻、再生稻的研究。

1936年秋，杨开渠转到成都四川大学任教授，主讲稻作学，并主持稻作研究室工作，开始了他一生中研究工作最繁重也是取得

成就最多的时期。

1949年10月中华人民共和国成立，杨开渠任四川大学农艺系主任，不久又任四川大学农学院副院长。1956年独立建立四川农学院，他任院长。在繁重的行政工作中，杨开渠仍坚持教学，继续水稻科学研究。四川农学院建在雅安，地处平原和山区的接合部，他认为应该利用这样一个有利的自然条件，把学校办出自己的特色，在开发中国山地农业方面做出应有贡献。他积极策划建立山地农业研究所，组织教师到二郎山、宝兴山等地考察。

杨开渠于1957年被聘为中国农业科学院学术委员会委员，1961年底被选为中国作物学会第一副理事长。还先后被选为成都市政协委员、四川省第一届人民代表大会代表、四川省政协常务委员、全国政协特邀委员、第二届全国人民代表会议代表、四川省科协副主席等职。作为有贡献的科学家代表，1957年他曾应邀列席了毛泽东主席召开的最高国务会议。

1962年2月2日，逝世于四川成都。

[链接材料]
"草鞋教授"——水稻专家杨开渠先生生平散记
谭 红

杨开渠，我国著名水稻专家，再生稻研究的开拓者和奠基人，也是一位在科教领域做出卓越贡献的优秀农业教育家。杨开渠原籍浙江诸暨，早年留学日本，1931年毕业于东京帝国大学农学部。1936年被聘为国立四川大学农学院农艺系教授；1950年担任四川大学农艺系主任；1952年院系调整后兼任四川大学农学院副院长；1956年川大农学院迁雅安独立建院，命名为"四川农学院"，杨开渠被国务院任命为第一任院长。杨开渠历任四川省第一届政协常委、四川省第一届人民代表大会代表、全国政协特邀委员、第二届全国人民代表大会代表、川西区科普协会副主任委员、四川省科协副主席。1957 年被聘为中国农业科学院第一届学术委员会委员，1961 年被选为中国作物学会第一副理事长。1962 年 2 月病逝于成都。

"有事在垄田"

1931 年，杨开渠以优异的成绩从东京帝国大学农学部农实科毕业，抱着"科学救国"的梦想回到多难的祖国。1935 年他从家乡来到重庆四川乡村建设学院任教，入川时，杨开渠见到四川那一弯一坝的冬水田没有充分利用，认为实在可惜，于是，研究开发利用冬水田、提高稻谷产量便成了他的第一个课题。1936 年，杨开渠应聘到国立四川大学农学院农艺系任教授，主讲稻作学，并主持稻作研究室工作。从此，他毕生致力于高等农业教育和水稻科研事业，成为最早研究和倡导四川省栽培双季稻、最早在中国开拓再生稻研究的专家。

在四川大学任教 20 年，杨开渠开设了"稻作学""农艺学""农场实习"等多门专业课程。他毫无保留地把自己的最新研究成果报告作为教辅材料发给学生，供他们学习参考。很多年后，他的学生仍然可以拿着当年听杨开渠上课的笔记去给下一代的学生讲专业课，这说明他的学问是经得住时间考验的。

"头戴草帽，脚穿草鞋"，这就是杨开渠留给大多数学生的深刻印象。在骄阳似火的夏季，在国立川大农学院的试验田里，师生们常常可以看到一个熟悉的身影："穿着朴素的短袖上衣，下装从裤脚卷到膝间，脚穿一双草鞋，不知时日地躬腰在水田中搞水稻高产试验。"杨开渠常常是才下课堂就去田间，废寝忘食地观察他的水稻试验田，直到家人叫他吃饭，才一身泥一身汗地回家。

杨开渠特别强调，农学专业的学生除了理论知识，实践也很重要。他常告诫学生，学农要有吃苦耐劳的思想准备，很多城市长大的学生从未摸过锄头，提过粪桶，更不用说下田躬耕种植。杨开渠开设的"农艺学"课程每周都有两个下午的实习，每次实习他都要亲临现场指导。据 20 世纪 40 年代的一位学生回忆，有一次下田插秧，班上的女同学身穿漂亮的旗袍，脚穿高跟皮鞋，站在田坎上迟迟不肯下田，对男同学喊："帮我栽了吧！"这时杨老师穿着草鞋走过来说，你们不下田，这门实习课不及格，要补考及格才能拿到毕业证。看到这位留学日本、很有学问的老师也照样赤脚下田，这些同学只好去换了衣服，脱了鞋袜，硬着头皮下田去插秧。沐浴阳光，亲近泥土，这是一个农学生必须有的学习体验，也是杨老师教给学生的人生智慧。

花中独爱菊

　　杨开渠的业余生活有一大爱好就是养菊花，说他养菊如痴、爱菊如命也不为过，这在川大师生中是出了名的。杨开渠不断钻研，培植了许多菊花新品种，几乎每年都要在学校开办一次个人菊展。教授办花展，这在川大的历史上恐怕也是绝无仅有的。

　　1948 年校庆的一次校园菊展，正当秋风送爽、秋意渐浓的时节，杨开渠把自己精心培植的上百个品种、几百盆菊花在川大图书馆前和荷花池畔展出，师生们兴趣盎然，流连忘返，一些社会名流也慕名前来观赏，只见一些菊枝上挂着小纸牌，纸牌上题写着菊花的名称："西施浣纱""松林初雪""倒卷珠帘""野马分鬃""黛玉晚妆""绿窗纱影""风卷残云""二乔""邢夫人""Firstlove""墨菊"……这千姿百态、五彩纷呈的菊展，这趣味横生的花名，令观者过目不忘，学生们在几十年后谈起这番美丽的景象，仍然心驰神往，回味无穷。

　　1948 年秋，杨开渠还在成都少城公园（今人民公园）举办规模盛大的菊花展览，所得门票收入全部捐赠给华阳县中和场的一所乡村中学，作为贫苦学生的奖学金。喜欢花卉的人大概都知道，菊花繁多的品种中有一种"悬岩菊"，一枝主干上几百朵小小的菊花，如瀑布般垂吊下来，花型独具一格，美不胜收，这就是杨开渠培育出的菊花新品种，如今成都人民公园历年的菊展中都有这个品种，深受市民喜欢。"不是花中偏爱菊，此花开尽更无花。"培养鉴赏菊花是杨开渠个人生活中的赏心乐事，也是一种高尚的精神寄托。他还为学生开设过"种菊与赏菊"专题课，既讲栽培技术，也讲古典文学，把专业培养和文化欣赏融会贯通，润物细无声地陶冶着学生的心灵。

在"鸡公车"上读史书

杨开渠也喜欢书法和历史。他写得一手流畅隽永的毛笔字，还参加过川大的美展。他喜欢看史书，像《资治通鉴》《唐书》这样大部头的史书竟然是坐在"鸡公车"上看完的。原来，当时国立川大的新生院在三瓦窑，距离望江校区本部有3公里远，路面狭窄且坎坷不平，除了步行，唯一的交通工具就是"鸡公车"，车速缓慢又颠簸。杨开渠在日记中写道："时代是原子时代，一早坐了鸡公车，在车上看《唐书》，到了三瓦窑新生院去上课，真是可笑的事。"

杨开渠就在这条泥泞难行的路上来回奔波，风雨无阻，他从不缺课，也不允许学生迟到，上课铃一响马上关门，迟到者就只好站在教室外面听课。杨开渠的敬业和认真赢得了学生的尊重，他为农学院新生开的公选课"农学概论"常常座无虚席。

杨开渠是一位惜时如金的人，他在"鸡公车"上挤时间备课、读书，理发也是请夫人潘月屏代劳，剪成平头以便节省打理的时间。他的鞋、帽都是量好尺寸去买，衣服是让裁缝照着旧的做。有时候想问题想得"走火入魔"，连吃饭都不让家人说话，以免打断了思路，这听起来有点不近人情，但是，一个能够在"鸡公车"上读史书的教授和每一位有所成就的大家一样，都有那么一些鲜为人知的"怪癖"吧！

慷慨捐助，不置私产

在女儿杨光蓉的记忆中，父亲杨开渠平时总是布衣、布鞋，甚至草鞋，他说："穿得太好，工作起来不方便。"女儿平时从不敢随便向父亲要零花钱，他总说："一分钱，就那么容易？你去赚赚看！"但是，当 1937 年 7 月抗战爆发，国难当头，杨开渠马上把 8 月份的全月工资捐给了"四川大学抗敌后援会"。

杨开渠在日记中写道："人生的目的，如果是为了援助社会或改造社会而生的，那么我就不应该为自己而享受，我不应该有一点私产，要尽一切力为社会。"杨开渠一生都是以这样的精神目标身体力行的。他工资之外的收入不纳入家用，一生不置私产，一次又一次地把工资、奖金和稿费捐赠出去，稍有积蓄，就千方百计支援教育、科研和其他社会公益事业。1939 年，他捐出 1000 元为浙江家乡乡里赈米；1940 年，他捐出工资积蓄 1300 元给家乡购田 11 亩，以田租补助清寒子弟学费；1957 年，川农幼儿园开园之初，他用自己的工资给幼儿园添置了一架最好的风琴；1958 年，他将一笔 2000 多元的稿费捐给了雅安城南乡小学，作为办学之用。

杨开渠自己却是一生简朴。当他病逝入殓时脱下的棉衣竟是穿了 30 多年的旧物，真是"两袖清风乘鹤去"。他在病重时，因背脊疼痛无法入睡，但发现他的一位研究生没有垫床的褥子，就从自己的床上抽出一条送给学生，夫人问缘由，他说："我有两条，为什么不分给他一条呢？"这样的事例举不胜举。

面对高产田浮夸风

1956 年，川大农学院迁到了山明水秀的雅安独立建院，杨开渠出任四川农学院第一任院长。当年，四川省大力推广双季稻，计划从 1956 年的 500 万亩扩大到 1957 年的 1000 多万亩，杨开渠作为水稻科学家和省人大代表在会上发言，详细分析了四川农村的自然条件和当时的物质、技术条件，主张只宜进行试点工作，强调要尊重科学，循序渐进。结果被一位省级领导指为"保守"。会后，杨开渠仍然把自己的发言原文发表在了农业部的机关报《中国农报》上，表明了自己"服从真理，不服从权威"的态度。结果，

1957年四川省种植的900多万亩双季稻，晚稻平均亩产仅比一季稻增产6.5千克，真是得不偿失。

在1958年"大跃进"的年代，人们在"人有多大胆，地有多高产"口号的鼓噪下，把几十亩的水稻秧苗集中移栽到一亩田里创高产。院团委要求全体同学放"水稻卫星"，丰产指标10000千克，杨开渠得知这个消息，从成都赶回雅安，直奔农场，看到同学们正热火朝天地把一根根选出的壮秧密集地移栽到试验田里，作为农业专家的他只能以"不表态"来表明自己的态度。一个月后，"高产卫星田"的秧苗逐渐枯死了。此后，杨开渠在课堂上谆谆告诫学生：不要从主观意志出发，要遵循自然发展的一般规律，若违背了自然，定会受到自然的惩罚的。他在诗中写道："民以食为天，此事岂能苟。"他一直坚持"人均亩产600公斤"粮食的奋斗理想和科学目标。在那种政治决定一切的历史背景下，全国浮夸之风盛行，各地到处放高产"卫星"，杨开渠却在日记中这样写道："宁作移山愚公，不作牵驴老翁。"保持了一个农业科学家的风度和节操。

最后的日子

1961年初，杨开渠背脊疼痛，感到身体不适，但他仍带病坚持工作，按计划到北京完成了《中国水稻栽培学》的全部统稿和定稿工作。1961年5月，杨开渠所患癌症已属晚期。在生命的最后几个月，他的学生傅淡如和孙晓辉一面精心照顾卧床不起的老师，一面抓紧时间为老师收集编选论文。1962年2月2日，杨开渠病逝，当时的四川省委书记杜心源为杨开渠主持了追悼会。1962年11月，杨开渠遗著《稻的一生》出版；1963年1月，《杨开渠稻作论文选集》出版。

1962 年 1 月 8 日摄于四川医学院病床上①

　　杨允奎（1902—1970），农业教育家和作物遗传育种学家，利用细胞质雄性不育系配制玉米杂交种的开拓者。他倡导数量遗传学在作物育种上应用，并提出简化双列杂交配合力估算方法。执教 30 载，培养了大批农业科技人才。

杨允奎

　　杨允奎，字星曙，1902 年 11 月 13 日出生于四川省安岳县姚市乡杨家林村一个农民家庭。他自幼勤奋好学，小学、中学成绩优异。1921 年考入清华学堂留美预备部，1928 年获庚子赔款资助入美国俄亥俄州立大学攻读作物遗传育种专业，1933 年被授予博士学位。同年回国，应聘任河北省立农学院教授。1935 年受任鸿隽之聘任国立四川大学农艺系教授，一直至 1937 年。1936 年应四川省建设厅厅长卢作孚之请，创办四川省省稻麦试验场，任场长，不久该场易名为四川省稻麦改进所，任所长。1938

---

　　① 参见《四川大学报》第 607 期第四版。

年该所并入新组建的四川省农业改进所,他任副所长。1941年初因经费匮乏,人际倾轧,难以开展工作,他愤然辞职在家养病。年末病情好转后又回四川大学农艺系任教并兼系主任,主讲遗传学、作物育种学、生物统计学及田间设计等课程,同时开展了玉米、小麦、豌豆的遗传育种研究工作,直到中华人民共和国成立。1952年,任西南军政委员会农业部四川农业试验所所长。同年12月加入中国民主同盟。1955年任四川省农业厅厅长兼四川省农业科学院院长。1956年加入中国共产党。1962年兼任四川农学院院长,并创建数量遗传实验室,兼任室主任。1963年被评为一级教授。曾任第一、二届四川省人大代表,第三届全国人大代表,四川省科协副主席,省作物学会理事长,中国农学会理事,四川省农业科技鉴定委员会主任委员等职。1970年9月14日因病在成都逝世,骨灰安放在磨盘山烈士陵园。

[链接材料]

我国作物数量遗传学科的拓荒者——杨允奎教授

高之仁　荣廷昭　潘光堂

杨允奎先生是我国作物数量遗传学科的奠基者和创始人之一,也是著名的玉米育种专家。他为我国,尤其是为我省的农作物生产和研究贡献了毕生的精力。他刚直不阿、襟怀坦荡的高尚人格,热爱祖国、献身事业的崇高精神和大力扶持青年、提携后进的人梯精神,已成为我们宝贵的精神财富。先生功高不自傲、位高不自居、名高不自持的高风亮节,为后人树立了一个知识分子的光辉榜样。

为国立志

1902年11月17日,四川省安岳县姚市镇杨家村的一个普通农民家里,全家人都紧张地等待着一个生命的降临。随着婴儿第一声响亮的哭声,杨家长子添了一丁的消息在村里迅速传开。这个孩子就是日后成为我国著名农学家和教育家的杨允奎。

先生从小勤奋好学，由于家里经济困难，年幼的他常割草、放牛等，以减轻家里经济负担，于是人们常看见他在牛背上读书的身影。每晚母亲纺线到深夜，他也伴读到深夜。1921 年，品学兼优的他考上了北京清华学堂留美预备部。1928 年先生由"庚子赔款"资助留美。

先生从小志向远大，他为祖国的贫穷落后痛心，因此他为国求学的目的十分明确。最初他想学医，以治病救人为生，他希望尽他所能，给周围的人健康的体魄，因为他不能忘记外国人蔑视中国，将中国人称为"东亚病夫"的那刻骨的痛。但后来有人劝他："在今日之中国，请得起医生的还是少数的有钱人，广大的中国人吃饭穿衣都有问题，还是学农吧！"这话对他震动很大，家乡农民们一年到头辛勤劳作，但仍食不饱腹的景象深深地印在他的脑子里，经过深思熟虑后，他终于改变了初衷，入俄亥俄州立大学农学系。

俄亥俄州立大学优越的学习条件使杨允欣喜若狂，他大部分时间都泡在图书馆里和实验室里，老师们非常喜欢这个来自东方的聪慧勤奋的青年，因此当 1932 年他获得作物遗传育种学博士学位后，他的导师尽力挽留他在美国从事科研和教学工作。但杨允奎婉谢了导师的好意，怀抱为国兴农之志，毅然回到贫穷的祖国。

矢志报国

1933 年，风华正茂的杨允奎任河北省立农学院教授。1935 年返川任四川大学农学院农学系教授。1937 年应四川省建设厅长卢作浮之请，创办四川稻麦试验场，后改称稻麦改进所，翌年，该所改组为四川省农业改进所。1941 年，任四川大学农学院农艺系主任。

先生就是抱着发展农业生产，提高玉米产量的宏图大愿回国的。因此在创办四川稻麦试验场后，他着手的第一件事就是率领科技人员进行大规模的粮食作物地方品种资源普查。于是这位吃过"洋面包"的教授和其他人员一样，跋山涉水，历经数月，吃干粮，住农家，克服重重困难，考察了 52 个县的农村，获得了极为丰富的资料和数据。这为他合理利用地方资源和改良作物品种提供了依据，也为他以后领导四川农业生产创造了条件。当时四川玉米生产技术低下，平均亩产 60 多千克，先生在充分调查研究的基础上，确定了适应四川玉米生产的种植方式和育种方向。

当时杂交玉米已产生了，这是世界上农业生产的一次重大革命。先生是我国杂交玉米育种事业的奠基人之一，早在美国留学期间，他就开始这方面的研究。回国后他在这方面进行了大量的工作，并于 1942 年撰文《杂交优势之各家臆说》，最早向国内介绍玉米杂交优势的研究与进展和学术观点。在川大任教期间，他曾连续在美国《农艺学杂志》发表关于玉米杂交优势利用的研究报告，在国际学术上获得很高评价。

在 20 世纪三四十年代，先生利用他与美国农业部蒙里森教授以及他在美国的同窗好友、后成为美副总统的华莱士的关系，从他们那里得到一些美国优良的玉米品种，用来和四川当地的玉米品种进行杂交，开始培育自交系。到 1945 年，先生及其同事先后培育出 50 多个玉米双交、顶交优良组合，增产幅度都在 10％～25％。玉米的大幅度增产，为当时的抗战提供了有力的粮食支持。先生的卓越成就很为农业界所瞩目。

抗战胜利后，先生更是精神振奋。他善于培育高产、优质、适应性强的玉米综合种，他将 9 个优良自交系混合授粉，育成 6 个综合品种。其中川大 201 稳产耐瘠，亩产 118～190 千克，可供春、夏、秋多季栽培，比当地品种小金黄增产 19.4％，比秋玉米小园粒增产 46.1％，很受农民欢迎。直到 50 年代，川大 201 仍是四川部分地区的玉米当家品种。他从美国杂交种分离出来的优良自交系可－36、D－0039 和金 2 都是玉米育种的宝贵原始材料。

新中国的成立，使先生与其他科学家一样，感到热血沸腾，大展宏图的时机终于到来了！迎来东方初升的太阳，他们张开双臂尽情地拥抱这个崭新的社会，那时最大的愿望就是为建设祖国多作贡献。

　　已经步入中年的先生，更焕发出生命的朝气，他全身心毫无牵挂地投入到钟爱的事业中。

　　先生受到党和政府的重用，1950 年被委任为四川省农业实验所（后改称为四川省农业科学研究所）所长。1954 年起任四川省农业厅厅长，1962 年起兼任四川农学院院长，集四川省农业领域的行政、科研、教育重任于一身。他兢兢业业，任劳任怨，严格要求自己，政治思想上不断进步，于 1956 年光荣加入中国共产党。

　　先生特别注意党的科学技术政策，他以高度的事业心和责任感来对待他的工作。他撰写了许多科技论文，对发展四川农业生产起到重要的决策作用；他积极倡导利用杂交优势，发展玉米生产。在他的主持下，20 世纪 50 年代先后育成玉米杂交种川农 56－1 号、顶交种金可和门可等。1957 年在 10 个县 60 多个点试验中，增产显著，亩产均在 300 千克以上，特别是川农 56－1 号，亩产达到434.2 千克，在四川省平原和丘陵山区推广有较大面积，第一次在四川省开创了利用顶交种生产玉米新局面。60 年代，先生及其助手结合数量遗传学研究，选育了双交 1 号、双交 4 号、双交 7 号、矮双苞、矮三交等，在雅安、温江、乐山等地种植增产显著，为大面积推广玉米杂交种开辟道路。

　　与此同时，先生还从事玉米数量遗传研究。

　　农作物数量遗传学是 20 世纪 20 年代新兴学科，先生是我国最早从事这方面研究的人员之一。早在美国留学期间，先生就十分重视这门新兴学科的发展，40 年代他编著了《遗传原理述要教材》，系统地传授数量遗传学知识；1949 年发表了《应用间接法测算遗传中之交换值》论文；60 年代他出版专著《估算配合力的简易方法》，阐述对杂交优势的简易快速估算法，这个方法一直为后人所沿用。

　　先生十分注重吸收国外先进的理论和方法，并与国内的实际相结合。因此，他的研究总能站在更高的高度。

　　他根据国际上数量遗传研究的进展状况指出，数量遗传学必须同育种相结合才会有更大的发展。他自己率先在玉米育种中加以运用。

　　20世纪五六十年代，先生多次出席国内有关会议，大声呼吁要加强数量遗传学研究，在他的积极倡导下，农作物数量遗传研究正式列入全国科学发展规划。经农业部批准，1962年在四川农学院正式创立我国第一个农作物数量遗传实验室。为了逐步把数量遗传学研究普及应用于各种作物和动物育种中，他在中青年教师和高年级学生中讲授数量遗传学理论和方法，并于1965年招收研究生。同时，他最早以玉米、豌豆为对象，结合育种实践，开展数量遗传学研究，取得了玉米主要经济性状遗传和配合力的第一批数据。

　　当他的事业蒸蒸日上之际，"文化大革命"使他的宏愿化成泡影。他被强加以"反动学术权威""美蒋大特务"等莫须有的罪名，被关进牛棚，失去人身自由，但他仍念念不忘他的事业，年逾花甲的他，白天交待"问题"，晚上在"牛棚"伏案写作。1969年初终因查不出任何证据而被"解放"。刚获得自由的第二天，他即要求恢复玉米科研，并要求到宝兴山区作玉米生产及品种考察推广工作。在宝兴山区调查中，他起早贪黑，跋山涉水，详细考察询问。宝兴县的领导同志为这位老人的忘我精神所感动，专派两名干部挽扶帮助，先生以体弱多病之躯步履蹒跚踏遍宝兴县的山区平坝，察看农业生产的形势，聆听农民种玉米的经验。他发现宝兴山区有一个农家玉米品种"二早子"，各方面性状表现很好，就选它作原始材料配制顶交种，以解决山区玉米的适应性能，第二年经培育的顶交种长势茁壮，可望获取高产。1970年8月，在这个新培育的玉米品种准备鉴定验收之际，先生积劳成疾突发急病住院，在病榻上他一再叮嘱"要好好管理，我病好后去收获考种"。然而壮志未酬，先生没亲眼看到辛勤培育的良种大面积推广就与世长辞了。

　　先生驾鹤西去，留下未竟事业，他的助手在清理他的遗物时竟还发现《玉米自交数量性状遗传研究初步报告》和《数量遗传与育种》两篇遗著，更是感慨万千，为先生身处逆境不气馁、孜孜不倦为科研的顽强精神所感动。先生在《玉米自交系数量性状遗传研究初步报告》中，创造性地提出了双列杂交配合力的简便估算方法，这个方法比国际通常采用的格列芬估算法简便得多，而且实用有效。现在这个简便估算法又编入国内高校作物遗传学教材和《玉米遗传学》中。《数量遗传与育种》是国内最早系统介绍数量遗传学原理和方法的一部专著，也是他呕心沥血从事数量遗传学研究与育种实践相结合的体会。

先生留给后人的岂止是这些著作，更有他一心为农献身事业精神和刚直不阿的品格。

只唯实不唯上

先生一生刚直不阿，人格高尚。他是一位只唯实不唯上正直的科学家。

20 世纪 30 年代初，先生主持稻麦改进所工作时，有次省府下了一道"训令"，先生认为不合实际，便叫人退回去。后来有人告诉他，省府的"训令"带命令性，不能由下级退回，先生听后也一笑置之。

"大跃进"时，先生对当时违背规律的做法很有看法。一次他因公出差，顺路回家，时值深秋，社员穿着棉衣在田里栽晚稻，他立即招呼乡亲："起来歇歇，白露都过了，栽上也没收成。"社员回答说："这是上面布置的，不种不行！"先生立即返回县城，向县里领导说明情况，停止了这一做法。随后给社里调去了一批红苕作种，使很多乡亲度过了灾荒。

他提倡学术民主，不受门户偏见，经常告诫：学术上的问题最好让实践判断正误。先生是从事孟德尔－摩尔根遗传学研究的，50年代初全国掀起对摩尔根遗传学的批判，但先生仍是坚持介绍摩尔根遗传学的科学道理和实践意义。同时也客观地介绍米丘林遗传学原理方法，提出其中尚待实践的地方。他建议学生用批判的阅读来武装头脑，保持独立思考能力。在进行学术讨论时，先生本人也非常看重青年教师和学生的意见，从不因自己是大专家而独断专行。他虚怀若谷，极具大家风度，他撰写的论文总要请一些青年教师提意见。有一次一位刚毕业的年轻助教，在实践过程中发现先生提出的研究方案的环节不符合实际，于是向他提出修改方案的建议，他欣然同意，并鼓励那位助教："你做得对，从事科学研究工作，就是要不唯上、不唯书，要面对实际，善于独立思考。"

先生实事求是、严格按科学规律办事的精神，他严谨的科学态度，在强权面前不违背一名科学家的良知和傲骨，这种高尚的人格为后人树立起一块丰碑，使人们永远都敬仰他。

重视实践　精心育人

先生的严厉是出了名的，始终按严肃的工作态度、严格的工作要求来培养学生，他自己更是身体力行。一次一位年轻的助手在玉米种还未完全干时就脱粒，这很容易影响发芽，先生发现后，当即大发雷霆，他不能容忍有人对工作马马虎虎、粗心大意。但在生活上，先生却非常关心年轻人，有一个助手突然害病，先生听说后非常着急，积极为他寻医问药，后来说某种草药对此有特效，时已深夜，他不辞辛劳手持电筒到田野里去寻找，并亲自把药送到病人家中，一再嘱咐立即服用。

先生治学严谨，注重实践，即便是 60 多岁的人了，并身居高位，但他仍顶烈日、冒酷暑下试验田。在平时的科研工作中，从课题总体设计，到田间布置、播种、管理、收获，直到考种，都要事必躬亲。一次正值玉米杨花时节，他患结膜炎不能亲自到田间套袋授粉。为了保证做好这项工作，他向两位助手详细交代后，不顾病痛，撑着阳伞来到田间，看着助手们工作，直到他感到放心为止。他还说："什么是科学？科学就是一丝不苟，马马虎虎不是科学。"他还说："搞科学就是老老实实做学问，一就是一，二就是二，反复试验。"他特别强调要自己动手。他教生物统计时，常说："统计的结论，不可不信，不可全信。"他强调在作分析试验结果时，要有数据，有分析，更要与实际的观察结合起来。他所谓的"膏药一张，各人熬炼"就是指凡事要自己去做，各人做的方式不一样，得出的结果就不一样。

在教学和科研的关系上，先生坚持教学与科研相结合。当初为推广杂交玉米时，他亲自在学校的多营农场举办培训班，许多人经过培训后成为从事杂交玉米的骨干。为了发展数量遗传学科，先生几乎每隔一周举办一次学术讲座，由他主讲，系统传授这方面知识，提高青年教师的水平。

先生对学生总是循循善诱。他常对初学者说："读书贵在精而不在多，食而不化，则是得不到科学营养的。"他教导那些刚留校当助教的年轻教师，要先读懂一本书——重要经典著作，系统掌握其内容，深刻理解其精髓，然后再广泛阅读，扩大知识面。他曾风趣地说："我们治学方法，就是一个'笨'字。"实际上，这里包含着循序渐进、刻苦钻研、独立思考、实践检验等内容。

先生极为重视学术梯队建设。他认为事业要发展，必须后继有人，因此他在川农有意识地将高之仁、黎中明、李实、丁贻庄、赖仲铭、荣廷昭以及那些刚留校的更年轻的助教组合成一个健全的老中青相结合的学术梯队。先生曾说过："得天下英才而教之，不亦乐乎！"他热爱学生，热爱教育之心可见一斑。

可以告慰先生的是，由数量遗传实验室发展起来的四川农大玉米研究所秉承先生的精神，该所的科研人员兢兢业业，团结协作，尽心尽力为发展先生开创的数量遗传研究和玉米遗传育种事业贡献着自己的力量。迄今，他们已招收培养了 10 名博士、60 余名硕士，建立了分子生物学实验室、组织培养室，充实了数量遗传计算实验室，承担了分子生物学、分子遗传学、基因工程、数量遗传学、高级玉米育种学、高级生物统计学等博士生、硕士生、本科生各层次的十余门课程的教学任务。"九五"期间他们共承担有 20 项科研项目，培育的品种有 15 个通过省级以上审定，其中 3 个通过国家审定，共推广 4000 余万亩，取得 20 余亿元的社会经济效益。近年来他们还获得国家技术发明二等奖 1 项，四川省科技进步特等奖 1 项，省部级一、二、三等奖 7 项。目前该所不仅有年愈六旬的国家杰出高级专家，也有 40 多岁的四川省有突出贡献的中青年专家，还有 30 多岁的国家有突出贡献的中青年专家，以及更年轻的博士、硕士。他们心系"三农"努力拼搏，为把四川农大玉米研究所建成我国西南地区玉米遗传育种和数量遗传科学研究与教学的中心而奋斗。[①]

杨凤，男，1921 年 10 月出生，云南丽江人，纳西族，中共党员，中国民主同盟盟员，1979 年 7 月—1982 年 7 月任四川农学院副院长，1982 年 7 月—1985 年 6 月任四川农学院院长，1985 年 6 月—1986 年 12 月任四川农业大学校长，1986 年 12 月至今任四川农业大学名誉校长，教授，博士生导师，国家杰出高级专家，著名动物营养与饲料科学专家，第六、七、八届全国人大代表主席团成员。

杨 凤

1951 年归国后，一直从事动物营养的人才培养和科学研究工作。先后主持了省级重大课题 5 项，并在 6 项国家和部级课题中做出了重要贡献。首先提出在我国用消化能作为能值评定体系，主持制定了"四川猪的营养需要"，并参加主持制定了全国猪的饲养标准。获国家科技进步二等奖 1 项，省部级科技进步一等奖 4 项，二等奖 3 项，三、四等奖 3 项，1994 年被评为四川省有重大贡献科技工作者。

在人才培养方面成绩显著。共招收培养博士生 31 人、硕士生

---

① 四川省老年科技工作者协会、四川农业大学编：《科教兴国的先驱——杨允奎教授诞辰百年纪念文集》。

47 人。该学科点在 1987 年农牧渔业部教育司会同国务院学位委员办公室组织的"全国动物营养学专业硕士研究生教育和学位授予质量检查评估"中，获总分第一，次年在全国畜牧学科类各专业博士点进行评审时，也获总分第一，1989 年、2002 年被国家教委评为农学重点学科点。研究生教育 1989 年获四川省优秀教学成果一等奖、国家级教学成果优秀奖。先后发表论文 70 余篇。主编的全国统编教材《动物营养学》，1996 年获农业部优秀教材一等奖，1997 年获国家级优秀教学成果二等奖，被列为面向 21 世纪课程教材，2003 年获首届省级、国家级精品课程。

2015 年 12 月 29 日，杨凤在四川大学华西医院逝世，享年 96 岁。

[链接材料]

我国动物营养学科的拓荒者
——记四川农业大学名誉校长杨凤教授①

江英飒　郑汝成　刘骞

"杨柳春晖桃李曲，凤凰玉树杏坛风。"这是一幅祝贺四川农业大学动物营养研究所建所十周年的贺联。贺联巧妙地嵌入了该所创始人、老所长杨凤教授的姓名，表达了人们对这位终身献身科研、传道授业的著名动物营养学家的崇敬之情。

为国立志

1945 年，24 岁的杨凤尚未从昆明西南联大毕业，便考取了公派留美的资格。杨凤在西南联大读的是化学系，报考公费留学考的是化工，可临走时，有人动员他说："中国很穷，很缺乏农业人才，希望有人学农业。"杨凤于是决定改学畜牧。

云南丽江，盛产好马。出生于云南丽江的纳西族小伙子杨凤自小

---

① 《四川日报》1997 年 7 月 30 日第 1—3 版。

便对马很感兴趣。在美国依阿华州立大学读本科时，杨凤遇上了一位对羊、马有很深造诣的教授。报考硕士研究生时，喜欢马的杨凤很想成为这位教授的学生。但教授说，你们中国猪最多，你应该去学养猪。杨凤听从教授的劝告，拜在了一位著名的养猪教授的门下。

1951年，杨凤即将获得动物营养学博士学位的时候，周恩来总理欢迎海外留学生回国参加社会主义建设的讲话传到美国，在美国的中国留学生中激起了极大的反响。这时，先期回国的华罗庚教授在美国《华侨日报》上发表了著名的《归去来兮》。这些都深深打动并影响了杨凤。

杨凤向校方提出了回国的要求。导师怎么也不理解他为什么要放弃即将到手的美好前程，回到那又穷又落后的祖国。面对导师的苦苦相劝，杨凤丝毫不为所动。最终，他冲破层层阻挠，于1951年回到了新生的人民共和国。

矢志报国

回国之初，杨凤了解到农民养一头猪要花几年的时间，不禁感触万分："中国的养猪业太落后了！"从此他将他的目光牢牢盯在了养猪上，这一盯就是近半个世纪。

最初，杨凤受聘于北京农业大学，后应主持西南地区文化教育工作的楚图南先生之邀，到西南农学院畜牧系任系主任。没多久他又转到川大农学院，1956年，川农在雅安独立建院，他便一同来到偏僻的雅安，工作至今。

在以后的几十年里，他呕心沥血、含辛茹苦。为了作调查、搞研究，他到过一百多个县、乡。他常常背起被盖到猪场蹲点，条件再差，也毫不在意。

正当他大展宏图的时候，"反右"开始了，不久又是"文化大革命"，杨凤受到了极不公正的待遇，但他从不抱怨。在下放农村期间，他喂猪、扫圈、挑粪、种地，样样干得出色，也没有放弃养猪研究。在当时提倡养猪以青粗饲料为主、精细饲料为辅的大气候

190

下，杨凤凭着一个科学家的良知，冒着政治风险，指出养猪应讲科学，应走配合饲料的道路。他的这一说法，在当时受到严厉的批判。无奈，他只好对如何利用纤维酶提高粗饲料的营养价值进行研究。他参照美国的做法，率先在国内提出用消化能来替代的观点，这使我国有了更科学的能值评定体系，对我国猪的饲养研究具有重大影响。

1978 年，科学的春天到来了！杨凤进入了他科研的黄金时期。

四川省是我国养猪最多的省份，约占全国 1/6，仅次于苏联和美国。但长期以来，由于缺乏适合四川省生产条件的饲养标准，致使养猪生产水平很低，饲料浪费很大，出栏率低，经济效益差。为了解决这一生产上和理论上的问题，杨凤于 1979 年开始主持了四川猪的饲养标准的研究，其成果获得四川省重大科技成果一等奖。这一研究在学术上突破了国际猪营养需要标准的常规模式，突出反映了国际猪营养研究的新进展，是我国科技起点水平高的猪营养需要标准之一。其中，他提出的后备种猪的营养需要标准，在国际上属首创。在研究中，杨凤很善于把国外先进的科学技术与中国的实际紧密结合起来，特别注重从国内和省内的实际出发。在四川猪饲养标准的研制中，他将生长猪按其生产性能的高低分为 6 个等级，以分别适用于高、中、低三种饲养条件。这样，条件差的边远山区也能应用科学的饲养方法，不同的猪种也可按其生产性能高低选用相应的标准。这一标准对四川养猪生产水平的大幅度提高和配合饲料工业的迅速发展起了巨大的推动作用，年均新增社会纯收入3100 多万元。

此后，杨凤还主持了南方猪的饲养标准的研究与制定，参加了中国猪饲养标准制定的协作攻关，主持了四川和我国南方各省猪的饲料营养价值评定。针对四川土壤及饲料中缺硒、锌地理分布广，危害人畜健康和影响生产这一问题，他还主持了四川畜禽对硒和锌的需要量及其缺乏症的防治研究，揭示了畜禽体内硒、锌状况的定量关系和变化规律，提出了早期预测缺乏硒、锌的科学方法。如今，四川的饲料利用率从大于 5∶1 减少到 3.5∶1，养猪的数量由 5000 多万头增长到约 8000 万头，年出栏率由 50% 增长到 100%，杨凤在其间起了举足轻重的作用。

在研究中，杨凤非常注重选择那些能推动生产发展的项目。他进行的"瘦肉型配套系猪选育及饲养"研究，是四川省"九五"重点攻关课题。他的思路是通过提高产仔率、减少种猪来提高经济效益。他将产仔数很高的太湖猪，拿来与长得快的杜洛克猪、长白猪、大白猪杂交，使农民最终做到高产、高收入。

精心育人

40 多年来，杨凤教授不仅从事研究工作，同时还从事教学工作。1978 年以来培养了近百名硕士生和博士生。他培养的研究生不仅数量多，而且质量在国内领先，与国际水平相当。先生的严厉是出名的。一次一位博士做实验时，没严格按要求做，他就当众把这位博士狠狠地批评了一通，直到这位小伙子流下了眼泪。

先生一生酷爱读书，一本好书在手，便手不释卷。他对学生们的规定是 1/3 时间读书、1/3 时间做实验、1/3 时间作总结。营养所的研究生们只感到学习生活的紧张，而对那种轻轻松松就可拿文凭的事感到不可思议。

搞他们这行的，要挣钱的机会很多。有很多饲料公司的老板找到先生，许以丰厚待遇，但先生视之如草芥。他想的是如何把我国的养猪事业搞上去，而不是自己挣钱。他多次提醒所里的老师，要多做学问，而不要"见钱眼开"。而对研究生的管理则更严格了。

先生严谨治学的工作态度和矢志报国的高尚情怀，已成了所里的宝贵精神财富。研究生们深感跟随先生，不仅学会了如何做学问，更重要的是学会了如何做人。

在他的严格要求和全所老师们的共同努力下，四川农大动物营养研究所在 1987 年全国动物营养专业硕士研究生教育和学位授予质量评估中获总分第一，次年又在本学科博士点评估中名列第一，并于 1990 年被批准为本专业唯一的国家重点学科点。先生本人也获国家科技进步二等奖一项，省部级一等奖四项、二等奖三项。由于他的突出贡献，1994 年四川省政府授予他科技重奖。

第五章　1985—1999年：
跻身国家首批"211工程"
建设之列的川农大

关键词："211工程"　国家技术发明一等奖　留学归国奇迹

当时间的车轮驶入1985年，这一年，四川农学院正式更名为四川农业大学，开启了学校的新篇章。在此后15年的时光里，学校锐意进取，开拓创新，特别是在走进20世纪90年代后，随着我国改革开放和现代化建设以及高等教育事业的发展，新时期的四川农业大学更是狠抓机遇，与时俱进，立足四川，面向西南，以生物科技为特色，农业科技为优势，多学科协调发展，争创一流，由稳步前进过渡到全面迅速发展。就在这15年间，学校取得了两个国家技术发明一等奖，迎来了时任中共中央总书记江泽民同志的两次亲切关怀还创造了留学回归率超过85％的奇迹。最为重要的是，正是在这15年间，学校作为四川省唯一省属高校，进入了国家"211工程"重点建设高校行列，最终实现了由一所省属普通农业院校成为国家重点建设高校的华丽转身。

从1985年到1999年的近15年间，学校的变化发展可以划分为两个时期：1985—1992年属于夯实办学基础，全面推进改革时期；1993—1999年则为抓住机遇，趁势而上，进入国家"211工程"建设时期。

第一节　夯实办学基础，
全面推进改革（1985—1992）

20 世纪 80 年代初，针对改革开放和社会主义建设事业发展的需要，学校在"七五"规划中明确了"积极挖掘潜力，发挥农、林、牧等专业科研的优势，为四化建设培养更多、更好的农业科技人才"的奋斗方向，以及到 1990 年基本达到把学校建设成"农、林、牧主要学科比较齐全，农文结合，教学、科研、推广结合较好的综合性农业大学"的奋斗目标。在这期间，学校改善办学条件，改革教学管理体制，使办学水平位列省属高校前茅。同时，经历了更改校名、江泽民总书记视察学校小麦研究所等重大事件，这一切都极大地鼓舞了广大师生员工加快学校建设、促进学校发展的决心与信心。

一、四川农学院更名为四川农业大学

20 世纪 50 年代，教育部根据苏联的大学模式，提出全国高等学校院系调整原则和计划，明确了主要发展工业学院，尤其是单科性专门学院的建设重心；同时进行了院系调整，大学行政组织取消院一级，以系为教学行政单位，调整出工、农、医、师范、政法、财经等科，或新建专门学院，或合并到已有的同类学院中，构造了新中国成立之后高等教育的模式和品质，对教育和社会发展的影响十分深远，而这一模式也成为 80 年代以来中国教育改革的重要对象。

我国教育在经历了 70 年代末的恢复重建后，在 80 年代迎来了教育改革的全面开展。与此同时，随着时代的进步和中国高等教育改革的推进，从方便对外交流的角度考虑，学校经过慎重考虑，提出更改校名的申请。当时国家对高校更名有严格规定，在学科设置、教学质量、办学规模、师资力量等方面都有着明确要求，而经过多年的积淀与发展的四川农学院，在此时已经完全具备了这些条件，符合更改校名的规定。最终，经四川省人民政府川函〔1985〕216号文批准，四川农学院从1985年6月28日起改名为四川农业大学，1985年9月25日正式启用"四川农业大学"印章，原"四川农学院"印章同时作废。

此次改名成为我校前进脚步中甚为关键的一步，对此后学校的科学研究、引进师资，以及对外交流等诸多方面产生了全方位的积极影响。也正是在那一年的9月，时任中共中央总书记的胡耀邦同志，沿着当年红军走过的雪山草地，对川西北部高原和陇南地区进行视察，在途经雅安时他稍作停留并出席了雅安地委举行的接待会，我校党委书记王绍虞应邀参加了会议，并适机向耀邦同志提出了为我校题写新校名的请求，耀邦同志欣然同意。

胡耀邦同志亲笔题写的"四川农业大学"

二、江泽民来校视察

1991年4月19日，对于我校师生特别是小麦研究所的工作人员来说，是不平凡的一天，在这一天的下午5时，中共中央总书记江泽民同志、书记处书记温家宝同志和农业部副部长陈跃邦同志等，在四川省省长张皓若、副省长谢世杰等陪同下，视察了学校小麦研究所。江泽民同志一走出乘坐的面包车，就向著名小麦专家、小麦所所长颜济教授等大声问好。校党委书记唐朝纪、校长孙晓辉，代表全校师生员工向总书记问好。在试验圃、实验室和大田试验地中，江泽民同志一边听颜教授汇报，一边不断提问。谙熟工程技术的江泽民同志，时而用工业研究的例子进行比较，时而用纯熟的英语与颜教授讨论一些专业术语，他还饶有兴趣地和颜教授一起数着多小穗材料的小穗数目，在数到一个材料高达37个小穗时，总书记高兴地大笑起来！

江泽民同志十分重视科学技术对农业发展的重要作用，指出有了科技，农业挖潜力的路子就宽了。他详细向颜济了解四川省小麦育种研究的历史、现状和四川麦区小麦品种的发展演化过程。当颜教授汇报"我们自己选育的品种繁六出来后，结束了我省长期依赖国外引进品种的历史，把意大利品种完全取代了"的时候，江泽民同志高兴地说："好！好！"

在参观实验室时，江泽民亲切地和研究人员一一握手，并对这里的年轻人说："你们在颜教授这里，条件不错。"鼓励大家虚心向老一辈科学家学习，好好干。当得知颜教授正从事的小麦赤霉病抗性基因的筛选鉴定工作所需的诱发圃尚未建起来时，江泽民同志详细地询问了条件要求、投资大小和具体方案后，对张皓若等同志说："这是一本万利的事啊，钱花了值得，我们要支持啊！"颜济教授向江泽民同志汇报说："我国目前只重视品种选育，忽视种质资源基础研究和新材料创制，因而后劲不足"，并提出"加强育种前和育种后研究"的建议时，江泽民同志对此十分重视，请颜教授介绍了国内外的研究现状，详细询问了育种研究及新材料研究中所需的条件与工具，并用工程技术的例子阐述基础研究的重要意义。江泽民同志说："科学技术是生产力，科研政策很重要。"还对颜济教授讲："与君一席话，顿开茅塞！"

下午5时40分，总书记一行结束了考察。江泽民同志紧握颜济教授的双手说："祝你今后取得更大成绩。"汽车启动了，总书记还挥动双手向大家亲切致意。

1991年4月19日，时任中共中央总书记、国家主席江泽民视察小麦研究所

[链接材料]

江总书记视察四川农业大学小麦研究所

1991年4月19日，中共中央总书记江泽民同志、书记处书记温家宝同志和农业部副部长陈跃邦同志等，在四川省省长张皓若、副省长谢世杰等陪同下，视察了四川农业大学小麦研究所。四川农业大学小麦研究所所长颜济教授向总书记作了汇报，四川省、都江堰市和四川农业大学的负责同志在场。

下午5时零5分，总书记一行来到小麦所。总书记首先与迎候在大门的颜济教授及四川农业大学负责同志亲切握手，并向大家问好。

总书记一边握着颜教授的手，一边走着问：颜教授，你是哪里人哪？

颜教授回答：我是成都人。

总书记：你就是成都当地人？

颜教授：我就是成都土生土长的人。

总书记说：好哇，那你对四川的民情一定很了解啦！

总书记一行没有休息，就直接到了试验圃、实验室和大田试验地，一边看一边听颜教授汇报介绍，并不时向颜教授提问。颜教授首先向总书记汇报了四川省小麦生产的发展历史、品种演变和小麦所的研究概况，当颜教授汇报到"四川过去的品种主要是依赖国外的品种"时，总书记问：是哪些国家的品种？

颜教授答：主要是意大利品种。

总书记：意大利品种是哪一年引进来的？

颜教授：是新中国成立前金善宝先生引进来的。因为意大利品种比四川地方品种好。我们选育的雅安早、大头黄等品种出来后，才与意大利品种阿波平分秋色，繁六出来后就把意大利品种完全替代了。

总书记：哦，完全替代了。

颜教授：完全替代了，从产量潜力上看，原来的地方品种大概是每亩 100 公斤左右，意大利品种 200 公斤左右，雅安早等 300 公斤左右，繁六达到 400 公斤，繁六作为种质资源材料，又派生了二十几个品种，现在四川几乎都是这些品种。繁六的生育期缩短了半个月，播期由霜降推迟到立冬，这也是繁六获国家发明一等奖的重要原因。

总书记：哦，缩短了生育期。

颜教授：由于播期推迟了，这时高山已经积雪，就可以减少条锈病的年前侵入量，截断它的侵染循环。

总书记：使条锈病的病菌侵入量减了！

颜教授：是。由于缩短了生育期，还可以种一期绿肥，所以推动了耕作制度的改革。

总书记和颜济教授来到了种质资源材料圃。总书记问颜教授：小麦锈病的锈是否是"rust"？

颜教授:也是 rust(锈)。

总书记:跟工业上的 rust 一样的吗?也是 resistance rust(抗锈)?

颜教授:一样的。我们现在的工作主要是研究小麦再上一个台阶的品种,而目前生产上条锈病是主要病害,我们收集和研制了很多条锈病的抗原材料。另外,赤霉病在栽培小麦中没有抗原,我们估计在小麦野生资源鹅观草中含有抗赤霉病的基因,因为它分布在赤霉病的流行区,根据我们的研究调查,这些材料的确含抗赤霉病的基因。我们在兴文县找到了一份材料,完全免疫。

总书记:对赤霉病免疫?

颜教授:对赤霉病免疫,用悬浮液接种在它的花上都长不起来。还得到很多高抗的材料。

谢世杰副省长问:你搞了几年了?

颜教授:这个材料我们搞了十多年。抗性工作,从接种起搞了三年的时间。我们把它与小麦杂交,杂交成功了。(颜教授向总书记示意一个材料)这就是与小麦杂交的后代。

陈跃邦副部长:是鹅观草与小麦的杂交后代。

颜教授:对。这就走出了第一步。与大麦杂交已得到了两代,收了种子目前又种了一代。

总书记与颜教授来到大麦材料杂交后代的盆栽地点,饶有兴趣地仔细观察。

颜教授继续汇报道:在提高产量方面,构成因素是三方面:一是穗数,二是穗上的粒数,三是穗重即千粒重。这三方面,我们目前都有很大进展。四川麦区的穗数一般是二十三四万到二十五六万。

总书记问:一亩地?

颜教授:一亩地。现在我们有几个材料,亩穗数在 30 万穗以上。穗粒数,过去的小麦一般只有 18 至 25 个小穗,我们现在把黑麦的遗传性用染色体工程的方法转到小麦中来,达到 26 至 35 个小穗。原来一穗的粒数是40粒左右，现在我们提高到80粒左右。千粒重量原来是30多克，后来我们研制了一个材料705858，达到40克，用它选育成的绵阳11号，烘烤品质完全可以与进口的小麦比美，所以四川不能生产优质小麦的说法就成了过去了。另外，千粒重也达到50克以上，我们地里种的材料都是50至60克。

总书记高兴地说：好！颜教授，种质资源的研究，在国外对这个问题是怎么看的？

颜教授：国外研究得很深，主要力量都是在抓种质资源，他们叫做育种前研究，花了很大的力气在搞。所有高层次的研究机构都在搞这个问题，而种子公司搞品种。有了材料，品种当然也就出来了。

总书记：好。育种前研究是基础啊。

江总书记看完了种子资源材料圃，又兴致勃勃地来到了实验室。总书记来到同工酶分析室，说：我们进去看看。总书记饶有兴趣地观察着同工酶分析结果的胶版，问颜教授：这主要研究什么？

颜教授说：从这个分析结果上，我们可以看到蛋白质酶情况，反映不同材料在分子遗传水平上的差异。

总书记看了实验室的工作情况后，高兴地说好哇，条件不错嘛！总书记亲切地与实验室的研究人员握手，问他们"什么学校毕业的"，总书记对实验室的年轻人说：你们在教授这里，条件不错，很好嘛！

总书记在走向大田试验地的途中，兴致很高地听颜教授介绍了几种耐湿性、耐旱性小麦种质资源材料，看了他们的生长情况，并对颜教授在西藏首次发现的野生荞麦材料很感兴趣。总书记边走边看，一边向研究所的同志们挥手致意。总书记问颜教授：你多大年纪了？

颜教授：我今年67岁，是1924年生的。

总书记：我是1925年生，比你小一岁。你的身体看起来很好啊！

在大田试验地，当颜教授向总书记介绍多小穗材料时，总书记一边听，一边亲自数着麦穗的小穗数。颜教授说，现在栽培的小麦只有二十几个小穗。（总书记和颜教授数着小穗）我们把它与黑麦杂交，把多小穗基因转移过来了，得到了这一个多小穗材料。总书记和颜教授仔细地数着新材料的小穗，当数到这个新材料有 37 个小穗时，总书记高兴地大笑起来。

颜教授：由于它的热期很晚，不能用于生产，我们搞了十多年。这几年经改良，已得到热期与生产品种相当的材料，进一步再把抗性、千粒重、成穗率提上去，产量就上去了。目前它还是材料。新材料如果出不来，新品种也就出不来，所以，研制新材料一般都要花一二十年时间。

总书记：材料，嗯，新材料就是 new material 吗？农业上也叫它 new material 吗？

颜教授：我们也可以叫它 new material（新材料）。

总书记：颜教授，我对农业不懂，这在工程上讲，是不是可以比方说，你们先搞比较小的试验工作，experiment，完了以后再大，这个我们叫它中间试验，然后再出产品，是不是？

颜教授：对，一样的。

颜教授又向总书记介绍：这是基因定位研究材料。

总书记：基因定位？

颜教授：就是确定基因在哪条染色体上，确定后，我们才能把它转移过来。我们有一个工具材料，有四对高亲和基因，与黑麦杂交可以百分之百结实，过去世界上用的工具材料"中国春"只有80％的结实率，欧洲的材料完全不结实。我们已确定我们发现的kr 新基因在 TA 染色体上。有这个工具，我们就可以把远缘的杂草的基因转移到小麦中来。我们现在发现多小穗至少有三个基因支配，其中一个叫 bh 基因，在哪一个染危体上还正在研究。

总书记：好。颜教授，你介绍的染色体工程研究，你的这个研究工具，是用显微镜吗？

颜教授：是用显微镜。

总书记：倍数要很高吗？

颜教授：不一定要很高。

总书记：也不一定非得要电子显微镜吧？

颜教授：不一定要。一千多倍就可以看到了。

总书记：就可以看到了？

颜教授：可以看到。我们的实验室，根据美国专家参观后认为，实验室的配置在国内算好的。

总书记，好好好！

颜教授：还有管理。总书记：management（管理）！很好！

总书记指着一处倒伏的材料问：它倒伏的原因是什么呢？

颜教授：因为它秆高了。

总书记：高了？

颜教授：矮秆才抗倒，这个材料没经改良过。

总书记：就容易倒伏。

总书记来到品种比较试验地。当他得知四川各个单位的育种材料都有时，高兴地说：哦，都种起来看看、做比较。

颜教授向总书记汇报抗病品种的选育情况：我们每隔20行都种上一行最容易感病的材料，把病菌接种在上面，让它感病，在这种条件下能抗病的品种，在生产上栽种就能抗病。今年全省条锈病普遍发生，过去繁六的抗原已经不行了，因为新小种出来了。

总书记说：就要不断地要有新的抗原。

颜教授：一样！赤霉病也是一样，需要一个人工接种的条件来感染，再筛选。就是要有一个高温高湿的发病条件。但这个条件还没解决。

总书记：哦？高温高湿，研究的时候就是要有这么一种infection environment（发病环境）是不是？就是有一个小环境条件？

颜教授：Yes！我们希望盖这样一个小棚，有喷雾装置的。

总书记：来增加温度和湿度？

颜教授：是，这样才能筛选。

总书记：把这个温度、湿度提高，达到一个 high temperature and high relative humidity（高温和高的相对湿度），是不是？

颜教授：Yes！我们希望建这样一个东西，谢省长很支持，要我们搞起来，但现在计划还没有批下来。

总书记：我这么想，比如像刚才颜教授这种谋意，这么一个小房子，恐怕投资不会是太大吧？

四川农大校长孙晓辉：50万元。

总书记：现在，我遵守一个信条，总书记不能批示什么东西，但是今天有权力的人在这儿，现在你们省长在这儿，皓若，这个50万块钱你给他弄起来以后，将来不得了啊，一本万利！皓若，我不拿钱哪！这50万花了值得啊，我们要支持嘛！

张皓若省长：应该！应该！

谢副省长：对，研究下，研究落实下，只是看上什么项目。

总书记很高兴地指着汇报材料问颜教授：你刚才对我讲的这上面都有吧？

颜教授：都有。

总书记：对我来讲这是一种启蒙的、基本的。颜教授呀，我们正在酝酿我们的科研政策，科学技术是生产力，科研政策很重要。具体的我们的书记处书记、中央办公厅主任温家宝同志正在研究这个问题。

颜教授：总书记，我有一个建议，就是关于新材料的研制，也就是育种前的研究，国外花了很大气力在搞。另外，国外的育种后研究，我们也没有搞。比如说，制面粉，国外是用许多品种配合，不同种类、不同品质配合。而我们呢，一萝面就是一个品种，国外有人专门研究这个问题。

总书记：育种前的研究，这就相当于我们工业上的 fundamental research（基础研究），育种后的呢，就是指加工，产品开发……即工艺流程，对吧？

　　颜教授：对！这两方面都缺乏，包括我们农科院也只搞了品种，所以后劲上不去。

　　总书记：好哇！颜教授，听君一席话，顿开茅塞！颜教授，祝你以后取得更大成绩！

　　下午五时四十分，总书记一行与大家一一握手。汽车启动了，总书记还挥动双手向大家亲切示意。

　　　　　　　（根据录音和回忆整理，周跃东执笔，颜济教授审阅）

（三）办学水平位列省属高校前茅

　　随着高等教育改革的推进，四川农业大学的办学条件也得到很大改善。回想1985年以前，学校的办学经费主要来源于省财政拨款，经费来源渠道单一，教学与实验设备简陋，办学条件非常艰苦，但这样的情况自1986年以后便有了一定改善。那年的7月1日，我国同世界银行正式签署贷款协定并开始执行世界银行贷款地方大学项目，用于优先扶持一批地方重点综合性大学和师范院校，四川农业大学幸运地获得了该项目支持。正是利用该项目贷款，学校极大地改善了教学、科研条件，及时更新、充实教学研究仪器，在175万美元的贷款中用于更新仪器设备的经费达到150多万美元。截至1990年底，学校共有教学科研仪器设备6981台（件）（200元以上），累计总值1080万元，而在1985年学校的教学科研仪器设备总值仅为668万元。同时多渠道筹措资金，建成3栋教学楼、3栋学生宿舍、6栋教职工宿舍，新建了学生食堂、图书馆和校医院，并于1987年成立了校实验中心，配备有一批当时较先进的设备仪器。1987年在全校范围内安装了闭路电视系统，1993年成立电化教学室，办学条件得到进一步改善。

　　长期以来，四川农业大学高度重视本科教育教学改革，教育研究不断取得进展。学校以作为四川省属重点建设院校为起点，在"七五"规划中确立了"要积极挖掘潜力，发挥农、林、牧等专业和科研的优势，为四化建设培养更多、更好的农业科技人才"的奋斗方向，学校各项事业向前推进。1992 年邓小平同志发表了重要的南方讲话，党的十四大做出建立社会主义市场经济体制的决定，社会对人才的需求趋于多元化。学校以转变观念为先导，以适应社会主义市场经济为出发点，十分重视教学内容和课程体系改革，尤其是覆盖面广的公共课、专业基础课和专业骨干课程建设。1992年以来学校先后申报获准 16 门省级重点建设课程。1993 年党的十四届三中全会后，农村社会和经济结构发生了巨大变化。当时"按专业招生、按专业培养、按计划分配"的人才培养模式和与之相应的校、系、教研室教学管理体制已不能适应社会经济发展对人才培养的要求。1993 年启动"建立新型教学管理体制，强化农科教结合，探索农林本科人才培养模式"研究；同年，合并专业，"撤系建院"，建立新型的校、院、系教学管理体制。"八五"期间，学校进一步明确了奋斗方向，计划到"八五"末（1995 年）在校学生人数达 3700 人。

1985 年至 1995 年间，学校办学层次日趋齐全，学生规模不断增长。随着我国从计划经济向市场经济体制转变，学校为主动适应经济发展对人才的需求，不断调整专业设置，深化专业改革。1985年学校有 12 个本科专业，专业较少且多为传统的农林类专业。1986 年作物遗传育种专业被批准为博士学位授权专业，增设动物营养与饲料加工专业。1990 年开始举办三年制函授成人专科高等学历教育，职业技术师范学院开始招收职教本科生。1991 年 6 月17 日经四川省人民政府批准成立了副校级建制的职业技术师范学院，高等职业教育得到了迅速发展。1991 年设立作物学博士后流动站。1992 年又有 2 个专业被评为省级重点学科。1993 年招收成人函授本科生，办学规模持续扩大。

学校要发展，必须加强对外合作与交流。1985 年，学校成立外事办公室，开始聘请国外长期文教专家从事教学工作，并积极探索与国际一流大学合作办学的路子。与美国十佳综合性大学之一的美国密西根州立大学建立了校际合作关系。1985 年以来，学校在原有工作的基础上，构建了国际合作网络，引进国外智力，与国外 20 多个院校及研究机构签订合作协议，聘请专家来校讲学及合作科研，缩小教学科研与世界领先水平的差距，加快向科技前沿领域迈进的步伐。

通过不断深化教育教学改革，学校圆满完成"七五"和"八五"计划，办学水平位列省属高校的前茅，基本达到把学校建成"农、林、牧主要学科比较齐全，农文结合，教学、科研、推广结合较好的综合性农业大学"的目标，为日后进入"211 工程"建设奠定了坚实的基础。1989 年第一届优秀教学成果评选中，学校获省级一等奖 2 项，省级二等奖 3 项，连续两次在省属高校办学水平监测评估中名列第一。教学研究方面在 1989 年第一届和 1993 年第二届教学成果评审中，获国家级教学成果优秀奖 1 项（未分等级），省级教学成果一等奖 4 项、二等奖 6 项。由学校畜牧系编写的中级畜牧科技人员培训教材《畜牧学》及兽医系编写的中级兽医人员培训教材《兽医学讲座》分别获得 1986 年四川省农牧厅技术改进三等奖。邱祥聘教授主编的高校《家禽学》教材 1988 年被评为国家优秀教材。

（四）2 项国家技术发明一等奖彰显科研实力

自 1985 年以来，学校科研项目和经费逐年增加。1985 年科研总经费仅为 105.3 万元，"七五"科研总经费为 989.8 万元，"八五"科研经费增至 2114.7 万元，为"七五"的 2.13 倍。"九五"科研经费达 7250.6 万元，为"八五"的 3.43 倍，其中国家级项目经费 1738.14 万元，占总经费 25％。

随着学校科技工作的不断发展，原有的一些研究室经上级批准，直接升格为研究所。进入 20 世纪 90 年代，为支撑各项研究工作的开展和科技人才的培养，以强化资源共享为核心，本着"竞争、流动、开放"以及"基础与应用研究相结合"的原则，依托优势学科，通过调整、整合、培育和组建等方式，建立建设了一批研究型实验室和研究中心,为支撑科技工作发展起到了重要作用,并在科研机制与基地的规模、基础设施与仪器设备建设、人才培养、科研成果等方面取得了可喜的成绩。1986 年在原畜牧系家禽饲料教研室和动物营养及饲养研究室的基础上成立动物营养研究所,杨凤任所长。1988 年水稻研究室扩建为水稻研究所,周开达任所长。自此,水稻研究所、动物营养研究所与 1983 年成立的小麦研究所,这三个对我校有着举足轻重作用的研究所,在周开达、杨凤和颜济三位所长的带领下,特色明显,优势突出,均取得了显著成绩。

1988 年,水稻研究所所长周开达教授主持的"籼亚种内品种间杂交培育雄性不育系及冈·D 型杂交稻"荣获国家技术发明一等奖。周开达 1956 年进入四川农学院学习,1965 年正式调入水稻室后,他如鱼得水,全身心投入到这一事业中。1969 年,周开达在他从事的常规育种工作中,发现了数份高不育的杂交后代,按常规要求应予淘汰,而他却灵机一动,把"不育"这一不利性状看成了使水稻易于杂交的有利因素,敢想敢干的周开达在老师李实的指导下,决定采用籼亚种内品种间杂交技术。自此,他闯入了籼亚种内品种间杂交培育雄性不育系研究的国际禁区。这是一次真正的冒险。国内水稻界对此也有人持怀疑和否定态度,一些颇有声望的专家指出:"走籼亚种内品种间杂交的道路,只有失败的先例,没有成功的先例。"面对当时已有的一些材料,周开达很坦然地说:"我们就是要把手中的东西搞清楚,即使 10 年都搞不出成果,也要把教训留给别人。"周开达仔细分析了菲律宾国际水稻所失败的原因,找到了正确的路子。终于,由籼亚种内品种间杂交育成的首批不育系"冈朝阳 1 号 A、冈二九矮 7 号 A"在 1974 年培育成功,并很快育成了"冈朝 23、24、冈矮 1 号"等强优势组合;随后,又以同样的方法育成了"D 优 63、D 优 10 号"等 D 型强优组合。这正是在 1988 年荣获国家技术发明一等奖的那项成果,在水稻科研中终于成功地跨越了第一步。截至 1994 年 5 月,种植面积累计已推广 1.35 亿亩,增产稻谷 101.25 亿公斤,增加经济效益达 81 亿元。

1986 年四川农业大学动物营养研究所成立

　　1989 年，在所长杨凤的带领下，动物营养与饲料科学被批准为本专业唯一的国家重点学科。1951 年，杨凤冲破层层阻挠回到了新生的中华人民共和国。回国之初，为了做调查、搞研究，他到过 100 多个县、乡。他发现我国饲料的能值评定体系不大准确，于是参照美国的做法率先在国内提出用消化能来替代的观点，这使我国有了更科学的评定体系，对我国猪的饲养研究有重大影响。杨凤于 1979 年开始主持四川猪的饲养标准的研究，其成果获得四川省重大科技成果一等奖，其中他提出的后备种猪营养需要标准在国际上尚属首创。以后，他主持了南方猪的饲养标准的研究与制定，参加了中国猪饲养标准制定的协作攻关。同时主持了四川和我国南方各省猪的饲料营养价值评定。多年来，杨凤共获得国家科技进步二等奖一项，省部级一等奖四项、二等奖三项。由于他的突出贡献，1994 年四川省政府授予他科技重奖。与此同时，40 多年来，杨凤教授不仅从事研究工作，同时坚持从事教学工作。他培养的动物营养方面的研究生不仅数量多，而且质量在国内领先，与国际水平相当。在他的严格要求和全所老师们的共同努力下，动物营养研究所在 1987 年全国动物营养专业硕士研究生教育和学位授予质量评估中获总分第一，次年又在本学科博士点评估中名列第一。

1990 年，小麦研究所所长颜济教授主持研究的"小麦、高产、抗锈的优良种质资源'繁 6'及其姊妹系"荣获国家技术发明一等奖。早在 70 年代，他将美国哈兰教授在 40 年代提出的聚敛杂交法加以改进，用 10 年时间成功地选育出集 7 个亲本优良性状于一身的"繁 6"及其姊妹系，它们具有抵抗从条中 17 到条中 29 的 13 个条锈菌生理小种、20 个生理型的抗性基因，20 年保持抗性不衰，成为世界上少有的一个能长期抗锈、大面积栽培的品种。其他育种家用"繁 6"作亲本选育出以绵阳 11 为代表的 19 个新品种，成为四川省 20 世纪 80 代至 90 年代的当家品种，亩产都在 350～400 千克，使四川小麦生产连续上了两个台阶。实践验证了他的创新性预见。"繁 6"及其姊妹系的选育成功，使哈兰只在理论上论证的聚敛杂交方法被颜济教授加以改良并在中国付诸实践，为小麦育种开拓了一条新路。紧接着他根据多年在发育形态学和发育遗传学上的知识积累，经周密分析，提出植物器官发育不平衡的新观点。从 1985 年起，颜济教授便率课题组跑遍全国 16 个省区和美、加、瑞等 7 个国家进行野外考察。他们 10 次深入新疆荒漠，18 次登上青藏高原。这些研究为他日后小麦簇种子资源研究成果打下坚实的基础。

学校短期内获得两项国家技术发明奖一等奖，在全国高等农业学校中名列前茅，对提高学校整体水平和知名度起到了重要作用，更激发了广大科研工作者进行科学研究的热情，进一步推动了学校科研工作。与此同时，"七五"和"八五"期间学校加强科技推广，1983 年学校与大邑县等县、市、区签订了科技合作协议，开辟了一条"农、科、教"和"产、学、研"相结合的办学新路。

第二节　抓住机遇趁势而上
进入国家 "211 工程" 建设（1993—1999）

　　1993 年，对于整个中国高等教育都是非同寻常的一年，在这一年的 2 月 26 日，中共中央、国务院印发的《中国教育改革和发展纲要》（以下简称《纲要》）及国家教委《关于加速改革和积极发展普通高等教育的意见》中提出 "211 工程" 计划，在《纲要》第（9）条中指出："为了迎接世界新技术革命的挑战，要集中中央和地方等各方面的力量办好 100 所左右重点大学和一批重点学科、专业，力争在下世纪初，有一批高等学校和学科、专业，在教育质量、科学研究和管理方面，达到世界较高水平。"[①]（即 "211 工程"）"211 工程" 是新中国成立以来国家正式立项在高等教育领域进行的规模最大的重点建设工程，是国家 "九五" 期间提出的高等教育发展工程，也是高等教育事业的系统改革工程。"211 工程" 的提出，对于从总体上提高我国的高等教育水平，以适应加快改革开放和现代化建设的需要，迎接世界新技术革命的挑战；对于调动各方面的积极因素，加快高等教育事业的发展；对于贯彻高等教育走内涵发展为主的道路，努力提高办学效益的方针，都有着十分重大的战略意义，为我国高等院校带来了机遇与挑战，也使当时的四川农业大学有了更加明确的奋斗方向。

　　进入 "211 工程" 建设，关系到学校未来事业的发展与兴衰，关系到每位教职工的切身利益与前途，能够顺利进入 "211 工程" 建设，将会为学校创造更好的建设条件，也就可能以更快的步伐实现高水平的办学。争取进入 "211 工程" 建设，成为当时学校压倒一切的头等大事。

---

① 《中国教育改革和发展纲要》，中共中央、国务院 1993 年 2 月 13 日印发。

一、积极创造条件争取早日进入"211工程"建设

1992年7月，赴京参加第三次全国普通高校党建工作会议的校党委书记唐朝纪得知了国家将开展"211工程"建设的消息，他无比激动，敏锐地察觉到这是学校一次难得的发展机遇。回校后即与班子成员一起研讨并多方展开工作。待1993年国家正式提出实施"211工程"时，学校已有所准备，在《纲要》颁布一个月以后的3月26日，学校将一份长达17页的《争取早日进入"211工程"的请示》上报四川省教委并转报省政府，全校上下怀着忐忑的心情等待省政府的最终决定。

在请示材料中，考虑到农业生态具有很强的区域性，不应仅在一个地方作大规模的发展，宜采取建立总校和分校的方式以适应不同生态型区的生态特点。同时也为了增强学校进入"211工程"的竞争力和综合实力，实现资源的最大化共享，学校结合四川省具体情况进行积极探索，提出了联合办学的建议。在研究实施方案之初，学校曾将与西南农业大学合校作为第一方案，但由于两校管理体制和经费渠道不同，给两校合校带来了困难。当时农业部对一些原则问题没有表态，所以最终没有采取这一方案，而是按第二方案上报，即四川农业大学与四川畜牧兽医学院、绵阳农专、西昌农专四所省属农业院校进行联合办学，在联合办学基础上，合并建立总校和荣昌分校、绵阳分校和西昌分校三个分校。其中，学校在1993年初已与绵阳农专签订协议，以该校为基础，建立四川农业大学绵阳分校，并已于3月中旬正式挂牌，为四校联合成一所学校奠定了良好的基础。

"211工程"计划构想的提出，同样引起了各省、市的高度重视，据了解，北京、上海、天津、广东、江苏、江西、安徽、云南等省、市以及国务院各部委纷纷行动起来，采取有力措施，统一认识，增加投入，加快本地区高等院校建设步伐，千方百计争取让本地区更多高校跻身"211工程"。比如，上海市政府便庚即提出重点抓好十大教育项目，其中第一条就是建设"211工程"本市项

目，拟通过分步建设，将两所地方高校建成一流水平的高等学校，为上海培养更多高质量人才；天津市政府确定下大力气建设好天津医科大学，争取列入国家"211 工程"；云南省政府提出把云南大学建设成具有世界水平的大学，省政府拨款 1 亿元，加上筹集的 5 千万元，全力支持云南大学进入"211 工程"。面对各省、市的积极行动和形成的竞争压力，四川省教委结合我省实际，经过认真分析，通盘考虑，于 1993 年 3 月 30 日向省人民政府呈送了川教计〔1993〕64 号文件《关于在川部委属院校和两所省属高校争取进入〈211 工程〉计划的请示》，正是在这份请示材料中，四川农业大学作为"最具潜力进入'211 工程'计划"的两所省属高校之一，向进入"211 工程"迈出了第一步。

当时四川共有普通高校 61 所，其中部委属院校 25 所，省属重点院校 5 所，在省教委呈报的材料中，针对本省高校进入"211 工程"的建设问题提出："一是认真贯彻省政府关于四川大学与成都科技大学合校及四川省同国家教委共建'211 工程'的意见；二是支持部委属院校，特别是电子科技大学、西南交通大学、重庆大学、重庆建工学院、华西医科大学、西南农业大学、西南政法学院等 9 所全国重点院校争取进入'211 工程'计划；三是在地方属院校中，确定四川农业大学、重庆医科大学争取进入'211 工程'计划。四川农业大学和重庆医科大学是省属 5 所重点院校之一，这两所学校各具特色，在国内外有一定的知名度。这些年来，省上给予了重点扶持，学校建设和发展已初具规模，是省属高校中实力最强，最具潜力进入'211 工程'计划的两所学校。"

同时，为使在川部委院校，特别是全国重点院校，以及省属两所重点高校跻身"211 工程"计划，省教委建议采取多样措施支持学校的改革和发展。一是制定特殊优惠政策，减免学校征地费用和基建项目中的城市配套费，以及商业网点费、人防设施费等；二是促进地方、部门、企业投资与学校联合办学合作开展科学研究。同时针对我校和重庆医科大学两所省属高校，省教委专门提出倾斜方案，根据当时"分灶吃饭"的财政体制，今后 7 年，由省上分年度共投入 2.4 亿元资金，其中由省政府投入 1.4 亿元，即每年增加两校基建、设备专款 2000 万元；其余部分由全省种子公司每斤种子增加 1 分钱，省级医院每个病床每天增加 1 元钱，专项用于支持四川农业大学、重庆医科大学"211 工程"建设项目；省、市政府定期到学校现场办公，协调学校和地方有关部门的关系，解决学校改革和发展中需要地方政府解决的问题，并提请省政府专门召开会议研究两所省属院校争取进入"211 工程"需要解决的问题，从政策、资金等多个方面为学校进入"211 工程"提供大力支持。

但是，就在川教计〔1993〕64 号文件发出后几日，农业部对学校与西南农业大学合校以及经费等问题做出了明确表态，表示支持两校合校。两校党政领导就合校一事交换了意见，对一些重大原则问题进行了研究，双方一致认为两校合校办学是一件大好事，有利于调整四川省农业教育结构，集中力量，发挥优势，以适应国家建设和社会主义市场经济的发展需要，有利于学校进入"211 工程"，在工作上也是可行的。双方达成初步共识，明确合校后的新校由农业部和四川省共建共管。农业部担负西南农大的常年经费和基本建设经费不变，经费基数要随着教育事业的发展而调整增加，进入"211 工程"所需经费，由农业部和四川省共同承担。四川省已确定四川农业大学进入"211 工程"的专项经费为 1.2 亿元，农业部也要拨给相等的专项经费用于建设。对于选址问题，双方倾向于在成都建总校，校址选在温江县四川农大水稻研究所以及成都市第二农科所处，西南农大北碚校址和四川农大雅安校址保留，作为重庆、雅安两个教学点。初步概算需要经费 8000 万元，由两校各担负 4000 万元。合校后，将按照减少重复、集中力量、发挥优势、突出重点的原则，对两校现有的专业学科作适当的调整，以加强成都校部的建设和突出两个教学点的特色和优势。双方很快形成书面请示材料上报。1993 年 5 月 31 日，学校成立了由胡祖禹校长任组长的"211 工程"领导小组，全面开展申报工作。

但是，争取进入"211工程"建设的道路绝不是一帆风顺的，事实上，其中的艰辛出乎我们的想象。在此后的几年时间里，学校争取创建"211工程"经历了一波三折：申请合校进入"211工程"的方案最终未能实施，国家结合高等教育实际和各省省情提出了"一部一校，一省一校"的指导性意见，省内各高校间的竞争日趋激烈。面对严峻的形势，学校进入"211工程"的希望变得愈加渺茫，眼看着有前功尽弃的危险，来自方方面面的巨大压力压在学校领导班子的肩上，校长胡祖禹带领相关工作人员多次亲赴北京，了解进入"211工程"进展，寻找学校差距，同时通过多种渠道向上级领导机关多方寻求支持。一行人到了北京，吃、住、行都得花钱，当时学校经费非常紧张，谁都不舍得浪费一分学校经费，吃，常常是就着茶水吃点干粮；住，首选是便宜的地下室；行，转数趟公共汽车前往教育部。在向国家教委主任朱开轩汇报学校工作时，说到激动处，年近花甲的胡祖禹忍不住泪流满面。

　　即使在这样艰难的情况下，学校始终没有放弃努力，不断加大资金投入，全面深化学校改革，为争取进入"211工程"建设积极创造条件，学校工作紧紧围绕"早日进入'211工程'建设"这一目标全面、有序地展开。通过重点学科建设，带动了一批骨干本科专业的建设，新建了一批适应社会发展的专业，并加强学科专业的优势互补，提升专业办学水平，增强师资力量。在1996年，著名水稻育种专家、学校水稻所所长周开达教授获"何梁何利（优秀科学家）奖"，成为四川省第一位获此殊荣的专家。学校精心制定了"九五"计划，提出在教育层次上，以本科为主，适当发展研究生教育和专科教育，办好职业师范技术学院。规划到2000年在校生为4800人，其中本科生3160人。在这5年中，我国社会经济发生了巨大的变化，在计划经济转身社会主义市场经济的大背景下，学校认真贯彻执行党的十五大精神，转变教育观念，树立科学的育人观、质量观和发展观，着力提高学生的适应性，以培养基础扎实、知识面宽、能力强、素质高，富有创新精神和实践能力的高级专门人才为目标，全面深化教育教学改革，特别是紧紧抓住 20 世纪末高校扩招的历史机遇，趁势而上，本科教育获得快速发展，学科专业向近农非农专业拓展，办学规模不断扩大。

二、"211 工程"建设成功立项

在 1996 年 7 月，四川省政府决定在当年内对四川农业大学进行"211 工程"部门预审，这是全校师生员工盼望已久的大事。自 1993 年国家教委正式提出"211 工程"建设项目的三年多来，学校大力推进教育教学改革，提高办学效益，各项工作都上了一个新的台阶，为"211 工程"预审奠定了良好的基础。当时，校领导班子中有 3 人因年龄关系按规定应从领导岗位上退下来，校领导"进""出"人数之多是学校前所未有的，正是在这个新旧更替的特殊时期，学校必须开始"211 工程"预审申报工作，于是还在假期当中，新旧校领导连续召开七八个会议专题研究、布置准备工作，达成共识，表示一定要抓住机遇，积极备战，争取通过预审。即将离任的校长胡祖禹带病坚持工作，到北京出差时，每天都要吃"救心丸"。为此学校调整了"211 工程"预审工作领导小组，并设立办公室，专门召开了老领导、老教师座谈会，听取他们的意见和建议，全力做好预审筹备工作。

同时，为了进一步得到当地党委和政府对学校"211 工程"预审工作的关心、支持，1996 年 8 月 29 日，四川省教委常务副主任、学校原党委书记唐朝纪，学校党委书记冯伟、校长胡祖禹等党政领导专程前往雅安地委，向雅安地委汇报了省政府的决定以及学校准备"211 工程"预审的情况。雅安地委领导及地委各有关部门负责人均参加了会议，地委副书记李治民、行署副专员傅克勤同志代表地委、行署表示：四川农业大学科技水平高，社会效益好，在科技兴农、科技兴雅、振兴雅安农村经济方面做出了重大贡献。雅安是川农大科技兴农的最大受益者，进入"211 工程"是百年难遇的机会，地方上一定会全力以赴地支持四川农业大学搞好"211 工程"预审工作。

9 月 3 日，秋季学期开学第一周，学校便召开了全校教职工大会，就"211 工程"预审工作进行了总动员和部署。在全校教职工动员大会上，新任党委书记于伟代表学校作了题为"齐心协力、团结奋进，迎接'211 工程'预审"的动员报告。会议要求全校师生员工要统一思想，提高认识，增强信心，以主人翁的姿态投入到预审工作去；要增强责任感和紧迫感，提高工作效率，按照要求努力搞好本职工作；要振奋精神，团结奋进，建设良好的生活、工作和育人环境，以崭新的校风、校貌迎接预审。动员全校上下必须牢牢把握住这一历史性机遇，全力以赴迎接"211 工程"部门预审。

11 月 13 日，为把准备工作做得更充分、更全面，争取顺利通过预审，学校再次召开会议，进行紧急动员，布置近期工作。在大会上，校长胡祖禹满怀激情地说："学校能争取到'211 工程'预审是来之不易的，是学校教职工几代人艰苦奋斗的结果。希望大家要珍惜机遇，努力奋斗，全力以赴，争取顺利通过预审。"[1]

11 月 22 日下午，在中共雅安地委书记杨水源、副书记傅克勤的带领下，雅安地市党政领导一行 12 人来到学校，在听取了学校党委书记于伟对学校迎接"211 工程"部门预审的情况介绍后，傅克勤指出，四川农业大学能争取进入"211 工程"既是学校的光荣，也是雅安地区的光荣，表示一定要大力支持川农大迎接预审，亲自负责，保证好供水、供电，并专人负责交通及周边治安环境。杨水源表示要把川农大的事当成地方党政自己的事来抓，在"211 工程"预审期间，雅安地区、雅安市将成立临时协调小组，由傅克勤同志负责，以地区副专员孙勤业、公安处处长何仁修、雅安市委副书记肖金元以及地委、行署办公室等相关单位负责人为成员，具体抓好有关工作。他指出，川农大的发展对雅安的经济发展具有极大的推动作用，要大力支持川农大搞好"211"预审，尽量按照学校的要求予以逐步解决。[2]

[1] 《简报》，四川农业大学，1996 年第 12 期。
[2] 《简报》，四川农业大学，1996 年第 13 期。

正是在全校师生员工的共同努力下，在地方政府的大力支持和学校上下齐心协力的良好氛围中，在《总体规划报告》十易其稿，完成了 6 个子报告、1 部校园录像片、10 个校园环境建设项目工程后，1996 年 12 月 4 日，四川农业大学迎来了决定性的时刻。那一天，校园内外，甚至整个雅安都知道，这不仅关系到每位教职工的切身利益，更关系到学校未来事业的发展与兴衰，它对于将把怎样的一个四川农业大学带入 21 世纪具有决定性的意义；那一天，就连在校园里玩耍的孩子都会说："嘘……小声点儿，'川农'要进'211'啦!"也就是在那一天，由省政府主持的以中国科学院院士、中国工程院院士、原北京农大校长石元春教授为组长的专家组一致同意：四川农业大学通过"211 工程"部门预审。学校预审的当晚，全校数百名师生自发聚集在操场上焦急等待，等待这决定性的时刻，预审结果一公布，大家无不欢呼雀跃。这是学校的喜事、好事和大事，从此，在学校 90 年的历史长卷中翻开了新的一页，学校进入一个新的历史发展时期。

《四川农业大学校报》刊载学校顺利通过"211 工程"部门预审的消息

［链接材料］
四川农业大学"211 工程"部门预审专家组评审意见

经国家教委同意，由四川省人民政府组织，于 1996 年 12 月 3—4 日对四川农业大学进入"211 工程"进行了部门预审。

四川省副省长徐世群、中共四川省委秘书长鄢正刚、四川省教委主任王可植、雅安地委书记杨水源等出席了部门预审开幕式并作了讲话。专家组全体成员、国家教委和四川省的领导及有关部门负责同志听取了四川农业大学校长胡祖禹作的"立足四川、发挥优势、办出特色"规划报告的汇报，审看了"团结奋进、再创辉煌"的专题录像片，实地对动物营养研究所等 13 个点进行了考察，与学术带头人、老专家和中青年学术骨干进行了座谈，审阅了学校"211 工程"总体建设规划报告和各个专题规划报告。专家组对四川农业大学"211 工程"的有关问题进行了认真评议，一致认为：

1. 四川农业大学是一所创办早、基础好的省属重点大学。长期以来，学校坚持社会主义办学方向，认真贯彻党的方针，在漫长而曲折的办学历程中，几代教职工艰苦创业，自强不息，形成了"艰苦奋斗、严谨治学、敬业奉献、团结奋进"的优良校风，积累了丰富的办学经验，造就了一支学术水平较高、力量较雄厚、素质优良的师资队伍，有一批在国内外有影响的学术带头人，在国内外享有较高的声誉。党的十一届三中全会后，四川农业大学加快了改革和发展的步伐，党政领导团结务实奋发向上，带领师生员工开拓进取。坚持"教学改革是核心，人才培养是根本"，深化教育教学改革，转换人才培养运行机制，教育质量不断提高。为国家和四川培养输送了大批合格的高级人才。

学校重视开展科学研究，促进学科建设，在动物营养、作物遗传育种、动物遗传育种等学科形成了明显的优势和特色，在国内处于领先地位，某些研究达到国际先进水平，取得了一批重大科研成果，并创造了显著地经济效益和社会效益。从 1978—1996 年获国家发明一等奖 2 项、二等奖 1 项、三等奖 1 项，国家科技进步二等

奖 3 项、三等奖 3 项、全国科学大会将 5 项，部（省）级特等奖 3
项、一等奖 31 项，教师人均获奖 0.6 项，获奖项目多，级别高，
在全国农业高校中是少有的，为农业科技及四川和我国南方一些省
（区）农业生产上新台阶做出了突出贡献。

学校无论是党的建设、办学条件、办学效益，还是教学质量学
术水平、管理水平等方面都具有良好的基础和发展潜力，在人才培
养、学科建设、科学研究、国际交流等方面形成了自身的优势和特
色，是一所综合办学实力较强的农业大学。

2. 四川是一个农业大省，是我国粮食、生猪的重要生产基地，
在农业发展中起着举足轻重的作用。无论是四川农业大学现有的基
础与优势，还是农业教育整体布局和国民经济发展需要，四川农业
大学都肩负历史赋予的重任。

四川省委、省政府历来重视农业和农业高等教育，十分关心四
川农业大学的建设和发展。雅安地区和雅安市对四川农业大学的建
设和发展长期给予了关心和支持。1993 年初，中央提出"211 工
程"建设以后，省委、省政府明确表示全力支持该校进入"211 工
程"，及时拨专款加强学校建设。为学校争取进入国家"211 工程"
创造了较好的外部条件。

3. 国家教委实施"211 工程"以来，四川农业大学抓住机遇，
按照国家"211 工程"要求，确定了学校的建设和发展目标，充分
调动师生员工的积极性，在调整学科专业结构、进一步提高本科教
育质量、加强研究生教育和师资队伍建设、加速学校各项基础设施
建设等方面，做了大量的工作，取得了显著成绩。把四川农业大学
列为国家"211 工程"重点建设的大学是合适的。学校自我评估报
告实事求是，总体建设规划细致认真。提出的立足四川，服务四
川，面向西南，通过"211 工程"建设，到 2010 年将学校建成适
应 21 世纪科技、经济和社会发展需要，学科比较齐全，多学科协
调发展，在学科结构、人才培养、科学研究、管理机制等方面形成
自身特色，教育质量、科研水平、办学效益在全国农业院校中处于

先进水平，某些学科在国内处于领先地位，在国际上有一定影响，在区域行业中起示范、带动作用的综合性农业大学，建设目标定位是恰当的。围绕总体目标，专题规划思路清晰，指导思想明确，配套措施基本可行。

4. 加强对四川农业大学的建设，既是四川高等农业教育的需要，又是四川经济建设和社会发展的迫切需要。通过对四川农业大学的考察，专家一致同意通过该校的"211 工程"部门预审，并认为学校已经具备进入"211 工程"建设的条件。

5. 按照学校提出的总体目标的要求，结合学校现有基础条件，对四川农业大学"211 工程"建设和发展提出如下建议：

（1）在已有重点学科的基础上，调整学科、专业结构，进一步加强与重点学科相关的薄弱学科的建设，促进新兴和交叉学科的产生和发展，努力增加博、硕士点数量，以更好地形成办学优势和特色。

（2）基础学科和基础理论研究有待进一步加强，以增强学科建设发展的后劲。

（3）进一步加强师资队伍建设，努力提高具有博士学位教师在师资队伍中的比例，加强中青年学术带头人的培养。

6. 建议四川省人民政府进一步加强对四川农业大学实施"211 工程"的领导，并在通过部门预审后创造条件，尽快上报国家立项，进一步增加投资力度，落实投入经费。学校也要努力多渠道筹措资金，形成自我发展的良好运行机制。确保学校"211 工程"建设的顺利进行和建设目标的实现。同时建议国家教委考虑四川省的实际，在四川农业大学"211 工程"建设中给予更大的关怀与支持，尽快批准学校立项，并给予一定的经费投入。

我们希望四川农业大学以通过"211 工程"部门预审为契机，继续提高教育教学质量、科研研究、管理水平和办学效益，继往开来、团结奋进、发挥优势、办出特色，早日实现总体建设目标。专家组相信，通过国家教委、四川省委、省政府的大力支持，学校全体师生员工的不懈努力，学校的"211工程"总体目标是能够实现的。

四川农业大学"211工程"部门预审专家组

1996年12月4日

三、顺利通过国家验收

在"211工程"建设成功立项的两年后，根据国家《"211工程"总体建设规划》和"211工程"部际协调小组办公室《关于部分"211工程"预审院校立项有关问题的通知》要求，四川省人民政府聘请中国工程院院士殷震教授为组长、中国科学院院士吴常信教授和西南财经大学王叔云教授为副组长共13位专家组成专家组，于1998年12月17日召开论证会，对《四川农业大学"211工程"建设项目可行性研究报告》进行了审核。经与会专家审核认证，一致认为该报告总体目标定位准确，列出的建设项目符合实际，资金安排及资金使用基本合理，建议尽快批准立项实施。

1999年1月20日，四川省人民政府与教育部联合向国家发展计划委员会上报《关于申请四川农业大学"211工程"正式立项的函》，认为四川农业大学已经具备"211工程"建设立项条件，申请正式立项。

1999年6月14日，经国家发展计划委员会批复，同意学校作为"211工程"项目院校，在"九五"期间进行建设。自此，学校正式进入国家面向21世纪重点建设的100所高校行列。在国家发展计划委员会的批复文件上，学校党政领导毫不掩饰自己的喜悦，党委书记于伟批到："这是我们期盼已久的文件。"他在6月18日亲自到国家计委取回该文件后，便在第一时间传真回学校，将这个天大的喜讯传递回了学校。党委副书记李洪福收到文件后，也高兴地批到："见到此件真是太高兴了。这是几代教职工、数届领导班子共同努力、期盼的大事，真是可喜可贺！"

根据国务院批准的"211工程"总体建设规划，学校作为

"211 工程"项目建设院校，在"九五"期间进行建设，力争 21 世纪初在教育质量、学科建设、科学研究、管理水平和办学效益等方面得到较大提高，为经济建设、科技创新和社会发展服务的能力明显增强，成为本省培养高层次人才、发展农业科技和解决农村经济建设重大问题的基地之一，为到 21 世纪初叶把学校建成具有国内先进水平的综合性农业大学奠定坚实的基础。学校"211 工程"建设的主要内容包括重点学科建设、公共服务体系建设和必要的基础设施建设。具体为以重点学科建设为核心，重点建设动物营养及饲料工程、作物遗传和育种工程、动物遗传改良与疾病控制、生态林业工程等 4 个学科建设项目，使其成为我国农业领域高水平博士、硕士人才培养和承担重大科研任务的基地之一。公共服务体系建设的主要任务是建设校园网、图书馆基础和专业教学实验室等项目，以此推进教学内容、方法和手段的更新及现代化，改善教学公共服务基础条件，优化教学、科研和管理的运行环境。

计划在未来三年学校总投资 7250 万元用于"211 工程"建设，但实际上在建设期间，总投资 12946 万元，到位率达 123%，其中四川省专项投资 7508 万元。5 年间学校在学科建设、人才培养、科学研究、师资队伍、行政管理等方面都取得长足进步。为实施项目，学校成立了以文心田校长为组长的法人领导小组，组建了"211 工程"办公室，制定了一系列文件。2000 年 10 月，学校根据"211 工程"部际协调小组办公室的部署，积极做好验收准备，为此后以优秀成绩通过教育部专家组的总体验收做好了准备。

进入"211 工程"建设是学校发展历程中的一个重要里程碑，它全面带动了学校各项工作，极大地提升了学校教育工作整体水平，使学校整体建设跨上了新的台阶。

［链接材料］

审核专家组论证意见

根据国家纪委、原国家教委、财政部《"211 工程"总体建设规划》的要求和 211 部协办〔1997〕3 号《关于进行"211 工程"可行性研究报告论证和立项审核工作的通知》及 211 部协办〔1998〕7 号《关于部分"211 工程"预审院校立项有关问题的通知》精神,四川省人们政府组织专家组,于 1998 年 12 月 17 日,在成都对《四川农业大学"211 工程"建设项目可行性研究报告》进行了审议和论证。四川省人民政府副省长徐世群出席了论证会。

专家组认真听取了四川农业大学校长文心田作的题为《加强学校建设,办出区域特色,为科教兴川做出更大贡献》的汇报,仔细审阅了有关文件材料,详细听取了四川省人民政府及学校领导和重点学科建设项目负责人的情况说明,经过审核和评议,形成了以下论证意见:

一、四川农业大学自 1906 年建校以来,经过 90 余年的建设与发展,已经成为一所基础较好,办学水平与效益较高,科研成果显著,特色明显,优势突出,综合办学实力较强的省属重点大学。为加速培养和造就创新型高素质的农业科技、管理人才,带动并推进高等农业教育整体的现在化进程,为实现知识创新、科技创新,推动社会和区域经济的可持续发展,将四川农业大学列为国家"211 工程"建设,并作为"九五"期间的重点建设单位,是完全必要的,符合《"211 工程"总体建设规划》的要求。

二、专家组认为,通过"211 工程"建设,到 2010 年,把四川农业大学建设成为以重点学科为主干,学科优势明显,相关学科为依托,理、工、经管结合,多学科协调发展,某些学科在国际上有一定的影响,在国内处于领先地位,在区域行业中起示范、带动作用,在人才培养、科学研究、管理机制等方面形成自身特色,教育质量、科研水平、办学效益在全国同类大学中处于一流水平的综合性农业大学,成为四川省具有知识创新能力的高层次农业科技和管理人才的重要培养基地及能从事科技创新、科技开发的主要基地,总体目标定位是准确的;到 2002 年,学校的教学、科研基础设施条件和公共服务体系得到较大的改善;建设一支结构合理、高水平的师资队伍；学科优势明显，学科门类较齐全，初步形成四川省知识创新人才培养的重要基地和科技创新、科技开发的主要基地，取得一批标志性成果，为实现"211工程"总体建设目标奠定坚实的基础，是能够实现的。

三、四川农业大学确定的动物营养与饲料工程、作物遗传和育种工程、动物遗传改良与疾病控制和生态林业工程为第一阶段的重点学科建设项目，符合国家农业高等教育发展和农业现代化的要求，也是学校具有优势或一定基础的学科，在其建设目标、主要研究方向和主要任务及指标上，突出跟踪农业科技发展前沿和高层次创新人才的培养，符合农业科技发展，四川农业和农村经济可持续发展对人才、科技的需求。学校紧紧围绕重点学科建设安排的公共服务体系建设和基础设施建设任务，是恰当的。这些建设项目的实施和完成，有利于提高学校的整体办学水平。

四、经审议，专家组认为，《四川农业大学"211工程"建设项目可行性研究报告》指导思想明确，列出的建设目标、建设内容符合实际，资金安排及资金使用方案基本合理，专项资金筹集落到实处，预期效益分析实事求是，均有量化验收的标志性成果。

五、按照学校提出的建设目标和要求，结合学校现有基础和条件，专家组经过认真的审核和分析，对《四川农业大学"211工程"建设项目可行性研究报告》提出以下建议：

在建设重点学科过程中，各学科要进一步突出重点研究方向，注重相关学科的协调发展，进一步加强基础学科建设和基础性研究工作，创造新学科、新技术的生长点，形成综合优势；重视提高教学水平与质量，特别是博士生的培养质量，通过科研促进教学，产生整体效益；加大吸引人才的力度，加强管理，避免重复建设，尽量做到教学、科研资源共享，使有限的资金互相配合发挥更大的效益。

为了确保四川农业大学"211工程"建设总体建设目标的如期实现，建议四川省人民政府进一步加强对该校"211工程"建设工作的领导，确保必需的经费投入和政策支持；同时建议国家计委和国家教育部考虑四川省地处我国西部地区，对四川农业大学这样一所基础较好、发挥潜力较大的省属重点高校给予更大的关怀和支持，尽快批准学校立项建设。

六、专家组全体成员一致同意通过《四川农业大学"211工程"建设项目可行性研究报告》，并建议学校对报告做适当修改后，尽快上报，以便尽早批准实施。

我们希望四川农业大学以通过"211工程"建设项目可行性论证为契机，在中共四川省委、四川省人民政府和国家教育部的领导、支持下，立足四川、面向西南、发挥优势、办出特色，早日实现"211工程"总体建设目标，为农业科技、区域经济的可持续发展做出更大的贡献。

四川农业大学"211工程"建设立项审核论证专家组

第三节　大力营造良好环境创造留学归国奇迹（1985—1999）

在1985—1999年这15年间，四川农业大学实现了跨越式的发展，取得了令人瞩目的成绩，不论是教育教学，还是科学研究，都离不开强大的师资力量。在快速发展的15年间，学校从方方面面着手，通过多种途径加强教师队伍建设，提高教师学术水平。出国留学是造就现代人才的一个可取途径，不送人出去，不进行国际的学术交流与合作，学术水平就无法提高，就不能站在世界科技的前沿竞争。这是历届校领导的共识。

1981年以来，学校共派出各类出国人员388人（次），其中有333人（次）回到了学校，回归率超过85%，而当时我国留学生回归率与滞留率约为1：2。1985—1999年这15年正是学校出国留学高峰期，期待出国留学人员学成回国，为民族和国家服务，既是学校派出留学人员的出发点，也是它的最后归宿。老一辈支持出国者的高瞻远瞩结出了硕果，归国留学人员已成为学校的中坚力量。留学出国人员中晋升为教授的，占学校教授总人数的 61%；入选为省学术带头人的，占学校省学术带头人总数的 63%。"九五"期间，有 135 项科研项目的主持人是留学归国人员。

四川农业大学地处雅安，位于川西一隅，距省会成都市 150 多公里，1999 年以前，所有由雅安方向通往成都的汽车，只能选择国道 318 线这条必经之路，让这条本不宽敞的公路超负荷运载，根本无法承载川流不息的车流。于是，从雅安到成都成为师生颇为头疼的事。坐车少则 4 小时，如遇堵车，要花 8 小时甚至更多时间。在 1999 年雅安高速路通车以前，雅安正是处于交通不便、信息不灵、环境艰苦这样较差的办学条件之中。但就是在这样交通不太发达，生活条件相对艰苦，工作和研究环境比较落后的环境里，学校一代又一代教师怀着强烈的报国之志，义无反顾地回到祖国，回到母校，他们辛勤耕耘，默默奉献，把自己的一切都献给了崇高的教育事业。几十年来，在川农大人的心目中，这样的事例不胜枚举，一大批川农人传承爱国敬业的优良传统，纷纷放弃国外的优越条件回到改革之初的祖国，回到条件艰苦的学校。

一所远离繁华都市的农业大学，何以能有如此大的吸引力，使一个个、一批批留学人员学成后络绎归来？

一所工作环境、生活条件并不优越的省属农业大学，何以能有如此大的强烈的爆发力，在激烈的科技竞争中高潮迭起，好戏连台？

是什么力量让川农人在这样艰苦的环境里仍然自强不息，奋斗不止？91% 的归国率奇迹是怎样产生的？

川农大人不是不知道什么叫享受，他们不是"苦行僧"，支持川农大人几十年如一日艰苦奋斗的一种最主要的原动力，就是经过长期教育培养形成的对党和国家的赤胆忠诚和报国之志。他们始终把物质生活享受的欲望放在第二位，把事业放在第一位。而他们之所以能够在相对艰苦的情况下做到这一点，依靠的正是其引以为傲的"川农大精神",正是学校对广大留学人员的信任和关心,还有学校为广大归国人员创造的良好机制,以及川农大人引以为傲的"人和"的轻松氛围与怡人环境。正是这种种因由,才成功吸引了众多留学人员的回归,并在日后学校的教学科研工作中挑起了大梁,抒写了一曲川农人的爱国者之歌。

一、薪火相承的"川农大精神",是归国人员爱国爱校的原动力

学校百年的办学历史,正是老一辈川农人爱国敬业的历史。说起为什么回国回校,这些归国留学人员无不谈起学校老一辈留学人员的感人事迹,以及由老、中、青几代干部教师共同缔造的"川农大精神"。几十年办学历程中,川农大几代人努力奋斗,形成的这种以"爱国敬业、艰苦奋斗、团结拼搏、求实创新"为内涵的川农大精神,使川农大留学人员身在海外、心系故土,成为促使他们归校报国的巨大内在动力。

早期如原名誉校长、著名动物营养学家杨凤教授,著名水稻专家杨开渠教授,我国现代土壤农化的奠基人彭家元教授,"终生不忘报国志,矢志追求勤科研"的夏定友教授,基础兽医学专家陈之长,植物病理学专家杨志农,分析化学专家王祖泽等老一辈川农人纷纷在国外求学后回到祖国,他们为我校的发展立下了不可磨灭的功勋。

作为新中国成立后第一批响应祖国号召回国参加社会主义建设的科学家杨凤教授曾时时告诫学生:我们亲历了日军入侵并蹂躏国人的屈辱史,出国留学更是看到了我国与发达国家的巨大差异,深谙落后就要挨打的道理;任我校第一、二任院长的著名水稻专家杨开渠教授和玉米专家杨允奎教授,早年分别留学日本和美国。建校初期,他们踏青山、顶烈日、冒严寒四处搜集研究资料,足迹遍及了四川各地农村,其艰苦奋斗、严谨治学的精神影响了一代代川农大人;留美硕士、我国现代土壤农化科学奠基人彭家元教授,在四

川解放前夕，时任国民党空军中校的次子已为他办好去台湾的一切
手续，要他尽快携家赴台，他却说："我一生从事的事业在大陆。"
从美国康奈尔大学获博士学位后回国的夏定友教授，"文化大革命"
蒙冤 20 载后仍不顾年老多病，以只争朝夕的精神，潜心于人才培
养和科学研究，直到生命最后一息。其"终生不忘报国志，矢志追
求勤科研"的精神感染了无数的川农大人。

　　杨凤、杨志农、邱祥聘……每一位老一辈归国留学专家的经
历，都是一本感人的爱国主义教材。榜样的力量是无穷的，老一辈
川农人无私奉献、严谨治学，甘于清贫、甘当人梯的精神，感染、
影响并激励着一代又一代川农人。

　　"1956 年，四川大学农学院（川农大前身），由成都迁至雅安
建为四川农学院。包括不少归国留学人员在内的老一辈川农大教
师，为学校的建设与发展呕心沥血、历尽艰辛。'川农大精神'从
老一辈开始就扎下了根。"留德归国人员、学校教务处罗承德教授
说，"在祖国，在川农大，处处感受到充实和快乐。没有在祖国的
土地上，心里总是很孤独。不管留学哪里，留学多久，我的事业在
中国。"

　　徐刚毅教授曾到 8 个国家进行访问、合作研究或参加国际会
议，曾有不少国家向他发出希望他留下来的邀请，可是，他每次都
按期归国归校。徐刚毅说："我深受恩师刘相模的影响，不回到祖
国，不回到川农大，我心不安。"刘相模教授是我国南方地区著名
养羊专家，75 岁高龄时仍然身体力行，坚持到羊场进行科研工作。
后来，躺在病床上，刘相模将徐刚毅叫到床前，对心爱的学生说，
一定要培育成功新型的肉山羊品种，为四川羊业发展做出贡献。正
是由于他对科研事业的执着与热爱深深地影响了他的学生。

　　多年来，几乎没有留学人员与学校谈回国的条件，很多教师多
次出国，都能按期回来。

　　有一种精神叫崇高，有一种情结叫不舍，"川农大精神"的崇
高，川农大情结的难舍，让一个个远离故土家园的学子，回到魂牵

梦绕的川农大。

二、学校对广大留学人员的信任和关心，是归国人员爱国爱校的不舍情怀

对出国人员给予绝对的信任，这是学校对留学人员一贯的态度。

回来，有学校的无限关爱和充分信任。

有人说，走出国门的人，就像飞向长空的小鸟，除非有什么拴得住他们的心，否则谁也不知鸟儿将飞向何方。

长期以来，学校坚持的是"坚持留学，鼓励回国，来去自由"的留学人员政策，在政治上充分信任，生活上倍加关心。用信任与关心系起一条长长的线，时时牵引在留学人员的身上和心上。

曾任学校研究生处处长的叶华智，20世纪80年代中期赴美留学，在留学快结束的时候，因为手里的课题还没有做完，他向学校要求延长留学时间。学校知道后，非常爽快地答应了，而且，在这个十分敏感的时期，还批复同意其夫人前往探亲。回忆起当时的情景，叶教授深有感触，他说："学校的信任，让我们怀有一种知恩图报的情愫，也同时成为我们力图尽早归国、报效祖国的重要力量。"两年后，叶华智按期回到我校。后来，叶华智也多次出国，屡次有机会留在国外。1989年，他再次被公派到美国。美国的一位教授多次劝他留下来，并在他回国后多次亲笔写信邀请他到美国共事，甚至做出帮助他孩子在美国读研究生的许诺。这些信，叶华智悄悄地留了下来，没有告诉别人。后来，儿子知道了实情，对他有些不满。直到今天，叶教授一直在川农大发展着自己的事业。

学校把留学生工作放在非常重要的地位，许多小事、小细节上的关心，在留学人员的心中掀起巨浪滔天。

刚从德国波恩大学归来的蒋远胜，是学校年轻一代的留学人员。1999年，当他正式成为国家留学基金委派往波恩大学研修的访问学者后，留德人员必须进行德语培训。按学校规定，培训的差

旅费由所在院出，而那时蒋远胜恰恰处在工作调动之中，接收和调出方都认为不该出这笔钱。蒋远胜找到文心田校长，文心田放下手里工作，立刻亲自过问，让人事处从人才培养经费中出资，不得有误。这件事让蒋远胜非常感动。归国时间一到，他马不停蹄回到学校。学校的关心和信任滋润着海外学子的心田。每逢中国传统佳节，几乎川农大所有在外留学的人员都能收到由校领导、外事处老师亲笔签名的贺年卡。蒋远胜说："每逢佳节倍思亲，小小的一张卡片，让我感受到了母校的温暖，点点滴滴都是情呀！"

汤浩茹 1997 年赴德开展合作研究时，还是一位在读博士生，学校保留了他的博士学籍。因工作需要，汤浩茹申请延长在德期限，学校领导同意了他的申请并写信鼓励他早日学成归国。重才的德方老板许以月薪 6000 马克的高薪和在德国妥善安排他的妻儿等优厚条件，力劝汤浩茹留下。去还是留？正当他在矛盾中挣扎时，同在川农大工作的妻子带着儿子飞到了身旁。妻子带来了校领导的关心和问候，带来了学校的信任。"我汤浩茹何德何能，让这么多领导来关心！"面对如此的信任，还有什么理由不归呢？

曾留学芬兰的张小平教授留学期间曾探过一次亲。学校领导听说后立刻去看望他，问他今后回来有什么要求。张小平轻轻地提了一句，希望回来后有一套住房。两年后，张小平回到川农大，学校果然已经为他专门留了一套房子。学校现任研究生处处长潘光堂留学期间，家里发生了一些变故，当时农学系总支书记、学校现任党委书记于伟，冒着酷暑专程到潘光堂的老家看望他的儿子，学校还在未能完全确知他是否归国的情况下，寄去了价值 9000 多元的返程机票……

留美博士、时年 28 岁的李学伟教授曾因遭遇信任危机动了出走的念头。1991 年，李学伟报请破格提拔副教授，有关方面给他业务上评了满分，政治上却是不及格，只因他平时"自由散漫，参加政治学习和集体活动不积极"。李学伟很难过。华南农大热情的邀请函来了，他动了心。当时的校长孙晓辉获知此事，立即找到当事人，斥责了这一错误做法。"胡闹！人家放弃洋房、高薪，回国效力，这在政治上就是最大的合格。"一声"胡闹"，胜过百声批评。在学校的关心下，李学伟的职称问题得到了解决。在学校的关心信任下，李学伟承担了国家"九五"期间"瘦肉型猪的规模养殖"的攻关任务。1996年又被评为全国优秀留学回国人员。李学伟说："我的精力主要用在学术研究上，对其他的事不太关心。但学校居然任命我为动物科技学院副院长。我感到意外，更感到一种莫大的信任。"

学校原党委书记于伟曾经说过，多年经验表明，吸引留学人员归国，必须在政治上充分信任、工作上放手使用。留学人员放弃国外优越条件回到祖国，特别是回到学校，这些人在政治上就是基本合格的，是爱国爱校的，对这些同志要看主流，要注意引导教育。在川农大，人始终是被尊为首位的。正是这种以人为本的理念，使大批海外学子欣然而归，使教师们公认川农大是一个干实事的地方。

三、学校为广大留学人员创造的良好事业平台，是归国人员爱国爱校的梦想舞台

科研人员最在乎干事业的氛围，而四川农业大学正是弥漫着这种科学精神和科学思想。川农大有近百年的历史，是国家面向21世纪重点建设的百所高校之一，有不少的学科在国内处于领先地位。川农有事业，"土生土长"的川农人被这里的事业振奋着、激励着。同时，为吸引并留住留学归国人员，多年来，学校十分重视选拔政治素质和业务能力强的教师担任各院和研究所的技术带头人，并充分让这些人发挥所长，积极创造条件，工作上交任务、压担子，很多留学人员脱颖而出，成为省级学术骨干，甚至国内著名学科的带头人。

1989年，邓良基回国时，系里连过节费都发不出，人心思走。他许下诺言，要让大家一年比一年过得好。他带着学生为各县测试

土壤，既帮县里搞出了调查，又让学生真正在实践中学到知识，师生还有一定的收入。学校里，"创收是不务正业"的杂音渐渐消失。目前，所在的学科已成为省级重点学科，所在实验室为省级重点实验室，能够开展土壤学、土地科学和环境科学等方面的研究。邓良基现任我校党委书记，博士生导师，享受政府特殊津贴。

在一次归国留学人员座谈会上，时任学校副校长的郑有良教授发出了这样的感叹："祖国可以不需要我，但我需要祖国；川农大可以不需要我，但我需要川农大。在祖国，在川农大，有我钟爱的事业，有我发展的广阔舞台，能够实现我的远大抱负。"1994 年郑有良作为国家公派高级访问学者赴英国剑桥实验室从事分子生物学研究工作，他在出国前已经获得了博士学位，并破格晋升为教授，主持承担了省科技厅和教育厅下达的科研课题，科研和教学等方面已奠定了良好的基础，所在的学科是博士授位专业，本人又是本专业培养的首届博士，个人发展的优秀学科基础，以及为本学科进一步发展做点工作的强烈责任感是他回国的重要原因。回国后，他成为国家百千万人才工程一、二层次首批入选者，四川省有突出贡献的优秀专家、四川省学术和技术带头人，享受国务院政府特殊津贴。他现任学校校长，博士生导师，享受政府特殊津贴。

原校长、博士生导师文心田教授，1990 年从德国留学归国后，努力在预防兽医的园地里耕耘，他获得国家级教学成果一等奖 2 项、省级教学成果奖 2 项、国家授权专利 4 项（其中 1 项为全国金奖）和新兽药证书 1 项，先后被评为省"有突出贡献的优秀专家"，获得中国畜牧兽医学会重点贡献荣誉奖，享受国务院特殊津贴。1993 年被中宣部、人事部和中国科协推行参加"拳拳赤子心"活动，受到党和国家领导人接见，中央电视台《东方时空》在《东方之子》节目中对文心田教授作了专题报道，在国内外引起了较大反响。

全国人大代表、全国人大农业农村委员会委员、留德博士任正隆教授，回国后一直从事小麦遗传育种研究，在基础研究和应用研究方面取得了显著成绩，开拓了栽培植物分子细胞遗传学新的研究领域，先后主持了 10 多项国家攻关、国家自然科学基金和国家优秀年轻教师基金、霍英东基金和省级科研课题，在小麦族植物遗传学和小麦育种的研究中做了大量的工作，获得了一系列高水平成果，成为国内外知名的小麦专家。1991 年被国家教委和人事部授予"在祖国四化建设中做出突出贡献的回国人员"称号。

学校尽力为留学归国人员创造良好的工作条件，设立了留学回国人员自选课题专项经费，使他们回国后，能够及时得到资助，启动科学研究。同时还积极为他们申请省、部级和国家级项目。按照国家政策，除获博士学位的留学人员可获得国家配套科研经费外，其他人员大多难以获得政府经费支持。为解决这个矛盾，学校建立了留学人员自选课题专项经费，为每位归国人员提供科研启动资金。1990 年，28 岁的张小平从芬兰赫尔辛基大学获得硕士学位回校后，回国后学校便给了经费，支持他从事生物固氮的研究，同时帮助他获得省教委的资助。从此，他的科研得以顺利开展，多次争取到省级科研项目，三次获得国家自然科学基金项目，一次教育部优秀年轻教师基金项目。他利用学校提供的 3000 元科研启动费，将其在国外的研究成果整理出来，在国外刊物上发表了较高学术水平的论文，引起了业界的关注。如今他已成为我国生物固氮领域较有影响的学者。

2000 年，年仅 36 岁的张新全教授留学归国时，正值学校草学学科被评为博士点。学校立即将该博士点的建设重任交给他。在学校的信任和帮助下，张教授与学科点的同事们一道，很快将学科建设规划和博士生的培养方案拿了出来，并招收了 3 名博士生。他也成为学校最年轻的博士生导师之一。"我就是冲博导回来的！"年轻坦率的归国博士张新全"语惊四座"。与其在国外当博士后打工，不如回国当博导，教书育人进行自己开创性的事业。他没有失望。西部大开发，农业部投入 2100 万在四川搞规模化宝兴鸭茅牧草的生产，学校充分信任放手，张新全成为主力专家。

留德博士李学伟回校后，学校为他提供条件，使他先后破格晋升为副教授、教授，很快成为国内有名的动物遗传育种专家。如今，他被加拿大国际发展署聘请为中国加拿大瘦肉型猪国际合作项目的遗传育种技术负责人及美国饲料谷物协会聘请的养猪专家，是该协会在中国聘请的首位猪遗传育种专家。

事业留人。对于科研人员而言，最大的安慰莫过于重担压身、环境宽容。兽医分子生物学教授郭万柱充分感受到这一点。1986年，在美掌握了基因工程技术的他回到了学校，马不停蹄，他申报了自然科学基金项目"伪狂犬病重组疫苗研究"。时值省内狂犬病爆发高峰，每年因此致死1600多人。省领导委以重任，他同时又挑起了"狂犬病弱毒疫苗"的研究。没想到一场事故差点终结他刚刚起步的事业。1990年底，郭万柱带领科研人员搞出的一批疫苗在某地出了问题，三千多只狗打针后不久纷纷死去。一时间，当地人遍传疫苗导致了狂犬病。卫生部、公安部被惊动，省上立即成立专家组进行调查。种种非议和压力指向了郭万柱。关键时刻，学校首先为他承担了责任。省领导专门派人到学校安慰郭万柱："搞科学试验，可能成功，也可能失败。"几个月后，真相大白，原来因为实验室条件的简陋，一位研究生做狂犬病实验时，污染了实验台，从而使一批狂犬疫苗受到污染。省里和学校当下拨款，改进实验室条件，分开搞两个科研项目。经过8年苦心钻研，郭万柱终于试制出安全长效的狂犬病疫苗。同时，他研制成功我国第一株兽用基因缺失疫苗，在全国引起轰动。回想艰辛的历程，郭万柱说："有这么一个鼓励创新、宽容失败的环境，有这么一个患难与共、肝胆相照的集体，自己回来对了！"

数年前，一些教师因缺少经费等方面的科研条件，而走出国门。如今，伴随物质条件的不断改善，"211工程"的日益推进，学校在营造软环境的同时，硬环境也跨步跟上。一些教授自豪地宣告，自己的实验室条件已达到国际先进水平，这一切都增强了大家干好事业的信心与决心。

四、学校引以为豪的"人和"氛围，是归国人员爱国爱校的心灵家园

没有"天时"，更无"地利"。每一位川农大人引以为豪的是这里"世外桃源"般的"人和"。老一辈专家用"人梯"精神，营造出和谐的学术氛围与人际关系。高尚的师德、淳厚的学风在校园延续，令人如沐春风。四五年前，学校住房、工资等待遇都不高，但回国的留学人员比例仍持续增高；环境艰苦，但一大批专家和归国人员留下来了。长期形成的以"人和"为特点的学校小环境强烈地吸引着留学人员。长期以来学校领导班子带领广大教职工，抓住"211工程"建设和教育大发展的机遇，真抓实干，开拓进取，在学校扩大规模、提高质量和增强效益等方面取得明显成效。简单而融洽的人际关系，让干事业的人倍感轻松自在。

千方百计狠抓学校发展的学校领导班子，心里装着教职工，想方设法为教职工办实事。如为大家安装了天然气，实施了一次"厨房革命"。1998年又新建教职工活动中心和23000平方米的职工宿舍，使户平均住房面积由51平方米增加到69平方米。

早在20世纪80年代初科研经费极其紧张的情况下，数量遗传学家高之仁教授便经常帮助提携中青年专家成长，他把以自己名义申请的课题经费全部划转到一位年轻人名下，支持其搞科研；李尧权教授在指导学生取得不少研究成果或论文发表时，他总是拒绝署名或要求署名靠后，并因此和学生发生"争论"。在这批有着良好职业道德和"人梯"精神的专家影响下，学校多年来一直保持着良好的学术氛围，教师间人际关系融洽，很少发生争名夺利的事。

1998年，在学校3‰晋升工资的名额分配上，动物科技学院发生了激烈争论。老教授陈昌钧说："年轻人收入低，应该把名额给年轻人。"年轻教师程安春说："老同志机会不多了，应该照顾老同志。"双方为此相持不下。

尊重知识和人才，领导干部不搞特殊化。学校在职称评审、工

资待遇、干部选拔等方面尽可能向知识分子、向一线业务骨干倾斜。学校早在1998年就规定，教师晋升教授必须具有博士学位、晋升副教授必须具有硕士学位。

而在享受面前，领导想到的是教职工。房子的分配历来是人心的风向标。1999年，这个最易触发矛盾的敏感问题也摆在了校领导面前。但是，作为政策的制定者，如果他们出台有利于自己的政策，就可以分到好楼层。他们最终采用了原有的分房办法，结果6位校领导有4位包括书记、校长分到的是顶楼或底楼。教职工都戏说，我们的领导真是"顶天""立地"！领导干部以实际行动在群众中树立了良好的形象。校党委书记于伟说："分房涉及个人的利益，思想上也不是没有过想法。但是学校班子认为，要看积累型贡献，要首先把为学校建设与发展贡献出毕生精力的老同志安排好、照顾好。"年轻的副教授曾宪垠没想到，自己竟能分到与校领导一样的150平方米的住房。他激动地说："我现在真是安居乐业了！"

在车子问题上，学校同样先考虑教职工。成雅高速公路未通车之前，为方便老师到成都办事，学校花40多万元买来高档中巴车。车队舍不得用："路太烂了！""就是因为路烂才要买好车，跑坏了再买！"

学校还注意一些"细节"问题，时刻关心着留学人员的生活和事业。每逢元旦、春节、中秋等重大节日，学校国外留学人员都会收到有校领导签名的贺卡。教师潘光堂到法国留学时已与妻子离婚，家里5岁的儿子时常让他牵挂。让他感到意外的是，时任系党总支书记的于伟冒着酷暑，专程赶到他的家乡简阳看望他的儿子。回忆起这段情景，潘光堂感慨地说："点点滴滴都是情啊！"

按照国家政策，获博士学位的留学人员可获得国家配套科研经费，而其他人员大多难以获得政府经费支持。尽可能为留学人员创造科研条件，学校长期坚持帮助各类留学归国人员向有关部门申报科研课题、争取科研经费。学校还建立留学人员自选课题专项经费。

"其实哪里有绝对的净土，教师间难免发生摩擦。"时任校党委书记的于伟如是说。但苗头一出，学校都努力去化解。农业科研的区域性、长周期性和社会公益性，决定了它需要一个团结协作的集体。学校态度一贯鲜明："团结才能出生产力，互相争斗最后都没有赢家。"

房子、设备的落后，有钱就可改善；但"人和"的环境，要有历史的积淀和传承，这是千金难买的。几代知识分子呕心沥血、薪火传承，形成了"爱国敬业、艰苦奋斗、团结拼搏、求实创新"的"川农大精神"。人人都有高度的责任感，个个都是干实事的主人翁。"川农大精神"成为学校凝聚人心的"镇校之宝"。

在面对媒体的采访时，这些归国人员说得最多的一句话就是：我无怨无悔。一个人为自己的选择无怨无悔，这当是人生中极大的一种幸福。留学归国的川农人何其幸也，川农何其幸也。

任何所谓奇迹的产生，都需要一种力量来支持，学校用实际行动做出了回答，那就是精神的力量，爱国的力量。

第六章 1999年至今：
新世纪"一校三区"的川农大

关键词：一校三区　本科教学评估　川农大精神　百年校庆

　　新世纪，对于我国高等教育发展来说堪称一个黄金时代。在高等教育大众化的积极推进下，我国高等教育事业得到迅猛发展。2002年，我国高等教育毛入学率达到15％，实现高等教育大众化，普通高校招生320万人，在校生903万人；2015年全国高等教育毛入学率达到40.0％，普通高等教育本专科共招生737.85万人，各类高等教育在学总规模达到3647万人。

　　通过高等教育大发展，高等学校的学科分化不断加速，专业设置不断调整，社会需求的覆盖面不断加大，教育质量不断提升，为社会提供了越来越多的优秀人才。

　　乘着全国高等教育发展的东风，学校也驶入发展快车道。21世纪的近16年来，学校办学综合实力明显增强，在人才培养、科学研究、社会服务等方面的成绩都可圈可点，学校的美誉度和知名度逐渐提升，学校的核心竞争力不断得到强化。

　　四川农大这16年是一个快速发展的16年，也是一个蓄势的16年，是一个拓展的16年，也是一个回归的16年。就区域发展来说，从2001年都江堰的四川省林业学校并入学校后，到2010年，成都校区正式启用，学校在雅安、温江、都江堰三地办学，实现了一校三区鼎力发展的格局。就发展成就来说，这15年，学校可谓成绩卓著：2005年学校在本科教学评估中获得优秀；2001年、2006年学校两次被中组部授予全国先进基层党组织称号；江泽民同志、李岚清同志等先后到校视察，肯定学校成绩；温家宝同志两次对"川农大精神"进行批示。"川农大精神"在全国引起高度关注，2000年、2002年和2008年全国、全省三次集中宣传了"川农大精神"，"爱国敬业，艰苦奋斗，团结拼搏，求实创新"的"川农大精神"响彻大江南北。2006年，学校迎来百年华诞，百年的风雨、百年的积淀、百年的奋斗、百年的收获，百年办学史上成功的慰藉和曲折的辛酸，构成了学校丰富的史料和多彩的乐章，也成为学校宝贵的财富和奋进的动力。2010年，在学校第九次党代会上，学校清晰定位了未来发展的目标——有特色高水平"211工程"大学，有特色才能在众多高校中脱颖而出，高水平才能在同类高校中屹立不群。有特色高水平这几个字，既有对学校过去积淀的特色的肯定，也有对未来学校核心竞争力的审视，要达成这一目标，还需要所有川农人共同奋斗。

第一节　从四川省林业学校的
并入到百年华诞（2000—2006）

我们回到2000年的川农，当时学校拥有在校学生数5427人，其中博士71人、硕士360人、本科生4506人、专科生490人。对比一下学校现在的相关数据，我们会发现，在校学生数上升了6倍多，这几年的发展速度非常惊人。1999年前，学校招生仅限在四川省内，1999年开始向省外投放招生计划，当年向作为直辖市的重庆招生，同时向云南省投放了招生计划。2000年增加了贵州、海南等省，招生的省份逐渐扩大到8个，2001年扩大到12个，2002年学校招生的省份已经达到19个。2002年外省新生第一次超过了1000人，比2001年增加了542人。2003年以来，学校学生生源遍及全国 24 个省、市、自治区。同时，学校在这个阶段也迈出了由一般本科批次招生向重点本科招生的重要步伐。从 2001 年开始，学校将生物技术、农学、动物科学等优势学科专业纳入重点批次招生。因为学校在全国的知名度以及农学的特殊地位等多种原因，导致当年初次在重点批次招生上遇到了极大的困难，但学校没有动摇进入重点批录取的信心。2002 年，学校加大了宣传力度，调整了重点批次的专业结构，收到了很好的效果，重点批生源情况大大改善，第一、二志愿率达 60％以上。2006 年学校重点批计划占校本部招生计划总数的 70％。2016 年实现了全部重点批招生。

一、学校迅猛发展的主要因素

这种迅猛发展当然是在国家推进高等教育大众化的过程中出现的，但是另外也有两大主要影响因素。

第一，随着国家对农业越来越重视，农业大有可为逐渐成为社会各界人士的共识，学农没有前途、学农就是脸朝黄土背朝天的陈旧观念得到显著改变，农业大学逐渐受到追捧。2003 年 9 月 19 日《中国教育报》第二版刊登了一则学校的新闻《城市考生热衷学农——四川农大今年新生一半来自城市》，这则新闻在十几年后的今天看起来比较突兀，但是在当时却是上了《中国教育报》，这里面包含着什么信息？

长期以来，我国农村和城市处于二元化格局，农村就是凋敝、落后的代名词，城市就是好生活、幸福的名片。一般来说，资源、人才流动的方向就是从农村到城市，跳出农门是很多农村人的心声，城市考生认为学农没有前途，看不起学农的。这也导致作为农业高校的定位有些尴尬，农村学子不愿意报考，城市学子更不愿意报考。可以说，当时很多学生得知自己被川农大录取后，第一反应是心有不甘。而当城市考生热衷于学农的时候，说明越来越多人意识到农业正在成为新的经济增长点。

中国是一个拥有 13 亿人口的发展中农业大国。农业在中国历来被认为是安天下、稳民心的战略产业。1978 年开始的以市场化为取向的农村改革，是中国农业发展的历史性转折点，不仅突破传统体制的束缚，推动农村经济的快速发展，创造了以不足世界 9％的耕地养活世界近 21％人口的奇迹，而且带动和促进了中国经济体制改革的全面展开，有力地支持了中国经济的高速增长。2001年底中国加入 WTO，中国农业对外开放程度大幅提高，中国农业与世界农业的关联程度发生重大变化。在世界贸易体系中，中国作为农产品生产大国和消费大国，既可能受到国际市场的不利冲击，同时也对国际市场有着巨大影响。

"三农"问题是全党工作的重中之重，各方面关心农民、支持农业、关注农村的氛围十分浓厚。支持保护政策体系更加健全，"四取消、四补贴"、最低收购价、大县奖励等强农惠农政策力度不断加大，带动和促进的近年来农业经济保持良好发展势头。

从新世纪以来连续十三年发布的中央一号文件中，我们可以看出国家为推动农业发展而进行的系列谋划。这也充分证明国家对农业的重视度。

在国家支持保护农业的氛围日渐浓厚的条件下，为农业输送人才、成果的农业高校也迎来了属于自己的春天，围绕国家对农业人才的需求，着眼于四川农业经济发展和西部大开发战略，2000 年后，学校在培养人才上也进行了相应的调整，实施了"优势骨干专业创品牌工程"。学校农科专业 14 个，占农科类专业的 88％，为此，学校加大了改造传统农科专业的力度，将 14 个传统专业打造成优势品牌专业，以他们为生长点，积极培植新兴交叉学科，坚持"以生物科技为特色，以农科为优势，理工经管文协调发展"的办学特色，适当增设了生物科学、植物科学与技术、国际经济与贸易等社会急需专业，涵盖了农、理、工、经、管、文、法、医 9 个学科门类。到 2016 年，学校共有 86 个本科专业。

对于新办专业，学校主要采取的途径有：一是从优势专业的专业方向发展为新方向，如将农学专业药用植物方向发展为中草药栽培与鉴定专业，动物医学专业的生物医学工程方向发展为新专业，林学专业的森林旅游与资源保护方向发展为森林游憩专业。二是将原有专业改造成新专业，如将原动物药学专业改造成药学专业，兽医卫检本科和动物检疫专科改造为动植物检疫专业，农业环境保护专业改造为环境工程专业，农机专业改造为农业机械化与自动化专业等。三是有的研究生专业向下拓展为新的本科专业，例如，以生物化学与分子生物学、作物遗传育种学、动物遗传育种与繁殖和预防兽医学等几个博士点为基础，增设生物科学、生物技术和生物工程本科专业。四是通过学科交叉培育新专业，如农学、园艺、植保和生物技术联合创办植物科学与技术专业，在计算机科学与经济管理类专业的基础上开办电子商务专业等。五是集中相关学科力量，在多年专科和辅修专业的基础上新办社会急需的专业，如广告学、英语、社会体育、人力资源管理、法学等专业。

优势专业带动下，多专业齐头并进，给学子更多选择专业余地，因而呈现出欣欣向荣的局面。

第二，学校毕业生持续走俏的马太效应带来学校生源良好的局面。随着高校扩招，一年一年的毕业大学生总数不断攀升，大学生从天之骄子的光环中走出来，就业形势逐渐严峻。扩招之后，大学生就业不再由国家包分配，而是自主择业、双向招聘，由于结构性失业、就业观念转变不及时等多种原因造成了大学生就业难问题逐渐凸显。

共青团中央学校部、北京大学公共政策研究所2006年5月联合发布了"2006年中国大学生就业状况调查"，对当年大学生就业状况进行了分析。调查显示，各学科就业率依次为：农学78.38%，管理学58.02%，工学55.44%，历史学51.85%，哲学40.35%，法学37.85%，教育学33.33%，医学31.01%。从中可以看出农学整体就业率比其他学科高，学校的就业率更是一路凯歌：2000年以来一次性就业率均在85%以上，高于全国同类院校平均水平近10个百分点，2004年毕业生就业率达到93.6%，高于全国毕业生就业率 20 个百分点,山东、广西等省、区在学校招收选调生到基层工作数量逐年增多,学校成为四川高校中选调生人数最多的学校。《中国教育报》《四川日报》2005 年 6 月分别以《四川农业毕业生高就业率的背后"天机"》《四川农业大学毕业生缘何大受社会欢迎》对学校毕业生高就业率进行了长篇报道。总结出高就业率的原因在于"社会实践活动促进了学生全面发展,毕业学生综合素质好,勤奋朴实,勇于开拓,成为用人单位满意的合格人才;学校积极开拓就业渠道,传递就业信息,毕业生信息充足,选择充分,好马早随伯乐归"。连续多年毕业生就业率稳定在 95% 以上,2012 年学校荣获"全国毕业生就业典型经验高校"称号,全国有 50 所高校获此殊荣。

在学校的情况简介中,有这样一段话:百余年来,川农大始终以"兴中华之农事"为己任,铸就了"爱国敬业、艰苦奋斗、团结拼搏、求实创新"的"川农大精神",形成了"重品德、厚基础、强实践、求创新"的优良办学传统,凝练出"追求真理、造福社会、自强不息"的校训,孕育出"纯朴勤奋、孜孜以求"的校风,培养出毕业生"勤奋朴实、勇于开拓"的品质。确实,正是一届又一届川农大学子勤奋朴实、勇于开拓的品质博得了用人单位的青睐,让他们与学校结下了不解之缘,从而坚持前来招聘人才。这种勤奋朴实、勇于开拓的品质闪耀在众多校友身上,不断提升着学校的美誉度。

二、四川省林业学校整体并入学校

2001 年 4 月,具有 48 年办学历史的原四川省林业学校整体并入四川农业大学,成为川农大都江堰分校。当时成立时,有 13 个专科专业,2003 年起,学校根据发展战略调整了教育布局,将专科教育全部调整到都江堰分校。

都江堰分校的并入,使学校的规模得以扩大。2002 年都江堰分校停招中专生,始招本科生。在并入四川农大前,四川省林校曾经有过十分辉煌的时期，因为是行业主办的学历教育，其专业对口性强、工作单位稳定使得很多成绩优异的学子选择读中专，但是，在大学扩招之后，中专的招生受到极大冲击，在并入之前，四川省林校招生并不理想。所以，并入学校后，都江堰分校从中专学校发展到招收本科生，是一次完美的蜕变。

2003 年，学校的职业技术师范学院及全国重点建设职教师资培训基地迁至都江堰分校，都江堰分校与学校建制逐步融合，在不断探索中寻找自身的特点。

三、本科教学评估获优秀

2005 年，学校迎来了发展中的一件大事——本科教学水平评估。12 月 10 日至 16 日，由南京农业大学副校长曹卫星教授任组长的教育部本科教学工作水平评估专家组一行 14 人对学校进行实地考察。专家组听取了校党委书记、校长文心田关于本科教学工作情况的汇报，查阅了 749 条支撑材料，考察了学校图书馆、教学科研园区、体育场馆等主要公共设施和化学、物理等 6 个实验室，走访了农学、动物科技等 8 个学院和党办、校办、教务处、人事处等 14 个机关处室和教学单位，召开了校领导、教师代表、学生代表、离退休人员、教学管理人员等 8 个专题座谈会，组织了 6 次教学效果调查，考察了校外实践教学基地、学生早操、晚自习、学生食堂以及文化素质教育活动等情况，随机听课 35 门次，调阅了 17 个专业 195 份毕业论文（设计）、21 门课程 1126 份试卷、207 份实习实验报告和作业。

专家组对学校本科教学工作所取得的成绩给予了充分肯定和高度评价：学校办学指导思想明确，发展定位准确，规划科学合理；重视师资队伍建设，教师整体素质不断提高；加强教学基础设施建设，办学条件大为改善；专业建设与教学改革成效显著；教学管理科学规范，教学质量保障体系完善；加强学风建设，注重实践能力培养，学生综合素质明显提高。专家组一致认为，在近百年的办学实践中，学校广大师生员工扎根山区，艰苦创业，励精图治，服务"三农"，积淀并形成了"重品德、厚基础、强实践、求创新"的优良办学传统，铸就的"川农大精神"在全国同行中产生了深远的影响。学校近年来不断更新教育思想观念，以"211工程"建设带动全校各项工作，加大教学基础设施建设，深化教育教学改革，强化教学过程管理，注重科研促进教学，进一步巩固了本科教学工作的中心地位，评建工作成效显著，办学实力明显提高，人才培养质量和总体办学水平上了新的台阶，形成了鲜明的办学特色，走出了一条农科教、产学研相结合，服务"三农"的办学之路，为我国西部地区农业和农村经济发展做出了突出贡献。专家组同时指出，学校需进一步加大新办专业建设力度，确保新办专业具有更好的学科支撑、教学条件和师资队伍，保证教学质量不断提高。教育部专家组离校后，学校进行了认真总结，形成了学校党委关于整改方案的〔2005〕35号文件，并成立了本科教学整改工作领导小组，下设整改工作办公室。

2006年4月7日，教育部在教高函〔2006〕9号文件中宣布四川农业大学"本科教学工作的评估结论为优秀"，本次评估全国共有43所高校获得优秀，四川农业大学名列其中，是四川省获优秀结果的唯一一所高校，这体现了社会对学校教学质量和整体办学水平的认可和肯定，标志着学校本科教学迈上新台阶，对学校今后的进一步发展奠定了良好的基础。

在本科教学评估中，有很多值得回味的细节，充分体现出学校的校风校貌，也感染着所有来校的专家。以评估晚会中的一个小故事为例，当天晚上，5000多名师生汇聚体育馆，红旗如卷，掌声如潮，在这样一个隆重而热烈的时刻，突然出现了一个差错。当两位主持人走出来报幕时，女主持人的话筒突然不能出声了，男主持人忙把他手中的话筒递过去，然而，同样不能出声。那一刻，台下的师生空前团结，鸦雀无声，没有起哄，没有哗然，连在忙碌的工作人员也不由自主地轻手轻脚，没有发出一丝声音，现场一片安静。两位主持人随机应变，抛开话筒，直接向观众报幕。在宁静的背景下，他们的声音在体育馆远远地传开来，化解了此次危机。这份寂静让莅临晚会的专家被全校师生的团结感动得当场洒泪，由衷地对"川农大精神"竖起了大拇指。

经历那难忘一刻的同学事后回忆说："说也难怪，平时大家在体育馆时，稍微远一点，即便大吼，也难以让对方听清楚。而那晚，我们仿佛能感到主持人是如何呼吸，再如何通过声道将清脆、洪亮的声音传达给观众的。我们听得如此真切，感受如此深刻，甚至连距舞台最远的同学都被这声音震撼着心灵。那一刻，我赞叹，赞叹主持人的随机应变；那一刻，我感动，感动我校师生自发的空前团结；那一刻，我领悟，领悟到'川农大精神'的真谛。在这样的学校生活，我们懂得怎么做人，在这样的学校学习，我们会学会怎么做好人。"

四、百年华诞盛世庆典

2006 年，学校迎来百年华诞。10 月 6 日校庆当天，上万名校友从四面八方赶回母校，齐聚一堂，重温学校一个世纪的辉煌，祝福学校百年华诞。原中共中央政治局委员、国务院副总理李岚清等领导为四川农业大学百年校庆题词，国务委员陈至立、四川省委书记张学忠等领导为校庆发来贺信，教育部、农业部等相关部门也发来贺信，祝贺四川农业大学百年校庆。

校庆期间，学校通过隆重召开 100 周年校庆庆祝大会、大型文艺演出、"建设社会主义新农村论坛"、"海内外学者论坛"、科技成果交流洽谈会、"中秋之夜"联谊活动和百年校庆纪念雕塑揭幕仪式等多项活动，回顾学校走过的百年历程，弘扬学校的精神，展示办学成就，凝聚激励人心，扩大学校影响，迈向新的征程。

从校庆的筹备、节目的组织到校友的热情都让人感受到川农人火热的情怀和超强的凝聚力。为了这一天，全校师生员工加班加点，无悔付出，力求让每个细节都臻于完美，保证了整个校庆活动紧凑而有序地进行。层出不穷的校庆活动，散发着油墨清香的几部书稿，各大媒体的宣传报道，装帧精美的纪念册、纪念封，装扮一新的校园，这一切，让校友感慨不已，让嘉宾们赞赏有加。

为联系校友，暑假期间，学校领导不顾酷热，赴省内外各地和校友座谈，讲学校今日之成就，叙昔日师生深情，盛邀他们回校参加百年庆典。顶烈日、冒酷暑的这份情谊感动了无数的校友，也感动了全体师生员工，他们全情投入校庆各项工作中。整理校友资料、联系各方校友的工作在暑期就全面铺开，学生利用暑期社会实践对校友进行走访，收集校友材料，暑期结束后，校友会秘书处的工作人员可是累得够呛，他们将学生收集的上万份校友资料整理、分类，然后返回到各个学院，这项烦琐的工作仅仅花了三天时间。联系各方校友也考验着大家。学校在85周年庆典时有一个校友名录，但时间太久了，很多校友的联系方式、工作单位都有变化，根本找不到人，有时候，只有校友的一个名字，其余什么资料都没有，大家就只有通过上网、打114等方式查询，一点蛛丝马迹都不放过，打十几个电话才找到一个校友还算幸运的，就这样依靠着一个一个的电话，共收集到了近万个校友的确切联系方式、几万校友的联系名单。

（一）团体操表演和校庆文艺晚会凝聚汗水

作为校庆的重头戏——团体操表演赢得了不少赞誉，在积满雨水的草坪上，同学们踏着欢快的鼓点翩翩起舞，全场掌声雷动！在此前的训练中，同学们表现出高度的奉献精神，因为要跪立，有的同学膝盖上磨出了血；因为要跑动，有的同学脚上出现了血泡；因为天气太热，有的同学晕倒……但是他们未曾有过退缩，他们始终坚强地出现在体育场上，同心协力，圆满地完成了一个个动作。当成都体育学院的老师来学校看到同学们表演的团体操时，他们连说："你们川农大居然能够在很短的时间内完成这么宏大而震撼的团体操，简直就是一个奇迹！"

和大型团体操一起，校庆文艺晚会为整个百年校庆画上了最浓墨重彩的一笔，也凝聚了多少师生辛勤的汗水。已经八十多岁的贾厚仲老师因股骨头坏死行动非常不便，必须依赖拐杖；马汶老师的女儿做眼角膜移植手术；严治彬老师身体不好一直在医院打着点滴；刘冬云老师颈椎错位，每次跳舞都疼痛难忍……但大家每次排练都一丝不苟地参加。参加舞蹈表演的同学，暑期中冒着酷暑，在练功房里一待就是一天，又累又热几乎连话都不想说；由于很多舞蹈动作需在地上反复练习，使得所有舞蹈演员的双膝红肿、发青。最让人感动的是全体演职人员表现出来的深情。最后连续彩排的那几天，天空中都下着大雨，师生们没有一个人叫苦，淋着雨坚持着排练，摔了跤一声不吭又爬起来继续排练，而且大家都为正式演出不要下雨而祈求上天……"有一个期待，一等就是一百年。有一些祝愿，在心底已默默述说千万遍"，正是怀着这样的情怀，所有川农人的心团结在一起。

（二）晚会上未了的心愿

在百年校庆晚会上，有这样一个细节打动了无数的川农人。农学院老教师张玉贞展示了 33 位 1950 级农学院农学系同学的捐款。其中两个名字醒目的标上了黑框，他们分别是漆骏良和陈伯鱼两位老师，他们对母校一片深情，却没能等到百年校庆这一天。

作为新中国成立后第一届农学院农学系学生，对于母校他们有着难以割舍的情感。漆老对母校的点点滴滴都一一记在心里，85 周年校庆他参加了、同学毕业 50 周年聚会他也回来过，能回学校参加百年校庆是他的心愿，可是，病魔无情地侵袭而来，躺在病床上，漆老心中牵挂的却是母校的百年校庆，他拿出 200 元钱，嘱托儿子交到学校。8 月 8 日，漆老离开了人世，此时离校庆不到两个月时间。儿子遵从他的遗言，委托张玉贞老人把钱转交学校。

陈伯鱼老人是班级联络组的负责人之一，校庆之前，他积极联络省内省外的同学，组织他们捐款，江苏、甘肃、山西、陕西、湖南等地的校友，凡是能找到联系方式的，他都一一通知到了。8月底，陈老把33位校友的2050元捐款交到张玉贞老人处，大家相约着校庆再聚首。可是，天不遂愿，9月5日，陈老因病去世。

（三）校园人文地标

校庆期间，各地校友在学校纷纷捐建雕塑，以丰富校园文化景观，激励师生创造更大的成绩，也寄托校友们对母校的情谊和希望。笔者在此盘点一些雕塑，展示校园人文地标。

重庆校友会捐赠的江竹筠烈士铜像已经成为学校爱国主义教育的基地。不时有师生前往瞻仰，并敬献鲜花，追思英烈。

眉山校友会向母校捐赠的贾思勰雕像，意在激励广大学子投身农业。贾思勰是北魏农学家，他从传统的农本思想出发，著书立说，写成了世界农业学史上最早的专著《齐民要术》，对中国农业和世界农业发展做出了巨大贡献。

乐山校友捐赠的"百年树人"雕塑，由三根石柱支撑，似学校厚实的肩托起一代代莘莘学子，寄寓"百年川农，百年树人"，象征着川农大百年来所取得的累累硕果，是百年川农大在时间上的纪念，也是在空间上的成长，寄予了乐山校友对母校的深深热爱。

南充校友会捐赠的"川龙大"雕塑，三株勃勃生机的禾苗为"川"，中间为盘旋腾飞的龙，下部三个大字组合一周，意根基坚实，整体雕塑寓意川农大苗壮成长，如龙腾飞。

四川省农科院捐赠的雕塑"腾飞"由向上堆砌的书本组成展翅飞翔的造型，寓意知识的腾飞，表达了四川省农科院和全院川农大校友对母校的感激之情。

老板山读书公园是学校打造了一大人文景观。1956年，学校迁来雅安时，老板山黄土斑斑，山岩突现，山坡坟冢重叠，经过几十年的建设，老板山上现在乔灌混交林的竹木树种50种以上，各种鸟、兽约40余种，形成了良好的生态环境。2003年，学校在老板山建设老板山读书公园，建成一条长1公里多蜿蜒山腰的盘山水泥公路，护栏、石桌、石凳、雕塑、名言壁等点缀其间。山上林木郁郁葱葱，山下人才济济；林中鸟雀争鸣，校园书声琅琅，成为校园一道人文地标。

第二节 灾后异地重建的悲壮与豪迈（2007—2010）

2007 年到 2010 年，虽然只有短短的三年，但是在川农大的历史上却是一个变化最多、发展最快、大事要事不断的三年：2007 年，温家宝总理继 2002 年 1 月 3 日在《国内动态清样》第 3007 期就《四川农业大学吸引留学人员的启示》一文做出批示后，再次对学校工作进行批示。2008 年，学校在"5·12"汶川大地震中严重受损，全校师生团结一心，积极投入夺取抗震救灾全面胜利的战役中。学校决定在温江异地重建，经过两年的努力，川农大成都校区在 2010 年 10 月 10 日正式启用，开创了学校一校三区的历史时代。

一、学校工作再获肯定

中国共产党第十七次全国代表大会于 2007 年 10 月 15 日至 21 日在北京召开。大会主题：高举中国特色社会主义伟大旗帜，以邓小平理论和"三个代表"重要思想为指导，深入贯彻落实科学发展观，继续解放思想，坚持改革开放，推动科学发展，促进社会和谐，为夺取全面建设小康社会新胜利而奋斗。胡锦涛代表第十六届中央委员会向大会作了题为《高举中国特色社会主义伟大旗帜，为夺取全面建设小康社会新胜利而奋斗》的报告。报告科学回答了党在改革发展关键阶段举什么旗、走什么路、以什么样的精神状态朝着什么样的发展目标继续前进等重大问题，对继续推进改革开放和社会主义现代化建设、实现全面建设小康社会的宏伟目标做出了全面部署，对以改革创新精神全面推进党的建设新的伟大工程提出了明确要求。报告描绘了在新的时代条件下继续全面建设小康社会、加快推进社会主义现代化的宏伟蓝图，为我们继续推动党和国家事业发展指明了前进方向，是全党全国各族人民智慧的结晶，是我们党团结带领全国各族人民坚定不移走中国特色社会主义道路、在新的历史起点上继续发展中国特色社会主义的政治宣言和行动纲领，是马克思主义的纲领性文献。大会的突出贡献，是对科学发展观的时代背景、科学内涵和精神实质进行了深刻阐述，对深入贯彻落实科学发展观提出了明确要求。

在出席党的十七大的四川省代表团 69 位代表中，有 5 位是学校培养的毕业生，他们分别是时任省委常委的李登菊，时任乐山市委书记的于伟，时任宜宾市委书记杨冬生，时任四川农大党委书记、校长文心田，时任省农科院研究员的彭卫红。温家宝参加了四川代表团的讨论。在出席十七大之时，文心田特意把饱含 3 万多师生员工深情的汇报信带给温家宝总理，在信里，汇报了学校弘扬川农大精神，促进学校发展，心系三农，推进农业现代化，服务新农村建设工作取得的成绩，随信还带给了温总理学校当年获得国家科技进步二等奖的成果——撑绿杂交竹的两片竹叶标本。温家宝总理在极繁忙中，当天看完信即做出批示："川农大的工作很有成绩，办学经验值得重视。"取到总理批示后，文心田第一时间从北京拨通了撑绿杂交竹成果的主持人、时任林学园艺学院副院长陈其兵的电话，向师生们报喜。总理的批示充分肯定了学校的成绩，让大家备受鼓舞和鞭策。

[链接材料]

致温总理的信

敬爱的温总理：

您好！

在党的十七大召开之际，我作为党代表带来了全校三万师生员工对您最诚挚的问候和最美好的祝愿！

2002 年 1 月 3 日，您在对新华社《国内动态清样》第 3007 期《85％的回国率是怎样产生的？（四川农业大学吸引留学人员的启示）》一文的批示："'川农大精神'应该总结、宣传和发扬。"对我们是巨大的鼓舞与鞭策。五年多来，我们遵照您的批示，不断总结、宣传和弘扬"川农大精神"，作好人才培养、科学研究和社会服务工作，努力为促进现代农业发展、建设社会主义新农村和实现全面建设小康社会做出新贡献。

敬爱的温总理，到今年，我校已有101年办学历史，前五十年在成都，迁川西雅安办学已整整51年。百余年来，经代代师生员工传承实践和升华形成的"爱国敬业、艰苦奋斗、团结拼搏、求实创新"的"川农大精神"，反映了历代川农大人根深蒂固的爱国情怀和兴农报国的执着追求，是学校宝贵的精神财富。"川农大精神"渗透到了我校教学、科研、社会服务等各方面工作中，对推动学校改革与发展、办好人民满意的教育发挥了非常重要的作用。近年来，学校的人才培养、科学研究、国外引智、学生社会实践、毕业生就业、体育卫生等工作先后多次被评为全国先进。2003年，学校被表彰为"全国留学回国人员先进工作单位"，2001年、2006年学校党委均被中组部表彰为"全国先进基层党组织"。2005年学校接受教育部本科教学工作水平评估获得优秀。现学校已发展成为一所西部办学特色鲜明的国家"211工程"重点建设大学。

敬爱的温总理，我们知道，解决"三农"问题作为全党工作重中之重的工作，一直牵动着您的心。我们认识到，解决"三农问题"，农业高校肩负着重要的历史使命和责任。近年来，我们弘扬"川农大精神"，不断探索和创新服务"三农"的新机制和新途径，在这里我们向总理作如下汇报：

坚持"产学研"结合，建立农业科技"专家大院"，加速科技成果转化。自1983年以来我们与数十个市、县、区和上百家企业建立了"产学研"合作关系，校地、校企合作共建多个试验示范基地。据初步统计，学校已在全国先后推广科技成果300多项，创社会经济效益570多亿元。近几年来，学校与地方企业又共同建立了21个农业科技"专家大院"。以"专家大院"为载体，学校教师把成果带入企业，培育基地，带动产业，把科技传播到千家万户。据不完全统计，三年多来"专家大院"共开展科技培训 130 余期，企业实现销售收入 29000 余万元，建立示范户 9400 户，其人均年收入增加 550 余元。一些"专家大院"已成为科技成果的转化基地和创新人才的培养基地，对带动地方经济发展起到了很好的作用。我们还建立和开通农业星火科技网站和"农民科技 110"，为农民直接提供技术支持和科技服务，搭建起服务"三农"的新平台。

发挥优势，为农村培养致富带头人。多年来，学校在抓好校内各类学生培养的同时，还通过各种途径和形式举办培训班，为农村培养各类实用人才和致富带头人，推动农民致富脱贫。2006 年，学校主动承担四川省委在我校培训 12000 名农村党支部书记任务，当年已完成培训 6700 余人。培训过程中，充分满足村支书对实用科技的选学愿望，注重针对性和实用性，深受广大村支书们的欢迎。

充分发挥广大学生为新农村建设服务的作用。我们把弘扬"川农大精神"同以"心系'三农'、振兴中华"为主题的学生社会实践活动紧密结合，通过学生大规模的"三下乡"社会实践，实施"万户农民科技致富行动"。仅三年来就有 5.7 万余人次学生和 1100 余人次教师参与了活动。通过科技赶集、科技培训和学生服务等形式，为农民解决了大量生产、生活中的实际问题。我校学生的社会实践活动已连续 15 年被中宣部、中央文明办、团中央和教育部表彰为全国先进。

爱洒老区，倾情扶贫。近年来，学校在革命老区通江县实施定点帮扶。捐资 30 万元帮助通江民胜小学建起一幢教学楼，捐赠计算机 35 台、图书 2600 余册，资助 266 名贫困儿童上学。同时赠送通江作物优良品种和伴种剂，支持通江发展特色农业，帮助农民增收致富。

敬爱的温总理，学校所做的工作得到了各级领导和广大人民群众的肯定和赞扬。我们一定不辜负党和国家的期望，我们将继续弘扬"川农大精神"，与时俱进，开拓创新，努力把学校建设成为农业和农村先进生产力的研发基地、先进文化的培育基地和高素质创新人才的培养基地，为建设社会主义新农村再创佳绩、再立新功。

敬爱的温总理，90 年代初，您曾来我校小麦研究所视察，当时的情景还深深地留在我们的记忆中，我们全校师生期盼温总理再次来到四川农业大学视察。

2007 年 10 月 15 日

二、全面投入抗震救灾

2008 年 5 月 12 日下午 2 时 28 分，四川汶川爆发 8.0 级大地震。这次地震，对川农大影响深远。学校 40 多栋建筑严重受损，640 台（件）仪器设备受损。处于地震极重灾区的都江堰分校和小麦所，受损更是严重。

面对这场突如其来的灾难，学校各级领导干部不顾危险，身先士卒，组织快速有效，指挥坚强有力，全校师生团结一心，共同抗击灾难，写下一个又一个奇迹：都江堰分校是赶在救援队到来之前有组织地开展救人行动的单位之一，是都江堰市有组织的最大灾民安置点，是强震后全市最早恢复供电供水的单位之一，是当地最早原址复课的高校。学校师生在抗震救灾中的付出和努力，受到了时任国务院副总理李克强和四川省省委书记刘奇葆等领导的高度称赞。

（一）雅安校本部积极投入抗震救灾

地震发生后，学校即刻对受损情况进行了查看，并有效疏散了师生。地震造成通讯一时中断，学校领导和学工部老师提着扩音器在全校巡回通知全校师生员工集中到空旷地带休息，不要上街，不要惊慌。不少老师嗓子都喊哑了，依然重复提醒着学生相关注意事项。学校对学生停课、就餐、安全、防雨防寒等工作做了具体部署，要求全校师生沉着冷静面对灾害，团结一心，共同夺取抗震减灾的全面胜利。

　　根据学校部署，各个学院划分区域在指定空地搭建雨棚，以容纳更多的学生。相关部门迅速采购钢管、防雨布，组织人员冒雨搭棚。农场温室大棚以及各教学科研点也尽量腾出地方来方便学生入驻，教务处相关负责人和农场工作人员不停地在大棚巡视，安置组织学生有序入内。

　　为保障学生食品供应充足，学校小卖部、学生食堂都是 24 小时开放，为师生提供了充足的供应。天冷，食堂专门熬制了姜汤供学生免费取用。校医院全力投入伤员抢救和校园 120 巡视工作，全天候接诊病员。校车队将所有没有运输任务的校车都用以做师生移动休息点，供疲乏的师生小憩。水电、通讯维修中心通宵值班，随时待命。校保卫处工作人员也加强校园巡逻，全天候值班保证师生生命财产安全。到 5 月 13 日下午 5 点左右，随着最后一个雨棚在七行政楼前搭建完毕，学校共为各学院搭建了近万平方米的临时雨棚。依靠学校和各学院的救助措施以及学生积极参与自救，13 日晚上全校 2 万余名师生几乎都有了栖身之所。5 月 14 日，天终于放晴，有利于开展抗震减灾工作。当天上午学校再次召开紧急会议，为下一步防疫防病以及灾后复课等工作做准备。学校随即组织专家对学校各幢建筑进行检查，确定哪些属于危楼不能进入，并发布了关于房屋安全检查的通告（第一号），告知师生不能进入确定是危房的建筑。当天下午，学校对学生所有聚居点都进行了消毒处理，避免流行疾病发生。

　　5 月 15 日，结合雅安市的相关公告，根据专家分析预测，雅安大地震危险基本排除，学校及时召开抗震减灾工作会议，传达了教育部关于全力做好抗震救灾工作的紧急通知、省教育厅关于做好当前学校抗灾救灾工作的紧急通知和关于做好我省教育系统抗震救灾宣传工作的通知精神，部署灾后复课和防病防疫工作。学校发布了恢复上课的通知。与此同时，部分维修工作开始进行，学校各项工作开始回归正规轨道。

　　5 月 16 日，全校师生迎来了灾后的平静。继上午 8 时行政人员开始正常上班后，下午2：30学生也全面恢复行课。不少同学还对上课安全心存疑虑，校领导带队来到逸夫教学楼和第十教学楼，看望慰问上课的师生，并和学生一起听完了一节课。

（二）都江堰分校全面投入抗震救灾

2008年5月12日下午2时28分，强震撕裂了都江堰的平静，山崩地裂，楼塌路裂，水电气通讯全部中断。分校里围墙、水塔轰然倒下，空气中弥漫着呛人的尘埃，空前的考验降临。

强震袭来，分校校领导在运动场碰头后，迅速兵分三路开始组织自救：一路组织教学楼师生到运动场集中；一路到学生宿舍，通知学生到运动场；一路到校园各处检查受损情况。

没有旗帜、没有喇叭、没有任何通信设施，靠大声吼叫、靠相互辨认、靠来回奔波硬是在十分钟内把几千人集中到了运动场，并迅速按学院清理统计人数。在校外的教师也纷纷赶到学校，参与救援工作。"找到了组织，就找到了依靠。"地震发生后，这是分校师生心中常念叨的一句话。

几张桌子，一把大伞，一张打印纸，三个简单的大字——"指挥部"，建在礼堂前空地上的分校抗震救灾临时指挥部就这样扛起了组织的大旗。他们在这里运筹帷幄，指挥调度。

安全保卫、物资供应、工作协调三个小组同时运转。在危险建筑前迅速拉起了警戒线。校医院医务工作者抢出部分药品为受伤师生包扎止血。附近受灾群众不断涌入，学校果断决定将校门打开尽量让更多市民进入。全城所有的商店都关门，学校四处收集库存东西，准备限量发放。

一直到14日全校4000多名学生基本安全转移。在整个过程中，校内无死亡事件发生，各项救助措施有序开展，这得益于整个学校领导班子和广大党员干部团结协作，高度负责干工作，舍小家顾大家，始终和学生在一起。

听到中医院垮塌的消息，城乡建设学院书记曾立家心里一沉，那天上午，嫂子刚住进中医院，哥哥前去照顾。明知亲人可能遇难，但全院 1000 多名学生需要他，他强忍悲痛留在了学校。曾立家和哥哥感情很好，父亲去世得早，哥哥成绩好却主动辍学打工供他上学。几天后，他找到了哥嫂的骨灰。夜里，从不轻易落泪的他悄悄哭了。

尽管回家只需两三分钟，城乡建设学院院长廖帮洪却根本顾不上回去看一眼、问一声在家的母亲是否安全。等到分校主持行政工作的副校长王刚要他去解救母亲时，他才知道，楼房一半塌垮，母亲被困在三楼的卫生间，危在旦夕。救下母亲，他又匆匆转身回到学校指挥救灾。

新建小学垮塌，儿子在该校就读，城乡建设学院院办主任赵守勇却忙着组织学生，他说："这种时候我咋能走！"

不能走、不可走的信念传递到每一个师生心中。分校的科研骨干、50 多岁的陈东力老师坚持在学院物资发放点帮忙，三天三夜没合眼。

图书馆工作人员詹艳本可以离开学校，她却留下来加入到红十字会志愿者行列。她说："我好手好脚的，就想要做一点有意义的事。"

环境工程 2004 级 1 班高坡，实习回来就遇上地震，远在安徽的父母和已签约的宁波某单位多次打电话催他回去，他却说："这种时候我怎么能走啊，多留一分钟就能多出一份力。"

危难时刻，师生始终在一起，不离不弃，相互倚持，同舟共济，5000 颗心一起跳动，还有什么困难不能克服？

12 日下午 4 点左右，接到报告，3 名在外租房的学生被埋后，分校党委副书记舒敏火速组织二三十个人前去救援。用双手和简单的工具整整奋战了 4 个多小时，终于成功救出两名学生。

地震之时，休假在外的图书馆职工蒲晓东想都没想立刻朝学校跑，途中便听说新建小学和中医院垮了。在校门口，他一把拉住学生周香均："跟我一起去新建小学救人！"现场一片废墟，情形惨不忍睹，废墟下不时传来孩子撕心裂肺的哭喊声，闻者落泪。他们是首支赶到的救援队伍。"快快，到学校再找人来帮忙！"他是一名武警消防退伍军人，此时当仁不让成为施救组织者。现场搜索、搬运建渣、运送伤员，救援工作忙而有序。

回校学生一声请求增援，学生党员干部组成先锋队一马当先，越来越多的学生加入其中，学校先后共派出300余名同学作为志愿者到新建小学、中医院、聚源中学等处参与救援。

小学生的书包当筐装建渣，手是铲子到处刨，手刨出了血，把衣服撕下来包着刨，衣服磨烂了就用书包包着刨。一直到13日凌晨3点左右，专业救援部队赶到，他们才撤出。十几个小时里，蒲晓东他们忘记余震危险一直在废墟上尽力搜救，没有休息没有进食，争分夺秒只为把生的希望带给更多的孩子，仅他一人就刨出十几个孩子。从深圳毕业实习返校的信管教育2004级学生周香均一人就抢救出了3名小学生；林学教育2005级1班曾祥令同学在废墟中用双手刨出了6名小学生，其中1人生还。

分校地处都江堰北边，风景秀丽，被誉为城北公园，由于校内有宽阔的运动场，因此这里是市民避难的首选之地。"敞开门接纳受灾市民是我们的社会责任，不能推托。"王刚说。

分校面临前所未有的压力，一方面是学校5000多名师生的安危，另一方面是不断涌入避难的市民，高峰期市民达到3.5万左右。

在市政府全力投入抢救工作无暇顾及受灾群众安置时，分校毅然扛起重担，主动组织安顿受灾群众，为政府分忧。大爱无疆。宁可自己挨饿受冻，吃苦受累，分校师生把温暖和感动植入受灾群众心中。

学校把有限的资源拿出来分享，优先保证受灾群众的需要。男生们冒着余震危险，跑回寝室抢出近百床棉絮，全部交给临时医疗点的病员。学校收集的干粮原计划一个人一瓶水一个面包变成了四个人一瓶水一个面包。尽管饥肠辘辘，师生还互相谦让。

一家企业送来30匹彩条布，12日晚上师生搭起了简易雨棚供老弱病残使用，自己却站在雨里。没有支架，同学们就用手把雨棚牵起；病员输液没有撑架，学生用手高举着输液瓶。一夜风雨，一夜感动。

没有大规模的安置经验，师生凭着一腔热情和对群众负责的态度，组织安置工作。有些受难群众情绪焦躁，师生没少受气受累。外面的救援物资送到，牛奶饼干优先照顾老人、小孩，师生要费尽口舌跟其他群众解释。在保护食品、制止哄抢的过程中，分校副校长马明东眼睛挨了狠狠一拳，青了好几天。无怨无悔的付出，群众并没有忘记，在受灾群众眼里，分校师生就是他们的依靠，是值得信赖的人。经过灾难的洗礼，都江堰群众的心和川农大师生更近了，在都江堰，随处都能听到市民对师生的赞誉。在这一刻，作为川农大一员，师生感到无比自豪和骄傲。

5月19日下午，省委书记、省人大常委会主任、省"5·12"抗震救灾指挥部总指挥刘奇葆来到都江堰市最大的灾民安置点——四川农业大学都江堰分校，察看了集中供水点和医务站，慰问看望了安置点的分校师生和受灾群众，安慰大家万众一心，不屈不挠，友爱互助，自强不息，战胜困难，重建新的家园。当了解到川农大都江堰分校师生在地震发生后，迅速组织自救，勇于承担社会责任，在第一时间组织师生前往本市新建小学抢救被埋和受伤小学生，对涌入学校的受灾群众，组织师生为他们搭建临时帐篷，分发食品和饮用水，清扫垃圾，保持环境卫生，协助政府进行灾民管理的情况后，刘奇葆书记对王刚说："你们学校为受灾群众做了大量的工作，感谢学校的师生员工。"

5月20日，中共中央政治局常委、国务院副总理、国务院抗震救灾总指挥部副指挥长李克强来到重灾区之一的都江堰市，专门察看了都江堰市最大的受灾群众安置点——四川农业大学都江堰分校，详细询问了分校师生和安置点受灾群众的状况。

王刚向李克强副总理汇报了灾后分校师生抗震救灾的典型事

迹。在"5·12"汶川大地震发生后，分校不仅迅速有效地组织了师生抗灾自救，而且义无反顾地承担起了社会责任。广大师生舍小我顾大家，大力协助当地政府，为前来分校求助的受灾群众搭建帐篷，分发食品，清理垃圾，维持秩序，保障安全。当李克强副总理得知这一情况后，高度赞扬了分校师生在抗震救灾中的突出表现。他紧紧握住王刚的手深情地说："感谢川农大分校在抗震救灾中做出的贡献，希望广大师生们更加团结一心，众志成城，夺取抗震救灾的最后胜利。"

学校稳步推进分校教职工住房重建工作，重建住房面积达1.4万平方米，工程于2009年11月底开工；安排专项经费500余万元，补贴重建住房的240余户教职工；全面撤除危房，基本完成受损建筑的维修加固，公共建筑灾后重建二期项目建目和教学设备采购项目为都江堰校区办学水平的提高奠定了基础。

（三）谢谢你，校友！

"当我第一时间了解到我的母校——四川农业大学都江堰分校的受灾情况后，便及时采购了价值近10万元的蔬菜、肉类、调味品、水果和矿泉水，并组织了7辆卡车于15日迅速送到母校。"林业专业91届毕业生高剑能说，"这是我们学生在母校需要的时候，尽力回报母校的最好方式。"由于他的工作单位在郫县安德镇，离母校较近，事后又组织人员为母校送来了每餐能供180余人享用的热腾腾的饭菜，并且坚持送了近20天，母校师生心中充满感激，但他却只字未提。

"只是学生对母校表达的一点心意。"林业专业1987级学生程文芬在5月24日为母校送来价值6万余元的米、油、床，及时补充了母校师生的供给。

5月17日傍晚时分，有一群学生突然出现在母校师生的面前，并且送来了满满两卡车的油盐米和时鲜蔬菜。刘川老师拉着谯平同学的手，王刚老师拉着宋祖文同学的手，马明东老师拉着冉隆海同学的手，陈先林老师拉着伍十林同学的手，舒敏老师拉着陈小中同学的手……同来的还有贾玉福、周强、苟中华、雷素娟、廖小梅等。在母校最困难的时候，见到这样一群学生，老师们真有说不完的话，无不热泪满眶。据组织者之一的四川汇科生物技术有限公司总经理谯平介绍，这次为母校购买的物资是成都及附近的校友们自发捐款近3万元购买的。

5月25日，1999级林政资源管理专业的邹艳同学公考上秀山县的公务员，回母校四川农大都江堰分校办理政审手续时，看到学校的受灾状况时不禁掩面而泣。她决定除车费外，把身上剩下的300元钱全部捐给学校，说："一定要表示心意！"希望学校早日重建好。

6月8日，学校2004级信管教育专业的唐利平、张艳、陈江莎、樊华四位毕业班学生到学校取自己的物品（地震当时他们在外地实习），当回校看到学校受灾后，老师们为了学校和学生还一直坚持在一线工作，学校生活环境正逐渐恢复正常的情景时，四人当即决定将微薄的实习补助凑足888元捐助给学校。

在母校遭受突如其来的灾难时，学子们用他们赤诚的情怀温暖着母校的师生。

三、援建灾区显真情

学校积极发挥科技人才优势，投入抗震救灾工作。从5月17日到6月6日，先后组织106名志愿者参与抗震救灾动物卫生防疫应急队，奔赴彭州、都江堰等重灾区动物卫生防疫工作的最前线，在关键时期发挥了重要作用。志愿者们冒着余震和随时可能感染疫病的危险，克服停电、停水、日晒雨淋、风餐露宿、蚊虫叮咬等困难，发挥特别能吃苦、特别能战斗的精神，顶着动物尸体腐烂后极度恶臭的味道，夜以继日地开展死亡动物无害化处理、环境消毒、紧急免疫等。在短短25天里，挖掘、清理和处理死亡动物4.1万多头，对26个乡镇、463个规模养殖场、1.7万户农户及周边的灾民临时聚集点、屠宰场、市场、军营和水源环境进行了全面消毒，消毒面积达 500 多万平方米，开展狂犬病、猪链球菌病、猪乙型脑炎、炭疽等人畜共患病紧急免疫，工作处理 11 万头牲畜，发放动物卫生防疫宣传资料 1 万多份，为全省动物卫生防疫工作起到了强有力的示范、带动和宣传作用，为确保大灾之后，维护人民群众身体健康和生命安全做出了应有的贡献。四川省畜牧食品局为此专门发来感谢信，在信中指出："特别令我们感动的是，全体师生志愿者在完成高强度的动物卫生防疫工作的同时，还热忱关心受灾群众和基层防疫人员疾苦，及时给他们送去生活必需的物质，帮助抢收粮食，搬运物质，提供心理咨询替灾民排忧解难，还热忱帮助指导前来参加抗震救灾的解放军战士做好消毒和无害化处理工作，并利用晚间休息时间，帮助战士补习文化知识，充分展示了'川农大精神'的良好风貌。"

四川农业较为发达，素有"天府之国"的美称，是我国的粮食主产区之一，在全国有重要地位，做出了特殊贡献。然而，在 5 月 12 日汶川地震中，四川农业生产遭受了巨大的损害。

灾难是一时的，可是生产和生活还要继续，如何帮助灾区农业生产渡过难关，帮助灾民站起来，走好未来的路？作为四川省唯一的"211 工程"的农业高校，学校以自己的行动做出了最好的回答。

5 月 13 日 21 点，地震后第二天夜里，从成都到雅安，动物营养所王之盛教授，借着在汽车里的灯光用笔记本电脑撰写《四川地震造成奶牛产业的损失情况》专题报告。

这时候，离大地震过去才 30 个小时，他已经汇总到绵阳、成都、阿坝等灾区及来自四川省奶协的奶牛产业受灾资料。第二天一早，全文就发表在了北京奶牛信息网上，为上级决策提供了第一手资料。

啃干粮、喝凉水，"5·12"大地震发生后，像王之盛一样，出于责任的驱使和职业的敏感，广大师生已然奋战在灾后重建第一线。东汽下属的奶牛场有 150 头奶牛，地震发生后饲料供应完全断绝，面临被饿死的危险。得知消息后，老师们立即联系 5 吨饲料及时送往……蔬菜专家严泽生副教授，震后深入邛崃、双流等地指导恢复生产。地震灾区上百万牲畜死亡，对疫病传播和环境污染带来严重威胁。为防止灾后疫情发生，三批 100 多人的志愿者在杨淞、徐刚毅等多位老师带领下第一时间奔赴灾区，参加无害化处理和环境消毒等工作。

灾后初期，农民担心余震发生，很少考虑农业生产和恢复重建。老师们一边了解灾情，一边研究方案鼓励农民抢抓生产。5 月 26 日，副校长杨文钰舒了一口气，由他主持的国家粮食丰产科技工程的郫县核心示范区里，灌溉缺水、插秧缺人手等让他焦虑不安的问题一一解决，上千亩秧苗栽插完毕，为确保"受灾不减产"打下了坚实的基础。为了这一目标，项目组的任万军老师没顾得及回老家青川看看生死未明的老父老母，从 5 月 13 日开始就一直奔走在田间地头，直到确认"吃了定心丸"。杨文钰说："要是我们示范区都做不好，其他区域就更不好做工作了，一定要在大灾之年给大家带来信心。"

在校内，老师们做着力所能及的事情，希望为灾区重建作些贡献。从地震发生那一天开始，动物营养所余震中的办公室就灯火通明，时任所长的陈代文教授等 10 位专家汇聚一起，加班加点着手赶写《养猪业灾后重建饲养技术问答》。6 月初，该书就已经送到了陕西、甘肃和四川省各个灾区农民手中。在地震发生后 10 天内，像这样编成的资料还有《水稻救灾应急技术措施》《马铃薯抗震减灾建议措施》《地震对粮油生产的影响与救灾减灾措施》《玉米抗震减灾技术措施》《灾区主要农作物主要病虫害防治措施》《果树地震灾后恢复技术》《大熊猫栖息地主食竹地震灾后应急恢复与重建技术》《地震灾区固体废弃物污染防治与资源化》等几十种，为全省科学指导灾后农业生产、生态恢复与重建做出了应有的贡献。

震后不久，学校根据党中央、国务院和省委、省政府关于

"5·12"特大地震抗震救灾恢复重建的指示，大力弘扬"川农大精神"，充分发挥学校科技、人才优势，系统全面地参与灾区农业生产、生态恢复与重建工作。

从院士到助教，从学校领导到普通员工，只要工作需要都在被动员之列。在学校成立的领导小组中，全国著名玉米专家、72岁的荣廷昭院士亲自挂帅，任专家小组的组长，各院所院长、所长兼任副组长，成员包括了各相关学科知名专家，涵盖了玉米、水稻、马铃薯、水果、蔬菜等农作物品种，鸡、鸭、鹅、兔、猪等主要家畜，动物营养、疫病防治、环境、林业、加工、经管等领域强大的专家阵容，动员了学校大部分管理和业务骨干。

学校还明确要求，教师把承担的各类科技项目尽可能地与灾区恢复与重建结合起来，集中在重点区域实施，形成面上参与、点面结合的模式。雅安市的汉源县、成都市的都江堰和大邑县、广元市的青川县被学校确定为重点帮扶示范区，以知识、智能、技术、技能参与恢复和重建，作好示范，建立样板；在其他受灾重点区积极参与农业生产、生态恢复与重建的规划设计、方案制定，技术咨询、技术指导、技术培训等。同时积极与地方共同申报相关项目，争取国家和省里的支持。

为了使工作更好地得到推动，学校还建立激励机制和保障措施，设立农业生产、生态恢复与重建工作专项经费，将教职工参与灾后生产恢复工作量纳入年终考核。

总之，在灾后重建中，学校专家教授发挥科技优势，集成技术组装项目，以生活重建、生产重建、生态重建为重点，积极为灾区重建提供科技、人才、技术支撑，为灾区老百姓"住宅上档次""生活上水平""产业上台阶"而不遗余力。学校坚持社会服务是兴校之策，构建多元化社会服务体系。在"农科教""产学研""育繁推"的基础上，通过科技园区、专家大院、科技包村、科技特派员、专家挂职、社会实践等多渠道，探索以大学为依托的新型农村科技服务体系。2007年以来，推广科技成果200余项（次），累计创造社会经济效益 230 多亿元。2009 年学校被农业部批准为现代农业技术培训基地。特别是围绕四川"两个加快"，积极服务灾后重建，学校先后组织专家 500 多人（次）到灾区考察，编写 10 余万册（份）资料发放灾区，在德阳、雅安、都江堰、青川、绵竹等地实施灾后重建项目 20 多项，示范农业现代科技，引领科学恢复重建。

四、异地灾后重建的悲壮与豪迈

经过苦苦思索和周密论证，学校审时度势，决定调整发展战略和区位布局，在位于温江的水稻研究所原有基础和已购置土地上，进行灾后重建项目异地重建，构建成都校区。2009 年 6 月成都（温江）校区灾后异地重建项目正式批准建设。学校随即成立灾后重建工作领导小组和工程建设指挥部，克服重重困难，扎实有序推进各项重建任务。

成都校区总面积近 600 亩，另有教学科研园区 260 余亩。成都校区的建设可以说是迄今为止学校建校历史上最浩大的建设工程：20 幢学生宿舍楼、3 幢教学实验楼、1 幢图书馆、1 幢食堂、2 幢 18 层的电梯公寓……总建筑面积超过 24 万平方米，总投资 5 亿多元，相当于雅安校本部建筑总面积的 6 成。

这也是一项与时间赛跑的工程。作为学校灾后异地重建工程，按照国家和省上的要求，在一年半的时间里要基本完成重建项目。按照学校布局结构调整的安排，首批调整到成都校区的 4500 多名学生在 2010 年 10 月 8 日就要到温江报到。

面临的建设任务极端挑战川农人。但是，川农人迎难而上，圆满完成了一期建设任务，保证了成都校区的顺利启用，而且其中的一些设计也得到了广泛称赞。省内外的多所高校多次来成都校区参观学习，四川大学、电子科技大学、西南石油大学、西南科技大学等高校领导对校区建设赞赏有加：规划合理，功能分区明确，数字化校园建设起点超前。

2010 年 7 月 23 日，学校党委全委会以无记名投票表决全票通过党委常委会提交的校区调整框架方案。当日下午，《关于校区布局结构调整基本思路的通知》《关于校区布局结构调整框架方案的通知》正式印发。

此前，学校 9 位党委常委深入各中层单位，召开了主要由副高以上教师和科级以上干部参加的会议，"面对面""零距离"听取广大教职工的意见建议。党委书记邓良基、校长郑有良等校领导亦亲自前往都江堰校区听取意见。

2010 年 10 月 10 日，成都校区启用典礼举行，学校"一校三区"布局结构正式形成，川农人二次创业的梦想得以延续。

第三节　"一校三区"布局结构基本定型
（2010—2015）

从 2010 年至 2015 年，这五年是学校第九次党代会召开以来的五年，也是学校全面深化改革，迅猛发展的五年。随着都江堰校区的更名和升格、成都校区的正式启用，一校三区的布局结构基本定型。尽管在这个阶段，遭遇了"4·20"强震，但是没有阻断学校蒸蒸日上的发展势头，学校的知名度、美誉度进一步提升。

一、成都校区的启用是川农大校史上的崭新里程碑

2010 年 10 月 10 日，成都校区启用暨开学典礼隆重举行，这标志着成都校区正式启用，至此，"一校三区"的布局结构基本形成。成都校区的启用既是一次开创，又是一次回归，所以，荣廷昭院士曾感慨地说："我们回家了！"因为，100 多年前，学校的前身四川通省农业学堂就在天府平原成都诞生，离今天的成都校区只有十几公里远。

成都校区的建设是鉴于都江堰分校"5·12"大地震灾后重建受多方面制约，在都江堰分校损毁部分的原址恢复重建的经济性和

可行性都较差的情况下，学校审时度势，紧扣建设和发展的需求，将都江堰分校灾后重建项目纳入成都校区建设。这样既能较快地完成灾后重建任务，更能为学校统筹三个校区的建设和发展，全面整合资源，打造以现代农业科技为主体的高端创新平台，构建以服务"三农"为核心的多元化社会服务窗口，建设以优势学科群为引领的高素质人才培养基地奠定坚实的基础，促进学校更好更快地发展。为此学校编制上报了《都江堰分校灾后重建规划》，2008 年 9 月获国家发改委等 11 部委批准，2009 年 6 月，省发改委批复学校灾后重建新建教学实验楼、学生食堂、学生公寓共 132729 平方米，加上其他基础设施及配套建设，总投资 3.6 余亿元。与此同时，学校还自筹经费 2 亿多元，启动了图书馆、部分学生公寓和教师公寓建设。2009 年 9 月，总建筑面积近 25 万平方米、总投资超过 5 亿元的建设项目陆续动工。随着成都建设的不断推进，学校结合实际情况和学校全面发展需求，充分酝酿、集思广益，认真分析三校区的区位优势和特征，通过民主决策，确定了校区布局结构调整的基本思路和框架方案。至 2011 年 9 月校区布局结构调整到位后，雅安校本部有 11 个学院，2.3 万余名学生，成都校区有 4 个学院（部分并入调整 3 个，新组建 1 个）和原有的 3 个研究所 1 万余名学生，都江堰校区有 3 个学院，近 0.6 万名学生。随着成都校区的不断完善，到 2015 年，成都校区已有 10 个学院，13 个研究所，1 个研究中心，成都校区作为对外交流的重要窗口、高素质人才培养的重要基地和科学研究的高端平台，日益彰显出它的影响力。2015 年 7 月，成都校区机关圆满完成历史使命，学校迈入雅安校区、成都校区融合管理，都江堰校区延伸管理的新阶段。

成都校区的历史可以追溯到 1990 年。1988 年，当年经省政府批准，学校成立了水稻研究所。1990 年 12 月，为促进我省农业科研工作，根据时任省委书记谢世杰同志的批示，将当时温江县良种场的 160 余亩土地和人员划归学校，水稻研究所从雅安迁来温江。自此，学校与温江结下了不解之缘，开始了辛勤耕耘的创业历程。

在温江这片热土上，经过20年的不懈努力，形成了以周开达院士及一大批省学术和技术带头人为核心的创新团队，在杂交水稻品种选育等方面取得显著成绩，获得以国家技术发明一等奖1项、国家科技进步二等奖3项为代表的40余项国家和部省级科技成果奖，育成近百个杂交水稻新品种，产生了巨大的经济和社会效益，水稻所也成为我国最重要的水稻研究和高层次人才培养基地。

进入新世纪，为适应经济社会发展需要，打造西南乃至全国具有重要影响的农业科技创新平台，学校决定以水稻研究所为基础，集中学校最具优势的学科，将位于都江堰市的小麦研究所，位于雅安的玉米研究所、中德油菜研究中心、园林花卉研究中心等研究机构迁至温江，组建四川农业大学成都科学研究院及研究生院。在温江区的大力支持下，学校从2004年12月起先后三次与温江区签订协议，征用土地446亩。2005年5月，学校启动建设成都科学研究院科研大楼。2008年"5·12"地震的次日，小麦研究所从都江堰迁来温江。随后玉米研究所也部分迁来温江。成都科学研究院作为学校科技创新的高端平台和对外交流合作的重要窗口，其作用和影响日渐彰显。

2008年"5·12"汶川特大地震给我们带来巨大伤痛和损失的同时，也为学校的发展提供了新的机遇，携着川农人二次创业梦想的成都校区从一开始就备受关注。在成都校区启用仪式上，省教育厅副厅长姜树林代表省教育厅，向成都校区的启用表示热烈的祝贺，向为四川农大发展做出巨大贡献的各位老领导、专家、全校师生员工表示崇高的敬意和诚挚的问候。他说，经过百年的积淀，川农大已发展成为一所教育质量好、学术水平高、人才辈出、成果丰厚、在国内外有较大影响的知名学府。成都校区的建设既是灾后重建的科学决策，也是为了整合资源、完善校区布局、增强学科群、促进学校更好更快发展的重大举措。他希望学校站在这个新起点上要认真贯彻全教会精神，努力朝着建设高水平"211工程"大学的目标迈进；要大力提高人才培养质量，造就更多高素质的创新型人才；要着力提升科技创新能力，取得更多国内外有影响的科研成果；要努力增强服务社会本领，为促进区域经济发展和新农村建设做出更大贡献。

二、都江堰分校更名为都江堰校区，使其定位逐渐清晰

在推进都江堰校区发展中，学校逐步理顺了都江堰校区的管理体制，对都江堰校区的定位也更加明确。

2009年11月17日都江堰分校正式更名为都江堰校区，撤销职业技术师范学院、文理学院和新组建旅游学院、商学院后，2010年11月19日，学校召开都江堰校区全体教职工大会，正式宣布城乡建设学院、旅游学院、商学院三个学院和学院总支部委员会由原副处级建制升格为正处级建制。三个学院下设的党总支办公室和行政办公室由原副科级建制升格为正科级建制。都江堰校区升格标志着校区和学校管理体制终于一体化，都江堰校区建设发展开启了一个新起点。

三、"一基地两体系"建设成效显著

2010年7月，学校召开第九次党代会，全面总结了第八次党代会以来的主要工作和基本经验，深刻分析了新形势下面临的良好机遇和诸多挑战，明确了未来5年改革发展的指导思想、基本思路和目标任务。会议强调指出要坚定不移地加快建设有特色高水平"211工程"大学，系统地设计和提出了"543"发展路径和"一基地两体系"发展构想，即通过推进师资队伍、学科群、教学质量、现代大学管理制度、公共服务体系"五大建设"，着力打造以现代农业人才培养为特色的高素质人才培养基地；通过实施创新团队培育、创新平台和基地建设、创新体制和机制改革、创新能力和水平提升"四大工程"，倾力构建以现代农业科学研究为核心的高水平

科技创新体系；通过推进科技服务机制创新、科技成果推广转化与服务团队培育、科技服务平台构筑"三大计划"，努力形成以农业科技成果转化为主体的多元化社会服务体系。

围绕这一目标任务，五年来，学校始终坚持人才培养是立校之本、科学研究是强校之路、社会服务是兴校之策、文化传承创新是荣校之魂的办学理念，牢固树立学生为本、学术为天、学科为纲、学者为上的治学理念，坚定走以提高质量为核心的内涵式发展道路，大力建设高素质人才培养基地、高水平科技创新体系、多元化社会服务体系，取得明显成效。2010 年成都校区正式启用，2011年学位点建设取得历史性进展，2012 年"211 工程"三期建设通过验收，2013 年取得科技成果"两佳绩"、人才队伍"两突破"，2014 年启动全面深化综合改革工作，2015 年校区布局结构调整顺利完成。

（一）以现代农业人才培养为特色的高素质人才培养基地建设成绩突出

学科专业综合实力明显增强。"211 工程"三期建设全面或超额完成 8 个项目建设任务。持续加强优势特色重点学科建设，促进多学科交叉、融合和协调发展，5 年共投入 1.3 亿元实施双支计划，获批中央财政专项资金项目 29 个约 1 亿元。分别新建博士后科研流动站 3 个，新增博士、硕士学位授权一级学科 7 个和 6 个，增列硕士专业学位授权点 4 个。在 2012 年全国高校一级学科评估中，6 个参评学科有 3 个、2 个和 1 个分别位居或并列全国第 4、第 5 和第 7。从 2015 年 7 月起，农业科学、植物学与动物学 2 个学科 ESI 排名持续稳定跻身世界前 1%，ESI 上榜学科数在全国农林高校、在川高校中分别位居第 4 和第 3。坚持需求导向、科学定位，大力推进国家特色专业建设，加强新专业和工科专业建设，缩小了专业间的差距，新增、撤销和调整了一批本科专业，目前本科专业共 86 个，其中新入选国家级特色专业 2 个。

师资队伍水平快速提升。贯彻落实人才发展规划纲要，深入实施双支计划，大力引进海归人才，重视青年教师培养，统筹推进教师队伍建设。2012年成为全省首批人才优先发展试验区2所试点高校之一。2015年底，在职教职工总数达3379人，其中：正高级职称324人、副高级职称579人，比5年前增加90.6%、63.1%；博导230人、硕导549人，比5年前增加103.5%、68.9%。5年来，分别取得自主培养长江学者特聘教授、杰出青年科学基金获得者第一人的历史性突破；新增国家有突出贡献的中青年专家、百千万人才工程人选、万人计划青年拔尖人才、973计划首席青年科学家、新世纪优秀人才支持计划人选、享受政府特殊津贴专家、何梁何利科技进步奖获得者共25人；新增省科技杰出贡献奖获得者、省院士培养工程培养对象、省千人计划人选、省学术和技术带头人共49人；引进高端人才、拔尖人才、优秀人才和学术骨干共58人，招聘录用博士301人；4人获评全国先进工作者、教育系统先进工作者或优秀科技工作者。

教育教学质量全面提高。牢固确立人才培养的中心地位，统筹规模、结构、质量和效益，推动各层次各类型教育协调发展。召开了学科建设和研究生教育工作会，深化研究生教育改革，完善研究生管理制度，加强导师队伍建设，研究生培养质量持续向好。召开了本科教学工作会，改革和完善分类培养模式，修订完善本科教学管理办法，加强本科教学管理，持续实施本科教学质量推进计划，扎实抓好本科教学工程，本科教学水平稳中有升。召开了学生工作会，出台学生管理规定，学生教育管理更加科学。2015年底，在校研究生、本专科生分别达3647人、35410人，比5年前增加31.1%、14.1%。5年来，获全国优秀博士学位论文1篇、提名4篇，258人获国家公派研究生出国留学项目资助；新入选国家级精品课程4门、教学团队3个和卓越人才培养计划21个、创新创业训练计划120项，新建国家级实验教学中心、实践教育基地、农科教合作人才培养基地共6个；在挑战杯和数学建模竞赛中获国家国际奖励35项。大力实施就业"三个百万工程"，毕业生就业率保持在95％以上，2012年被表彰为全国50所毕业生就业典型经验高校之一，2014年被列为全省首批大学生创新创业示范俱乐部。积极发展学历继续教育，不断拓展非学历教育，规模和效益显著增长，省内外社会影响不断扩大。2015年底，网教、成教和自考在籍生达8万余人，比5年前增加281％。加强国际交流与合作，扩大师生交流规模，推进合作办学项目，5年来与境外34所大学或机构签订合作协议，新增国际合作项目128个，培养留学生84名。

内部管理制度不断完善。学校《章程》2014年底首批经核准颁布实施，成为依法自主办学的基本准则。全面修订完善内部管理制度，形成了相互衔接、务实管用、更加成熟的制度体系。深化人事制度改革，优化岗位分类管理，持续完善了编制管理、职称评审、岗位聘任、业绩评分、人事调配、退休管理以及合同制人员管理等制度。按照"让绩效得到充分肯定、公平得到适当兼顾、累计贡献得到基本认可"的原则，改革基金划拨、绩效工资、津贴补贴、教职工奖励等办法，建立了收入正常增长机制，教职工待遇得到明显改善。完善学术委员会章程，确立了学术委员会最高学术机构的地位。健全财务制度，实行精细化预算，强化会计核算，严格经费使用。完善基本建设管理制度，实现依法决策、科学管理。修订国有资产管理办法，资产配置水平和使用效益得以提高。深化后勤窗口服务，保障水平进一步提高。

办学基本条件有效改善。坚持抓重建就是抓发展，"5.12"灾后重（新）建项目全面完成，"4.20"灾后重（新）建项目稳步推进。把灾后重（新）建与基础建设有机结合，不断优化学生学习和生活环境，持续改善教职工工作和住房条件。5年来，共投入13.7亿元用于基础设施建设，新增教育用地75.5亩，新建各类用房52万平方米，新购仪器设备30663台件、总值4.1亿元。继续完善公共服务体系，加快教育信息化进程，推动网络扩容升级，提升技术装备水平，促进资源共建共享。加强图书和档案数字化管理，图书文献资源进一步丰富,新增纸质和电子图书 120 万册、期刊 133 万册。

校区布局调整顺利完成。统筹雅安、成都和都江堰校区发展,积极稳妥调整校区布局结构,如期顺利完成院所分步搬迁,一校三区办学格局基本定型。根据事业发展需要,适时增设、撤销、合并或调整机构,多校区管理体制更加完善。迄今,共有正处级建制的管理服务部门 28 个、教学科研单位 28 个。在校区布局调整过程中,广大师生员工识大体、顾大局,讲团结、讲奉献,齐心协力、克难奋进,必将以奠基长远发展的重大成就载入史册。

(二) 以现代农业科学研究为核心的高水平科技创新体系建设成就斐然

科技成果产出实现跨越。紧扣创新型国家建设,瞄准社会经济发展需求,突出"三农"问题导向,坚持知识和技术创新,加强基础和应用研究,取得一批有影响的科技成果。5 年来,获省部级以上科技奖励 108 项,其中:国家级科技奖励 7 项,以第一完成单位获国家技术发明二等奖 1 项、科技进步二等奖 2 项,教育部技术发明一等奖 2 项,四川省科技进步一等奖 8 项;获省哲社优秀成果奖 16 项;发表 SCI、EI、SSCI 论文 2750 篇,单篇影响因子最高达 35.2;新增国家植物新品种保护授权、审定新品种(系)共 156 个,获授权专利 1550 项。

科研项目经费大幅增长。大力拓展纵向项目领域和空间,密切与行业企业横向合作。5 年来,承担省部级以上科研项目 4960 项,其中:首获 973 青年科学家专题项目,国家自然科学基金和社科基金项目连年增加,累计达 287 项,优秀青年基金取得突破;到校科研项目总经费 12.04 亿元,其中:国家级项目经费 4.2 亿元,2015 年科研经费 2.19 亿元,是 2009 年的 2.1 倍。

协同创新机制逐步健全。抢抓"2011 计划"重要机遇,改革科研管理模式,深化内外合作研究,建设协同创新中心,进一步激发和释放了创新活力。5年来，获批省级协同创新中心4个，国家协同创新中心培育取得重要进展。召开了科技工作会议，完善科技管理办法，建立起以创新和质量为导向的评价和激励机制。

条件团队建设进展明显。5年来，新建省部级重点实验室、工程研究中心、科学观测实验站、野外基地、科技合作基地、社科重点基地共28个，正式运行教育部重点实验室1个。崇州现代农业研发基地、雅安现代畜禽创新示范园、温江惠和基地等建设进展良好。整合资源、凝练方向、突出特色，潜心培育高水平创新团队，5年获准省部级创新团队27个、青年科技创新研究团队9个。

（三）以农业科技成果转化为主体的多元化社会服务体系建设成效显著

科技服务体系进一步完善。坚持以服务求支持、以贡献突显大学社会价值，积极探索以大学为依托的新型农村科技服务体系。2012年学校成为全国首批成立新农村发展研究院的10所高校之一，通过建设雅安服务总站、县区服务中心和乡镇服务站点，在科技服务上创建了新体系新机制，在实际效益上各方都有更多获得感，被全国政协副主席、科技部长万钢称为"四川农大的雅安模式"。

社会服务空间进一步拓展。推进产学研用深度融合，健全社会服务评价机制，开展多形式科技服务。5年来，同60个市县区和200余家企业新（续）签合作协议，新建专家大院和博士工作站共80个，选派科技特派员和科技挂职人员共578名，培训技术人员20余万人次，遴选挂牌校外合作基地160个。主动服务"4.20"灾后重建，紧贴"三生"重建需求，提供成果支撑和技术服务。贯彻扶贫开发攻坚部署，实施科技扶贫工作方案，设立科技扶贫专项经费，对口帮扶工作成效突出。

成果推广转化进一步加快。建立知识转移和技术扩散机制，促进科技成果转化为现实生产力。5年来，获准国家技术转移示范机构

1个，入选省部农业主导品种 34 个、主推技术 31 项，获省部级成果转化资金项目、科技富民强县项目共 324 项，科技成果转让和回收 2086 万元；在全国 20 多个省市区和东南亚地区推广科技成果 700 余项，推广作物新品种面积 3 亿多亩、果树优良新品种 1.95 亿株，畜禽疫病防治达 10.4 亿只（头），累计创社会经济效益 260 亿元。

（四）以"川农大精神"为核心的校园文化建设成果丰硕

把培育和践行社会主义核心价值观与校园文化建设紧密结合，大力推进校园文化的继承创新和繁荣发展，校史文化不断丰富，品牌活动持续增加，文化阵地继续加强，人文环境极大改善，文化氛围更加浓郁，学校的文化软实力显著提升。5 年来获评省部级高校校园文化成果奖 10 项。充分发挥文化育人的重要作用，加强历史、典型、实践和艺术教育，坚持解决思想问题和实际问题相结合，健全多元化资助体系，开展多形式健康教育，构建了以"川农大精神"为内核的育人体系。把哲社科学发展摆在重要位置，召开哲社科学推进会，发展哲社学科专业，加强社科联建设，成立艺术联合会，建好公民文化普及基地、社会工作人才培训基地、农村发展研究中心等平台，发挥了哲社科学在传承文化、创新理论、咨政育人等方面的独特作用。

第四节　新世纪中的新征程　新征程上的新变革

2016 年 3 月 18 日，备受关注的中国共产党四川农业大学第十次代表大会在雅安校本部十教一楼报告厅隆重开幕。本次党代会是在学校全面贯彻党的十八大和十八届三中、四中、五中全会精神，深入学习贯彻习近平总书记系列重要讲话精神，加快建设有特色高水平一流农业大学的关键时期召开的一次重要会议。

会议全面回顾了学校第九次党代会以来的工作的基础上，科学总结五年来工作实践经验，在深刻分析建设一流农业大学面临的发展形势后，提出了努力实现建设有特色高水平一流农业大学的新目标。会议强调，实现这一奋斗目标，要坚定不移地坚持社会主义办学方向，贯彻党的教育方针，培养一流人才，以新常态下社会经济发展对高素质人才的需求为导向，把全体学生培养成中国特色社会主义事业的合格建设者和可靠接班人，要贯彻创新、协调、绿色、开放、共享的发展理念，坚定不移地服务国家创新战略和四川"三大发展战略"，服务和引领社会经济与"三农"发展，要重点抓好全面建设现代大学、全面深化综合改革、全面推进依法治校、全面落实从严治党四个方面任务。一要建设具备一流学科专业、雄厚师资力量、优越基础设施、深厚文化底蕴的现代大学，营造共建共享良好环境，夯实与一流农业大学地位相匹配的软硬件支撑。二要按照系统设计、整体推进、重点突破的思路，把握立德树人、提高质量、内涵发展的导向，统筹人才培养、科学研究、社会服务等重点，突出人事管理、分配机制和管理体制等难点，以更大力度推进改革"攻坚战"，以更大决心突破发展"天花板"，努力提升学校的核心竞争力、社会影响力和整体办学实力，尽早达到一流农业大学的标准。三要认真贯彻落实《教育部全面推进依法治校实施纲要》、《四川省教育系统深入推进依法治教行动计划》，切实运用法治思维和法治方式办学治校，为建设一流农业大学奠定制度和法治基础。四要贯彻落实中央和省委关于从严治党的要求，增强管党治党意识、落实管党治党责任，以思想建党为导向、制度治党为根本、队伍建设为基础、作风建设为关键、纪律建设为保障，持续提高党的建设科学化水平，为建设一流农业大学提供思想政治保障。

正如党委书记邓良基所言，建设有特色高水平一流农业大学，需要坚定不移的信心、持之以恒的决心、锲而不舍的耐心，新世纪，新征程，未来辉煌的川农大历史还需要我们共同书写。

第七章 川农大校史也是一部 "川农大精神" 的孕育与养成史

关键词："川农大精神" "三杨"精神 传承

第一节 "川农大精神"的挖掘、提炼与宣传

一、"川农大精神"的挖掘

(一) 伟大时代呼唤伟大精神

在 20 世纪末 21 世纪初,党中央做出了西部大开发战略。1999 年底的全国经济工作会议上正式提出了西部大开发战略,2000 年 1 月国务院西部地区开发领导小组召开的西部地区开发会议,标志着西部大开发迈出了实质性步伐。西部大开发的范围主要包括重庆、四川、贵州、云南、西藏、陕西、甘肃、青海、宁夏、新疆、内蒙古、广西 12 个省、区、市。《西部大开发总体规划》指出,西部大开发总体战略规划可按 50 年划分为三个阶段:一是奠定基础阶段。从 2001 年到 2010 年,这一阶段的工作重点是调整西部地区的产业结构,搞好基础设施、生态环境、科技教育等建设,建立和完善市场体制,发现并培育特色产业增长点,使西部地区投资环境初步改

善，生态和环境恶化得到初步遏制，经济运行步入良性循环，经济增长速度争取达到全国平均增长速度。二是加速发展阶段。从2010年到2030年，在前阶段基础设施改善、结构战略性调整和制度建设成就的基础上，进入西部经济发展的冲刺阶段，这一阶段的工作重点放在巩固提高各项基础设施建设，进一步培育特色产业，实施经济产业化、市场化、生态化和专业区域布局的全面升级，实现经济的跨越式发展。三是全面推进现代化阶段。从2031年到2050年，在西部的一些地区经济实力得以增强，融入国内国际现代化经济体系的基础上，着力加大对西部边远山区、落后农牧地区的开发，全面提高西部人民的生产、生活水平，缩小中国经济发展中的差距，使中国中西部地区经济得以平衡发展。

西部大开发战略是21世纪中国发展战略的一个重大决策，是中国现代化建设"两个大局"战略思想的重大体现，是全面推进社会主义现代化建设的一个重大战略部署。这是一个伟大的时代。时代要求和呼唤社会各行各业、各阶层的人群要以高度的社会责任感、使命感，以新的精神状态，积极投身到西部大开发的实践中。

随着西部大开发战略的提出和实施，四川省各级机构、各单位、各部门，包括教育部门提出了"西部大开发，我们怎么办"的思考和号召。省委根据四川的实际提出了"跨越式、追赶型"发展战略，力图把四川省建成一个"经济强省"。这也给四川教育提出了任务，也就是要按照"跨越式、追赶型"发展战略思路来思考自己的发展，把"教育强省"作为奋斗的目标。然而现实的困难和问题是，四川是穷省办大教育，物质条件薄弱，教育发展不平衡的问题突出。在这种一方面条件不足，另一方面需加快发展的形势下，必须以昂扬的斗志、振作精神去迎接挑战，实现建设目标。精神的力量是无穷的。在新的形势下，加快西部大开发，加快四川省教育的改革和发展，需要有一种良好的精神状态，需要教育战线上的广大干部、职工、人民教师一片爱国的赤子之心来支撑，凭着一种赤子之心，无私奉献、爱岗敬业、艰苦奋斗、团结拼搏、求实创新的精神，做好工作。因此，必须树立精神的标杆，这对于振奋精神、鼓舞士气、加快发展，具有十分重要的现实意义，特别是对全省教育战线具有普遍的指导意义。"川农大精神"正是西部大开发所需精神的具体体现，恰逢其时，"川农大精神"的提出、总结、学习、弘扬适应了时代的呼唤，"川农大精神"作为在西部大开发中，高校中具有一定借鉴作用的范例被推了出来。按照四川省委、省政府领导的要求和指示精神，宣传和弘扬"川农大精神"的活动，以推动四川省教育战线不断开拓进取，在西部大开发和实现追赶型、跨越式发展的伟大实践中建功立业。

（二）辉煌事业凝聚大学精神

在21世纪之初，世纪之交的四川农业大学以留学高回归率、突出的科技成就吸引了全社会关注的目光。

1956年，学校从成都迁到雅安。这里距离成都近150公里，群山环抱，经济落后。在1999年底成都—雅安高速公路通车之前，从雅安市到省城成都，至少要坐上半天的汽车，如遇塞车，则用上一天的时间也不鲜见。学校校舍简陋，生活环境并不优越，加之农业科学研究的特点，科教工作异常艰苦。就在这样信息闭塞、环境艰苦的情况下，在改革开放以来的头20年时间里，学校赴国外留学的388人（次）各类人员中，仍有85％学成后如期返校。

然而，就是在这样艰苦的办学环境里，学校在教学、科研、管理等各个方面取得了令人瞩目的成就，培养了以周开达院士、荣廷昭院士为代表的一大批优秀科技人才，为四川省的经济、社会发展，尤其是为四川省的教育事业、农业的发展做出了重大贡献。

不可思议的高回归率！令人惊叹的科研成果！21世纪初，人们把目光聚焦到四川农大上：1988年水稻研究获国家技术发明一等奖，1990年小麦研究获国家技术发明一等奖。此外，学校主持的小麦族种质资源研究和玉米研究重大成果分获国家自然科学二等奖、国家发明二等奖。在2000年的四川省科技进步特等奖6项就有 3 项被川农大摘取。更令人惊叹的是，获奖科技成果中，70％以上得到推广转化，当时为社会创下经济效益 300 多亿元。

川农大为什么能在艰苦的条件下取得一流的成绩，摘取如此多国家科技大奖？无论是校舍建设、科研条件，还是居住环境，这里绝非一流，为什么能集聚如此多优秀归国人才？川农大为什么有这么多留学人员情牵母校呢？伟大的创业实践需要一种力量来支持，川农大用实际行动做出了回答，那就是精神的力量。川农大几代人靠着良好的职业道德和强烈的事业心，爱国爱校、拼搏奉献，才创造出一个又一个奇迹与辉煌。正如世人评价，这也是川农大人的真实写照：穷地方，苦地方，建功立业好地方！这正是因为川农大的师生员工对国家有一种"为国分忧、为民谋利"的奉献精神，对事业有一种"艰苦奋斗、团结拼搏"的精神，对工作有一种"极端负责、精益求精"的精神，对科研有一种"百折不挠、勇攀高峰"的精神，这概括起来就是"川农大精神"。

（三）优良办学传统升华学校核心精神

大学精神的形成需要历史的积淀，大学历史传统成为大学精神深厚的资源。在四川农业大学校史上，无数仁人志士为探索救国救民的道路而英勇奋斗，为民族振兴、国家进步做出了很大的贡献，涌现了许多可歌可泣的事迹。在新中国成立前夕，为实现民族独立和人民解放而献出了自己宝贵的生命的川农英烈代表有江竹筠（江姐，1944 年秋考入四川大学农学院植物病虫害系，1949 年 11 月 14 日牺牲于重庆渣滓洞）、黄宁康（1927 年考入公立四川大学农科学院，1949 年 11 月 27 日牺牲于重庆渣滓洞）、何懋金（1946 年入四川大学农学院农经系，1949 年 11 月 27 日牺牲于重庆渣滓洞）、胡其恩（1939 年考入国立四川大学农学院农艺系，1949 年 11 月 27 日牺牲于重庆渣滓洞）、张大成（1944 秋考入四川大学农学院植物病虫害系，1949 年 12 月 7 日牺牲于成都西门外十二桥）、杨家寿（1945 年秋考入四川大学农艺系，1950 年 1 月 22 日牺牲于邛崃县孔明乡)、曾廷钦(1945 年秋考入四川大学农学院蚕桑系,1950年夏牺牲于乐山沐川县)等。此外,当时的四川大学农学院最早建立党的地下组织,在白色恐怖下为新中国的建立,为当时的一些知识分子能够留在祖国做了大量的工作,取得了很好的成效。这种为新中国抛头颅洒热血的爱国精神积淀而成以后的"川农大精神"。

在 20 世纪 90 年代,有关学校的优良传统作风得到了国家的表彰。时任省教委副主任的杜江带队来学校调研,深为学校广大师生良好的精神风貌所感动,他在和学校领导同志座谈时谈到,学校应当好好总结一下这种精神。学校《抓党风,带校风,促进学校思想政治状况的根本好转》的经验交流文章,上报国家教委。该文后来刊登在 1992 年 3 期《思想政治教育研究》上。1993 年学校被中组部、中宣部、国家教委党组评为"党的建设和思想政治工作先进普通高校"。当时全省 60 多所高校中,仅四川大学和四川农业大学被中央两部一委评为党建和思想政治工作先进集体。

治学严谨是学校一以贯之的传统。学校在教学科研、社会服务和党建思想政治工作都取得了比较突出的成绩。在教学上,具有代表性的就是在 90 年代省教委组织的两次综合办学水平评估中,四川农业大学在本科组综合得分都是名列第一。在 2000 年硕士研究生教育参加全国的授位质量评估中,四川农业大学凡是参加的学科专业均获得第一名或名列前茅的成绩。科学研究在农业高等院校中科研经费多,承担的科研项目的档次高,获得的奖励档次也非常高,特别是学校三大粮食作物,获得了国家的发明一等奖或二等奖,为社会经济发展做出了较大贡献,也产生了较大影响。1999年,学校跻身于"211 工程",成为面向 21 世纪全国重点建设的100 所高校之一。在全国农业院校中,当时只有 4 所进入"211 工程",能进入国家"211 工程"也就反映了川农大的综合实力。

1991 年 4 月 19 日,时任中共中央总书记的江泽民到校小麦研究所视察。在小麦研究所,江泽民总书记和颜济教授进行了深入交谈。学校的建设和发展一直以来得到省委、省政府高度重视。省长张中伟从 1998、1999、2000 年连续三年，每年在春节前夕率领省级有关部门负责同志到校看望、慰问师生员工。各级领导到校视察、慰问、指导工作，充分肯定了学校的办学成绩和优良传统。

（四）"三杨"精神的奠基

在川农大，一提起学校的发展、"川农大精神"的孕育和凝练，人们总要提起"三杨"精神，这是"川农大精神"的奠基者和开拓者。他们就是以学校在雅安独立建校以来，第一任院长杨开渠、第二任院长杨允奎和首任四川农业大学校长杨凤为代表的"作风朴实、治学严谨、脚踏实地、锐意创新、勇攀高峰、争创一流"的精神。作为川农大的"镇山之宝"，这种精神代代相传，不断发扬光大，最终凝练、集聚成"川农大精神"。

杨开渠教授（1902 年 10 月 27 日—1962 年 2 月 2 日），在建校初期曾用盆子和布控制光照来做实验。为了掌握第一手材料，他还顶烈日、冒严寒，骑着自行车四处搜集材料，深入二郎山、宝兴等高寒山区开展调查研究。据刘远鹏教授回忆说："当时我们经常看到杨院长戴顶草帽，弯起腰杆在水田里进行科学研究，那可是知名的专家啊！"杨允奎教授（1902 年 11 月 13 日—1970 年 9 月 14 日），在科研的道路上矢志不渝，在病榻上还惦记着教学科研，一再叮嘱："要好好管理，我病好后去收获考种。"他步履蹒跚地挑着粪桶为玉米施肥，大热天泡在玉米地里做实验的情形，至今仍深深地教育和感染着所有的川农大人。杨凤（1921 年 11 月—2015 年 12 月 29 日）曾说过："日本帝国主义教育了我们，让我们懂得了亡国的耻辱，让我们立下了终身的志向：科学救国、教育救国。50 年了，虽然没有做出更大的贡献，但是我们在那么困难的条件下，从零开始，建设了重点学科。今天条件好多了，遗憾的是，我年岁大了，不能再做得更大一些、更好一些了。我的观点是，最困难的条件下，能做出一点工作，更有价值，更有意义。纵有天大的困难也是暂时的。有那么多机会可以到北京、上海、东南沿海等地，我都没有离开这里，我为自己在西部坚持了50年引以为荣。我希望在外留学人员，包括我的学生，在外面做出成绩的同时，能兼顾为国内做些事，这一点还是能够做到的。特别是为祖国的农业现代化、为提高中国农民的生活水平，做点实实在在的贡献。"他还说："一辈子干这项事业是中国的需要，值得！"拳拳爱国心，饱含深情，溢于言表。这样的情怀不知感染、激励了多少见过杨凤院长或聆听他演讲过的川农学子。

二、"川农大精神"的提炼

"川农大精神"的提出和赋予的深刻内涵是在川农大近半个世纪办学历程中不断发展和凝练的必然结果。

（一）"川农大精神"的命名

在使用"川农大精神"这个称号前，对学校大学精神的总结中曾使用过"川农人精神"、"川农精神"等。在2000年前学校正式报告、工作会议记录中更多地使用了"川农人精神"称呼。2000年1月6日至7日，学校隆重召开了校地科技合作经验交流会。这次会议总结了学校二十多年来开展校地科技合作，走农科教、产学研结合之路，为农业、农村、农民服务的经验；宣传学校在几十年办学历程中铸就的心系"三农"，拼搏奉献，开拓创新，服务社会的川农人精神。时任校长文心田代表学校作题为"走农科教、产学研结合之路，为农业、农村和农民服务"的校地科技合作工作汇报，该报告列举了学校服务"三农"取得的成绩，重点提到："造就了以周开达院士为代表的一批国内外知名专家，铸就了川农人精神。"①

同年2月21日至25日，经时任省委副书记席义方同意，省委

---

① 《四川农业大学简报》，2000年第1期，总第165期。

组织部副部长郑朝富率省委组织部、省委宣传部、省教育厅等有关部门负责人以及《四川日报》、《中国教育报》四川记者站记者一行12 人就总结川农人精神来校调研。① 席义方非常重视对川农人精神的总结和宣传，指示有关部门要抓紧做好这项工作，通过对川农人精神的弘扬，促进全省高校教师和科技人员以更加进取的精神状态积极投身西部大开发。其实，对川农人精神的弘扬早在两年前，郑朝富就倡议并和省委宣传部、省教育厅一起着手开展这方面的调查研究。2 月 25 日，郑朝富和省教育厅党组书记、省教育厅常务副厅长唐朝纪又率领调研组专程到水稻研究所看望中国工程院院士周开达和全所教职工，并就川农人精神的总结重点听取了部分专家的意见。调查组在广泛听取川农大师生员工、各级干部、学校党政领导意见的基础上，最后形成向省委的汇报材料。

正是在调查组的汇报材料的基础上，省委领导最终为"川农大精神"确定了名字。同年 4 月 7 日，调查组再次来到学校，由省委组织部副部长郑朝富向学校党政领导传达有关省领导对宣传"川农大精神"的指示。校党委及时召开常委会研究郑朝富传达的省领导要求，对如何宣传"川农大精神"作了具体部署。5 月 6 日，"五一"长假结束的第一天，省委组织部通知学校领导到成都去座谈有关"川农大精神"。校党委书记于伟、党委副书记李洪福等立即前往省委组织部。经这次会议确定了"川农大精神"的提法。这个会议还提出了"川农大精神"的宣传方案，并将组织省上十多家报刊记者来学校采访宣传，并确定学校要组织"川农大精神"报告团。

2000 年 5 月 23 日，郑朝富在川农大总结宣传"川农大精神"会议上的讲话指出，学校近几年不断上新台阶，首批进入了全国"211 工程"重点建设，教学、科研和改革等许多工作进入了全国的先进行列，培养了一大批以周开达院士为代表的优秀科技人才，稳定了教师队伍，校地合作为地方经济建设服务工作走在全省前

---

① 《四川农业大学简报》，2000 年第 3 期，总第 167 期。

列。川农大为什么能在艰苦的条件下，取得一流成绩？靠的是什么？靠的就是一种川农人的精神，这些精神影响和滋养了川农大，是川农大不断前进、取得一流研究成果的强大动力。这种精神就是"川农大精神"。

同年 6 月 22 日，省委副书记席义方和省教育厅副厅长周国良、省教育工委委员周光富，在雅安地委书记杨水源、行署专员黄彦蓉、地委副书记傅志康等陪同下专程到校就加强和改进党建思想政治工作、总结宣传"川农大精神"进行调研。席义方在讲话中充分肯定学校在教育、科研、社会服务和党建思想政治工作等方面取得的突出成绩和丰富经验，学校取得的这些成果是拼出来的、干出来的，靠的就是一股精神的支持与激励，这种精神就是川农大在几十年办学历程中，经过几代教职工的培育并形成和坚持的"川农大精神"。"川农大精神"具有普遍意义，他要求教育界和其他各条战线要大力学习和弘扬。[①]

(二)"川农大精神"内涵的界定

经过学校新老知识分子的传承积淀，在半个多世纪的艰苦环境中，一代代川农人继承学校爱国爱校的优良传统，怀着兴农报国、振兴中华之志，艰苦创业，自强不息，默默耕耘在农业科教的第一线，为中国农业发展进步培养了大批人才做出了巨大贡献。经过数代川农人的薪火传承和不懈努力，为报效祖国和为民族复兴献身的精神最终形成了凝聚人心、鼓舞士气和推进工作的宝贵精神财富。

在"川农大精神"的内涵的确定上，人们经过了反复考虑、归纳。当时曾考虑参照"硬骨头六连精神""两弹一星精神""穷棒子精神"等几个字的形式来进行归纳，经过反复考虑感到这样难以概括"川农大精神"的整个内涵。调查组在广泛听取川农大师生员工、各级干部、学校党政领导意见的基础上，最后形成向省委的汇

---

① 《四川农业大学简报》，2000 年第 13 期，总第 177 期。

报材料上也是有两种建议的提法。[①]

当时对于"川农大精神"的内容还没有明确表述。2000年5月6日，学校领导参加成都省委组织部组织的有关"川农大精神"座谈。经这次会议确定对"川农大精神"的提法为"爱国敬业、艰苦奋斗、团结拼搏、求实创新"的"川农大精神"。此后所作的宣传也就统一为这个提法了。5月23日，中共四川省委组织部副部长郑朝富在川农大在总结宣传"川农大精神"会议上的讲话，他指出，川农大的领导、教授、干部和教师对国家有一种"为国分忧，为民谋利"的奉献精神，对事业有一种"艰苦奋斗，团结拼搏"的精神，对工作有一种"极端负责，精益求精"的精神，对科研有一种"百折不挠，勇攀高峰"的精神。这些精神影响和滋养了川农大，是川农大不断前进、取得一流研究成果的强大动力。这种精神，经过反复研究、上下讨论，提炼出并概括为"爱国敬业、艰苦奋斗、团结拼搏、求实创新"的"川农大精神"。明确要求，要统一宣传口径，按照"爱国敬业、艰苦奋斗、团结拼搏、求实创新"的"川农大精神"的提法，把"川农大精神"喊响，使之起到长久的激励作用。

2001年10月27日，中共中央政治局常委、国务院副总理李岚清考察川农大时，对"川农大精神"给予了充分肯定。[②]

1. "爱国敬业"

爱国主义是中华民族精神的核心，也是"川农大精神"的原动力。在近百年发展史上，曾先后有曾省、程复兴、李荫桢、张松荫、李驹、佘耀彤、彭家元、杨开渠、杨允奎、侯光炯、陈之长、刘运筹、王善佺、陈朝玉等著名学者在校执教或担任领导，他们中绝大多数在海外学有所成，满怀爱国情怀和兴农报国之志来到学校，为

---

　　① 李洪福：《让"川农大精神"永远鼓舞我们前进》，《岁月如歌——川农大百年校庆纪念文集》，四川农业大学百年校庆办公室编，第178页。
　　② 《雅安日报》，2002年3月8日，第1版。

学校形成爱国、爱校的优良传统奠定了坚实基础。学校历史上还涌现出江竹筠（江姐）、黄宁康、何懋金、胡其恩、张大成等革命烈士，他们的献身精神教育和激励着一代又一代川农人。川农大的历史是一部川农人爱国敬业的历史。四川农业大学迁到雅安后有3任院长和许多专家、教授都是留学归来的，这种精神一代一代地传承下来，对整个学校都有深刻的影响。百余年来，川农大一代又一代教师怀着强烈的报国之志，自觉把个人的理想和祖国的命运紧密联系在一起，把个人的志向与民族的振兴紧密联系在一起。在不同的年代，许多学有成就、已经崭露头角的同志放弃国外优厚的条件和自己在业务上将得到更好发展的前景，义无反顾地回到祖国，回到母校，无怨无悔，辛勤耕耘，默默奉献，把自己的青春献给崇高的教育事业。至今许多功成名就的老专家还不顾年高体弱，仍在默默奉献，许多中青年教师无暇顾及家庭，寒来暑往，辛勤耕耘在教学、科研和服务"三农"的第一线，涌现出了一大批先进典型。这正是爱国主义、集体主义、社会主义思想传承、弘扬的结晶。

在川农大人的心目中，这样的事例不胜枚举。夏定友教授1949年在美国康乃尔大学获博士学位后，放弃丰厚的待遇回国，成为我国50年代畜牧兽医界最年轻的教授之一。后来虽蒙冤二十余年，但他不忘事业。70年代末，被"解放"出来的夏定友已近70高龄，患有肺气肿、脑血管硬化等多种疾病，但他却将这些置之度外，以只争朝夕的精神，潜心于人才培养和科学研究，常常用自己的工资购买试剂药品，以加快研究进程，直到生命的最后一息。"终身不忘报国志，矢志追求勤科研，"这是夏定友教授一生的真实写照。

2."艰苦奋斗"

1956年，学校从成都迁至雅安独立建校。直到20世纪末，在雅安的几十年间，交通不畅，信息闭塞，条件艰苦，生活困难。然而，就是在这样一般人认为不可能办大学的条件下，川农人开始了长达半个世纪的艰苦创业历程。通过全体教职工艰苦努力，很快开始了建校之初正常的教学科研工作，到 50 年代末有了初步发展，并从 1959 年开始招收研究生。

正当学校白手起家、艰苦创业之际，反右斗争扩大化、三年经济困难和以后持续十年的"文化大革命"给学校带来严重冲击。一些教师因对迁校发表了不同看法而被错划为右派甚至定为"反革命分子"，受到残酷打击。三年经济困难时期，雅安地方已无法保证学校几千师生和家属基本的生活物质需要。面对困难，学校党委带领全校师生，发扬自力更生、艰苦创业的精神，把师生分散在雅安、西昌、邛崃三处，坚持教学和生产实习。十年"文化大革命"期间，学校更是遭受空前浩劫，不少教师身心受到严重摧残。1971年 9 月，学校甚至被宣布撤销。在如此困难的逆境中，川农人爱国爱校、兴农报国的信念没有动摇，依然人心不乱、队伍未散、工作不断。1973 年，在无法进行正常教学的情况下，学校与省业务部门和基层单位联系，举办各种短训班。1974 年恢复招收三年制学生。在极其艰难的情况下，教师们仍然义无反顾地坚持科学研究并取得了重大成绩。

"文化大革命"结束后，迎来了科学和教育的春天，广大川农人政治上获得了新生，工作条件却仍然艰苦。心系"三农"、教书育人、勤于科研、为民谋利，始终是川农人的追求。周开达院士主持的杂交水稻研究获国家技术发明一等奖，荣廷昭院士主持的杂交玉米研究获国家技术发明二等奖，颜济教授主持的小麦育种和种质资源研究分获国家技术发明一等奖和国家自然科学二等奖。许多新闻媒体的记者来校采访时都深深地感慨道：川农大取得的众多成果是从田地里踩出来的，从畜舍圈里蹲出来的，从山林里钻出来的——一句话，就是在艰苦中实干出来的。

通过艰苦奋斗，学校取得了众多的科技成果，而且还在持续不断地产生。心系农业、农村和农民的川农大人，凭着有条件要上，没有条件、创造条件也要上的拼搏精神，把创造巨大的社会经济效益使农民致富作为自己的最大追求和精神上的最大满足，而把经济回报及个人所得看得很轻，在农业科教园地辛勤耕耘，用青春和汗水谱写了一曲曲创业者之歌。

3．"团结拼搏"

川农大人自强不息、拼搏奋进的精神，不仅表现在登攀一个又一个的科技高峰时的团结协作，也表现在为了事业的发展，传承薪火，提携后进，甘为"人梯"的良好职业道德上。由于农业科研具有长周期的特点，因而每项科研成果的取得往往都是几代人团结协作、刻苦攻关、共同研究的结果。不少教师说："我们能够取得一些科研成果，获得奖励，都是因为站在老一辈专家肩膀上的缘故。""我为蜡烛荣，舍身化光明"，这是川农大许多老教师的真实写照。比如邓良基、郑有良、吴德、李仕贵、李学伟、李平、黄玉碧、李明洲等已经成为学校领导、专家和骨干力量。当年他们的成长，无不受到老一辈专家的提携和帮助。而高之仁、李尧权、端木道、刘相模、张仁绥、高察伦等老一辈专家在高等农业教育园地也甘为"人梯"，为年轻人铺路，既严格要求，又关怀备至，在提职晋升、出国进修、成果申报等方面淡泊名利，为了扶持年轻教师的成长，不止一次把荣誉让给别人，体现了高尚的精神境界。改革开放以来，出国回归率达85％。2003年学校获得了"全国出国留学先进工作单位"的表彰，为全国获此表彰的7所高校之一。

进入21世纪，独立建校之初的老一辈教师几乎都已离退休，可喜的是，20世纪40年代出生的一批教授已成为学术和技术带头人，50年代以后出生的一代中青年专家茁壮成长。他们中有全国优秀留学回国人员，全国先进工作者，全国师德先进个人，全国模范教师，全国科普先进工作者，国务院学科评议组成员，国家有突出贡献的中青年专家，国家"百千万人才工程"一、二层次人选，教育部创新团队学术带头人和国家科技进步奖主持人。

高之仁教授是我国著名的数量遗传专家，1956年川农大迁雅安后长期主管学校的教学工作。20世纪80年代初，在科研经费极其紧张的状况下，高之仁以他的名义申请到一个应用基础课题。经费下达后，他全部划拨到遗传研究室当时年轻的荣廷昭名下。后来荣廷昭回忆说，如果没有那笔经费的支持，他们刚处于起步阶段的研究则难以为继。李尧权教授常和学生为科技成果报奖时署名发生"争论"，争什么，不是争成果、争名次，而是争"不署名"或"署名靠后"。但他也有"毫不争论"的时候，那就是对于向他求教的人。正是由于老教师的身体力行和传、帮、带，才使一大批中青年骨干教师成长起来。

4."求实创新"

川农人在科研选题时总是瞄准学科前沿和社会需要，努力开展高新技术研究，所取得的成果之多，获奖级别之高在全国农业高校实属少有。到 2000 年时，在获国家和省部级奖的 320 多项次科研成果中，有国家技术发明一等奖 2 项、二等奖 1 项，在四川省颁发的 6 个省科技进步特等奖中占有 3 个。改革开放以来，川农大与省内 30 多个地、市、县（区）和 100 多家企业建立校地、校企合作关系，累计创社会经济效益 300 多亿元。

四川农业大学的教师作风朴实，治学严谨，脚踏实地，锐意进取，勇攀高峰，争创一流，培养出的学生得到社会各界的广泛赞誉。"川农大精神"培育和凝聚出"追求真理、造福社会、自强不息"的校训，孕育出"纯朴勤奋、孜孜以求"的校风，培养了毕业生"勤奋朴实、勇于开拓"的品质。学校心系"三农"，以振兴农业为己任，积极探索服务"三农"、为地方经济服务的办学新路。学校根据社会需要，以培养学生的创新能力和实践能力为重点，毕业学生实践能力和动手能力强而受到用人单位的广泛好评。毕业生双选会非常火爆，科教兴农，川农大发挥了极其重要的作用。

三、"川农大精神"的宣传

（一）领导充分肯定和高度评价

2000 年 5 月，时任四川省委常务副书记秦玉琴，省委副书记席义方，省委常委、组织部长陈文光，省委常委、宣传部长柳斌杰，副省长徐世群等省委、省政府的领导对总结、宣传"川农大精神"作了重要的批示，指出："川农大精神具有典型的先进性，宣传川农大精神对深化高校改革，加强高校工作，具有十分重要的现实意义""精神感人、值得宣传"。因此，把"川农大精神"总结好、宣传好、应用好，这不仅是四川农业大学建设和发展中的一件大事，也是全省精神文明建设和宣传工作的重要内容，对推动四川实施西部大开发战略，加快发展将会起到非常重要的作用。6月22日，省委副书记席义方到校专题调研。席义方指出："学习、宣传'川农大精神'，加强学校思想政治工作，把'川农大精神'变成全省高校的行动。"

2000年7月，中共四川省委组织部、省委宣传部和省教育厅党组发出《关于学习"川农大精神"的通知》（以下简称《通知》）（川组通〔2000〕19号），号召全省教育战线学习和弘扬"川农大精神"。

《通知》指出，川农大之所以能够在相对艰苦的条件下创造出不平凡的业绩，很重要的原因是历代川农大人传承形成的一种宝贵精神。这就是"爱国敬业、艰苦奋斗、团结拼搏、求实创新"的"川农大精神"，这种精神牢牢扎根于四川农业大学这片土地，为几代川农大人所继承发扬，成为推动学校改革发展的强大精神动力。它激励着川农大人把个人和四川的发展紧紧地联系在一起，用自己的智慧、辛劳和汗水谱写了朴实而壮丽的篇章。

《通知》还强调，"'川农大精神'是爱国主义、集体主义、社会主义精神在我省教育战线的生动体现，反映了新时期先进文化前进方向的要求，具有鲜明的时代特征和现实指导意义。它体现了民族优良传统与时代精神的有机结合，这正是新世纪思想政治工作的重要内容；体现了精神动力和物质成果的有机结合，这正是思想政治工作要遵循的原则；体现了先进典型和模范集体的有机统一，正是思想政治要力求取得的效果；体现了思想教育与解决实际问题的有机统一，正是思想政治工作要遵循的正确途径。""学习'川农大精神'，就要学习川农大人胸怀祖国，为国分忧，为民谋利，爱国敬业的奉献精神；甘于清苦，淡泊名利，身体力行，自强不息，艰苦奋斗的创业精神；奋力拼搏，你追我赶，薪火传承，团结拼搏的进取精神；脚踏实地，严谨治学，勇于探索，追求真理，求实创新的科学精神。"

根据省《通知》要求，学习"川农大精神"，要作为各地、各校学习贯彻落实江泽民"三个代表"重要思想的一项重要工作来抓。按照"三个代表"要求，进一步落实《中共中央关于加强和改进思想政治工作的若干意见》，探索新途径，增添新措施，建立新机制，全面加强党的建设和思想政治工作，努力开创物质文明和精神文明协调发展的新局面。要紧密结合本地区、本单位、本部门改革和发展的实际，进一步振奋精神，昂扬斗志，苦练内功，锐意创新，不断提高教学质量、科研水平，为改革开放和社会主义现代化事业培养更多的"四有"新人；紧紧结合西部大开发，大力推进科技和经济相结合，大力推进科技成果转化，为四川新跨越立新功、创新业。

2001年10月27日，时任中共中央政治局常委、国务院副总理李岚清专程来学校视察。其充分肯定了学校为地方经济建设做出的突出贡献，对学校科技成果推广转化取得的成绩和"川农大精神"给予高度评价。

2002年1月3日，时任中共中央政治局委员、国务院副总理温家宝对新华社《国内动态清样》第3007期《85％的回归率是怎样产生的？——四川农业大学吸引留学人员的启示》做出批示——"'川农大精神'应该总结、宣传和发扬。"中组部副部长赵洪祝批示："滞留不归是普遍现象，似川农大这样难能可贵。有关部门做些调研，总结宣传川农大的做法。"同年2月4日，中共四川省委教育工委、四川省教育厅再次发出《关于认真开展宣传学习"川农大精神"的通知》。《通知》指出："四川农业大学是我省高教战线的一个先进典型，不断总结宣传'川农大精神'不仅对推动高校改革、发展和党的建设，而且对促进全省精神文明建设，加强基层思想政治工作都有重要意义。"

2002年1月14日，时任省委常委、省委组织部部长李建华和省委组织部副部长郑朝福，在雅安市委以及省教育工委有关领导等的陪同下，到学校检查指导工作。李建华在听取学校负责人关于班子建设、党建工作、人才培养以及"川农大精神"形成过程的情况汇报后，通报了最近国务院、省委有关领导对学习"川农大精神"的批示。他说，省委决定由省委组织部、宣传部、省教育工委等部门具体实施宣传方案。李建华指出，新老知识分子致力于民族复兴、报效祖国的献身精神和他们痴心不改、热爱事业的追求精神是"川农大精神"的精髓。川农大40多年的艰苦奋斗，特别是改革开放20多年来的努力，造就了一批又一批国内外知名教学科研人才，走出了独具特色的高校党建、教学、科研、成果转化的路子，在贯彻落实党的知识分子政策方面创造性地进行了大胆尝试，吸引了大批留学国外的赤子回归祖国，成为全国农业科研人才的摇篮，为全国高校提供了"事业留人、环境留人、待遇留人"的宝贵经验。李建华强调，要弘扬"川农大精神"，进一步总结好"川农大精神"，把好的做法、好的经验、好的典型宣传出去，推向全国，推动我省乃至全国人才战略的实施。争取在全川乃至全国开花结果。李建华还看望了名誉校长、全国著名动物营养专家杨凤教授，到学生宿舍看望了部分学生。

2002年5月19日，时任中共中央总书记江泽民冒雨专程来校视察。江泽民参观考察了校史与成就展览馆、作物遗传育种生物工程实验室，接见了学校领导和专家代表，并与大家合影留念。江泽民对学校在教学和科研方面取得的成绩表示赞赏，充分肯定了学校结合新的形势积极开展思想政治工作取得的成效。这是他继1991年视察学校小麦所后的又一次视察。

2003年9月，中央组织部、中央宣传部、中央统战部、人事部、教育部、科技部等国家6部委联合发出通知，表彰四川农业大学等22个"全国留学回国人员先进工作单位"，四川农业大学党委书记、校长文心田等331人获"全国留学回国人员成就奖"。先进单位和先进个人于国庆前夕受到了胡锦涛、温家宝等党和国家领导人的亲切接见。

2007年10月16日，一封饱含川农大3万师生员工深情的信，由十七大代表、我校前党委书记、校长文心田亲自带到北京，呈送给温家宝总理。全校师生向温总理汇报了学校弘扬"川农大精神"建设发展取得的成绩和推进现代农业发展、服务新农村建设做出的贡献，温家宝总理再次批示："川农大工作很有成绩，办学经验值得重视。"

2008年"5·12"地震后，学校发扬"川农大精神"积极投入抗震救灾中。5月20日，时任中共中央政治局常委、国务院副总理、国务院抗震救灾总指挥部副指挥长李克强来到重灾区之一的都江堰市，专门察看了都江堰市最大的受灾群众安置点——我校都江堰分校，详细询问了分校师生和安置点受灾群众的状况。"川农大精神"在新的特殊时刻融入伟大的抗震救灾精神中。

（二）报告会催人奋进

2000年6月29日，"川农大精神"首场报告会在雅安剧场举行。报告深深吸引住了雅安干部群众。7月6日，由省委组织部、省委宣传部、省教育厅组织的"川农大精神"报告会在成都锦城艺术宫举行。"川农大精神"从校园走向社会。时任省委常委、组织部长陈文光，省委常委、宣传部长柳斌杰，副省长徐世群，省副厅长唐朝纪以及在蓉高校干部、教师、学生共1200余人参加了报告会，徐世群主持了报告会。柳斌杰宣读了《关于学习"川农大精神"的通知》。由学校党委副书记李洪福教授、著名玉米育种专家荣廷昭教授、著名家禽育种专家曾凡同教授、林学园艺学院归国博士王永清教授、动物科技学院草学专业1997级硕士研究生胥晓刚同学和农学院黎明艳同学组成的"川农大精神"报告团以生动感人的事例，讲述了几代川农大人艰苦奋斗的创业历程和川农大人迈向新世纪的良好精神风貌。川农大人的追求从一个侧面折射出我省广大知识分子和学校职工对党和国家的一片赤子之心。

　　报告会上，陈文光代表省委、省政府讲了话。他指出，"爱国敬业、艰苦奋斗、团结拼搏、求实创新"的"川农大精神"，具有深厚的实践基础和鲜明的时代特征。它是近年来我省高校不断加强党的建设和思想政治工作取得的又一可贵经验，是我省教育战线在改革开放和现代化建设中取得的又一宝贵精神财富。"川农大精神"不仅是高校加快改革发展所需要的精神，也是西部大开发所需要的精神，必将成为鼓舞我省教育战线和各条战线广大干部群众不断开拓进取的强大精神动力。他说，学习和弘扬"川农大精神"是全省宣传工作和精神文明建设的一项重要内容。广大师生员工通过学习"川农大精神"，要把对党、对国家、对人民的忠诚和热爱落实到积极的行动上，树立崇高的师德师风，培育优良的校风学风，一心一意做好本职工作，全心全意为人民服务。徐世群要求，全省各级各类学校要努力实践"三个代表"重要思想，学习和弘扬"川农大精神"，学习贯彻"两部一厅"《关于学习"川农大精神"的通知》，以高度的责任感和使命感，为实现新的跨越而努力奋斗。

"川农大精神"报告会会场

2000年7月24日下午,"川农大精神"第三场报告会在成都会展中心举行。1000多名省级机关干部、职工代表聆听了报告。时任省委副书记席义方,省委常委、组织部长陈文光,省委常委、宣传部长柳斌杰出席了报告会。报告团成员们以川农大人多年来在校党委的领导下,充分发挥党的建设和思想政治工作的优势,在农业科研和教育领域辛勤耕耘,为我省和国家的农业科技、经济的发展,为广大农民脱贫致富,为培养农业科技人才而艰苦创新、勇攀高峰的感人事例,教育和激励着与会干部、职工。

席义方在报告会上指出,川农大建校几十年来,在教学、科研和党建、思想政治工作等各个方面都取得了突出的成绩和丰硕的成果,为我省科技、经济发展特别是农业和农村经济发展做出了不可磨灭的贡献。川农大之所以能在艰苦的条件下创造出不平凡的业绩,正是历代川农大人传承发扬"爱国敬业、艰苦奋斗、团结拼搏、求实创新"的"川农大精神"的结果。他说,"川农大精神"是爱国主义、集体主义、社会主义的生动体现,是学校党的建设、思想政治工作、精神文明建设所取得的突出成绩的结晶,是近年来我省加强和改进思想政治工作取得的又一重要成果。它具有鲜明的时代特征,不仅是川农大的财富,也是全省各行各业宝贵的精神财富。席义方强调,"川农大精神"和川农大人的先进事迹,体现了"三个代表"的要求,体现了思想政治工作的优势和作用,也为我们面对新形势、新任务,不断加强和改进思想政治工作提供了成功的经验。他要求全省各部门、各单位,要通过学习川农大人的先进事迹,使广大党员干部进一步加深对"三个代表"重要思想的理解,进一步坚定建设有中国特色社会主义的信念,树立求实创新的精神,发扬艰苦奋斗的作风,为在西部大开发中实现四川跨越式发展而努力奋斗。

(三)媒体报道引发社会强烈关注

从2000年6月起,《人民日报》《光明日报》《中国教育报》

《农民日报》《四川日报》，以及四川电视台、四川人民广播电台等中央和省级主要媒体先后对"川农大精神"进行了广泛宣传报道，引起社会强烈反响。

《四川日报》在 2000 年 6 月初起至 7 月先后发表评论员文章和多次报道，向社会宣传"川农大精神"。四川日报记者刘骞，也是到校"川农大精神"调查组成员，于 6 月 5 日、6 日、13 日在《四川日报》头版显著位置，连续发了《奇迹是怎样产生的》《科学精神的光辉》《"世外桃源之谜"》三篇关于"川农大精神"的重点报道文章，深深打动了广大读者，在全社会引起了强烈的共鸣。6 月 23 日，《四川日报》第一版报道了时任省委副书记席义方在四川农业大学调研时要求学习"川农大精神"，加强学校思想政治工作。11 月 8 日，《四川日报》在第一版显著位置报道了徐乐义、席义方带领中央"三讲"办赴四川高校检查组和省"三讲"办高校组到学校检查指导"三讲"教育工作时，进一步弘扬"川农大精神"的强调和要求。

《中国教育报》在 2000 年 11 月 11 日、14 日、16 日，以《这是一种什么样的精神——来自四川农业大学的报告》《科学精神的光辉》《强大的凝聚力来自哪里?》为题刊登系列通讯，从不同侧面介绍"川农大精神"。该报在编者按中指出，四川农业大学建校几十年来，特别是改革开放以来，充分发挥党委的领导核心和基层党组织的战斗堡垒作用，凝聚人心，稳定队伍，走出了一条产学研结合的新路，在教学科研、成果转化和思想政治工作诸方面取得了突出成绩，形成了"爱国敬业、艰苦奋斗、团结拼搏、求实创新"的"川农大精神"。

《光明日报》2001 年 1 月 18 日在"发扬'川农大精神'服务西部大开发"的报道中，访问了时任学校党委书记于伟。该报认为，凡是到过四川农大的同志无不为几代川农人的创业和奉献精神所感动，四川农大面对市场经济大潮，支撑川农人默默奉献的原动力正是"川农大精神"。正是这种宝贵的精神使川农凝聚了一批具有强烈报国之志的人才，良好的精神状态使他们在业务上创造了一个又一个奇迹。

2001年底，新华社记者专程来校就学校留学回国人员工作情况进行采访，并在《国内动态清样》第3007期发表了《85％的回归率是怎样产生的？——四川农业大学吸引留学人员的启示》一文，对学校依靠"川农大精神"努力营造和谐人际环境，依靠对留学人员的信任和关心，创造良好机制，吸引众多留学人员回归，并在学校教学科研中挑起了大梁的事迹给予报道。文章受到中央领导和四川省的高度重视。据了解，改革开放以来，我国留学人员回归率是比较低的，大体上只有三分之一的回国。这篇报道，中央领导同志以及省委领导很重视，专门做出批示，要求对此进行总结、宣传和发扬。

2002年1月29日《中国青年报》报道了学校吸引留学人员工作纪实：《归国回到川农，都说无怨无悔》，通过十余名不同时期从不同国家留学归来的川农人，以亲身的经历，讲述了一个个真实而动人心魄的故事，川农精神的崇高，川农情结的难舍，让一个个远离故土家园的学子回到魂牵梦绕的川农大。

《经济日报》2002年4月19日，以《金凤还巢建家乡——四川农业大学留学人员85％归国启示录》为题报道学校大批教师情牵母校，回国工作，为提高教学质量和科研水平做出的贡献。

《人民日报》在2002年4月24日第2版《爱岗敬业自辉煌——来自四川农业大学的报告》中说："穷地方，苦地方，建功立业好地方。"爱国爱校、扎根农业、敬业奉献、报效祖国的精神，在川农大中青年教师中也得到了继承和发扬。

此外四川省内各大小媒体也纷纷开展了报道。

2002年5月，江泽民总书记视察学校，对学校在新的形势下积极开展思想政治工作和在教学科研方面取得的成绩表示赞赏。国内各大媒体对"川农大精神"争先报道，解读新时期的"川农大精神"。

此外,《中国教育报》《科学时报》《中国妇女报》《香港文化报》《四川日报》《教育导报》《四川农村日报》《经济参考报》以及四川电视台、四川广播电台等众多主流媒体,也纷纷进行报道。

2008年10月7日,十七届三中全会召开前夕,来自中央电视台、四川电视台、《四川日报》《教育导报》、四川人民广播电台、四川新闻网等十余家媒体的记者在省委宣传部常务副部长侯雄飞的率领下,就学校近年来弘扬"川农大精神",在人才培养、科学研究、技术推广、服务地方经济社会发展和社会主义新农村建设等方面取得的新成效、新经验进行了深入采访,对"川农大精神"进行宣传报道,社会各界再次掀起学习"川农大精神"的热潮。

(四)社会高度认可

随着"川农大精神"宣传的深入,在社会上,特别是在各级学校引起强烈反响。

2000年6月13日省教育工会组织各高校工会负责人到川农大学习"川农大精神"。6月15日,成都中医药大学党委副书记马晓蓉又率该校16位干部前往学校学习。同时,成都、绵阳、德阳、攀枝花等地的学校干部、教师也纷纷畅谈学习"川农大精神"的体会。《教育导报》2006年6月23日1版上发表了一组人们学习"川农大"精神的感想。成都气象学院副教授李国平说:"'川农大精神'给我启发最深的有两点,其一是川农人艰苦奋斗的精神令人感动,其二是川农大教师们在搞科研过程中的'传、帮、带'精神,我们应该学习。"绵阳经济技术高等专科学校教授王朝全认为,西部大开发光靠几句口号是不行的,必须有一种实实在在的精神来支撑,必须克服急功近利、浮躁的思想,"川农大精神"正是这个精神的具体体现。下一步我们要做的工作就是如何把"川农大精神"进一步落实,化作自己的行动。攀枝花矿务局三中副校长赵志刚说,攀枝花的历史与川农大的历史有着相似之处,60年代初,全国各地的人才汇聚到攀枝花,经过几代人的艰苦奋斗、开拓进取、无私奉献，才取得了可喜的成就，这说明"川农大精神"是有着广泛的适应性，各行各业尤其是各级学校都要学好"川农大精神"。攀钢第十六小学校长杜跃进表示，我们要把学习"川农大精神"作为提高教师素质的一个重点内容，让"川农大精神"在学校生根发芽、开花结果。

第二节　桃李不言，下自成蹊："川农大精神"在代代相传中积淀

"川农大精神"在代代川农人中薪火相传，成为支撑学校现代大学建设持续发展的精神支柱和科学发展的内在动力。"川农大精神"既是学校生命力、凝聚力、创造力的源泉和动力，也为培育学校核心竞争力奠定了坚实的文化基础和提供了源泉。在新的历史时期，特别是跨入新世纪以来，学校坚持以中国特色社会主义理论体系为指导，秉承学校光荣传统，传承弘扬"川农大精神"，充分发挥自身的办学特色和优势，经过广大教职工的共同努力，以取得更显著的新成绩，不断推进学校各项事业科学发展。

一、新一代川农大人对爱国敬业传统的传承

在川农大校史上，老一代留学归国人员的事迹，教育、影响了一批又一批后来者，成为促使川农大留学人员身在海外、心系故土，成为促使他们归校报国的巨大动力。同时，为了吸引并留住回国学子，学校一直努力为回国人员搭建宽阔的事业舞台。回国人员在国外接触到许多学科的前沿知识，回国后，学校往往根据他们的特长，给他们安排学科建设和开新课的任务；在争取到国家和省级重点科研项目后，也把他们推到第一线。大批学成归来的留学人员，极大地提升了川农大的教学、科研水平，同时也营造出了一种奋力向上、公平竞争的学术科研氛围。

爱国爱校、敬业奉献的精神在川农大教师中得到不断继承和发

扬。学校原党委书记、校长、省学术带头人文心田,在川农大以优异成绩获硕士学位留校任教,1987年被选派到德国汉诺威动物医科大学学习。在德方已同意他继续攻读博士学位情况下,为了学校的需要,他于1990年4月按期回校,并在回校后的第三天便走上讲台,承担了繁重的教学任务。1993年,他作为四川唯一代表参加了中宣部、人事部等在京举行的"拳拳赤子心"表彰活动,在接受中央电视台《东方之子》栏目组采访谈到这段经历时,他说:"回国前思想斗争很激烈,确实很想在德国取得学位后再回国,但学校工作急需,我不能置之不理。"他接着说:"我的导师夏定友教授终身报国的精神和行为深深感染着我。我回国不能讲任何价钱。"

在川农大,因服从学校工作需要而放弃在国外攻读博士的还有现任副校长朱庆、远程与继续教育学院原院长吴登俊等多位留学人员。十多年来,川农大几乎没有留学人员与学校谈回国条件的。不少教师多次出国,又多次按期回国。回国人员、原教务处处长罗承德教授说:"脚没踏在祖国的土地上,心中会很孤独。不管在哪儿留学,我的事业都在中国。"

学校认为,留学人员放弃国外优越条件回到祖国,特别是回到川农大,说明这些人是爱国爱校的。所以对这些同志,要在政治上充分信任,在思想上给予具体帮助。归国留学人员已成为这所学校的中坚力量,川农大给予归国留学人员以充分信任并放手使用,吸引和留住了一大批有用人才。

邓良基,四川省学术和技术带头人,1986年在德国波恩大学农学系获土壤学硕士,现任学校党委书记,博士生导师,享受国务院政府特殊津贴。在他回国前,接受校方学生机构采访,问他回国以后准备干什么?他说,他希望回中国,"到中国农村基层,去对中国农村基层、农业作些贡献和服务"。邓良基回国时,把国际合作的科研项目带回学校,用包背回德方提供的科研经费5万马克,拿给其他老师搞科研。他说:"我是一名共产党员,任何时候都不能忘记祖国,不能忘记党和人民的培养。要把祖国的兴旺繁荣放在第一位，把国家经济建设、社会进步和民族复兴事业作为自己的事业。在国外，虽然科研条件和基础条件要比国内好得多，但做的每一件事都不是直接为祖国、为家乡做的。我认为，在国家、在学校改革、发展和建设的关键时期，更需要我们贡献自己的力量，精忠报国。同时，学校各级领导求真务实、关心群众的工作作风和和谐的人际环境，是我两次准时归国工作的重要原因。目前，我所在的学科已成为省级重点学科，所在实验室为省级重点实验室，能够开展土壤学、土地科学和环境科学等方面的研究。"

郑有良，作物遗传育种专业博士。1994 年作为国家公派高级访问学者赴英国剑桥实验室从事分子生物学研究工作。国家"百千万人才工程"一、二层次首批入选，四川省学术和技术带头人，享受国务院政府特殊津贴。现任学校校长，博士生导师。作为川农大培养出来的博士，郑有良从个人的跨越发展中深深体会到，四川农大是干事业的好地方。在一次学校归国留学人员座谈会上，他发自内心地说："祖国可以不需要我，但我需要祖国；川农大可以不需要我，但我需要川农大。在祖国，在川农大，有我钟爱的事业，有我发展的广阔舞台，能够实现我的远大抱负。"在谈到当初为什么要回国时，他说："我回国的原因有四个。第一，出国前，我已经获得了博士学位，并破格晋升为教授，主持承担了省科技厅和教育厅下达的科研课题。第二，科研和教学等方面的良好基础，尤其是个人的跨越式发展都是学校领导和老师精心培养的结果，我从内心深处对学校产生了很深的感情。第三，我所在的学科是博士授位专业，我又是本专业培养的首届博士，既有个人发展的优秀学科基础，更有一份为本学科进一步发展做点工作的强烈责任感。第四，川农大虽然在'天时、地利'上均不占优势，但有一个特别有利于人才发展的'人和'环境，这就是'川农大精神'对人的强大推动力。"

程安春，预防兽医学博士，四川省学术和技术带头人，博士生导师。1999 年赴美国 Iowa State University 作访问学者，1999 年入选国家"百千万人才工程"。现任四川农业大学动物医学院院长、国家水禽产业技术体系岗位科学家。2008年带领的"西南动物流行性疾病发生及免疫防治机理"研究群体入选教育部创新团队。2014年1月，程安春教授主持的科研成果"鸭传染性浆膜炎灭活疫苗"获2013年度国家技术发明二等奖。对于奖项的获得，程安春教授认为正是在"川农大精神"的熏陶和培育下，整个团队近20年辛勤工作的结果。他回忆当初年轻时进行科研的情景，那时水禽疾病研究是个大冷门，但他不随波逐流，坚守科研方向，梦想为世界上养鸭最多的中国贡献自己的一分力量。缺经费、无仪器等都困难都难不倒他，与企业合作拉经费、用纸箱蜡烛自制操作台……他带领团队克服一个又一个困难。20年的执着坚守，源于永恒的爱国精神。他带领团队首创了"鸭传染性浆膜炎灭活疫苗"，获得国家一类新兽药证书，成为国际上第一个研制成功并广泛应用于预防鸭传染性浆膜炎的疫苗；突破鸭病毒性肝炎弱毒活疫苗研发的技术瓶颈，获批为国家二类新兽药，结束了我国没有既可用于雏鸭免疫、也可用于种鸭免疫，并通过母源抗体来保护雏鸭的鸭肝炎疫苗的批文和规程产品的历史，为有效预防该病的发生提供了重要的技术手段。

二、川农大人在新时期对艰苦奋斗的弘扬

改革开放以来，随着党和政府对教育的加大投入和我国高等教育的发展，学校在实验设备、科研经费等各方面已经大为改善，但川农大人在新的时代条件下，承接着自身优良传统的川农人仍然践行着艰苦创业的精神，仍然保持不畏艰险、坚忍不拔的精神状态和励精图治、无私奉献的道德情操。自强不息、与时俱进、开拓创新，把国家、民族和学校利益置于个人利益之上，并体现为心系祖国、心系"三农"、教书育人的实际行动。

中国工程院院士周开达教授首创的籼亚种内品种间杂交培育雄性不育系，率先探索成功杂交稻高产育种新途径——亚种间重穗性

杂交稻，为杂交水稻事业做出了突出贡献。周开达为水稻育种倾注了自己全部的心血，付出了常人难以想象的艰辛。在他 60 年代从事水稻研究时，经费很少，工作条件极差，一切都得靠自己。犁田、挑粪、栽种、观察、收割，他一边搞科研，一边当农民，完全凭着对科学事业的挚爱和艰苦奋斗、拼搏进取的精神进行科学研究。为了加速育种进程，周开达一年中要分别在雅安、广西南宁和海南种三季水稻。为了赶时间，连泡种都在火车上进行，一到目的地，便马不停蹄地开始播种。每年七八月间，他冒着酷暑在试验田为水稻开花授粉。并逐一记录数据，年复一年，历尽千辛万苦。

颜济教授主持选育优良小麦品种，结束四川麦区长期依赖国外引进品种历史；荣廷昭院士领衔的课题组培育出的获国家发明二等奖的玉米品种；老一辈科学家在科研战线的辛勤耕耘、忘我奋斗，其过程莫不与周开达相似。当荣廷昭获得"王丹萍科技奖"后，一次性向党组织交了一万元党费——他首先想到的是成就来自党和人民的哺育。

任正隆，农业科学博士，原四川农业大学副校长、正厅级调研员，博士生导师。1985 年 4 月至 1988 年 9 月在联邦德国哥廷根大学攻读博士学位。1993 年 11 月至 1994 年 4 月在美国密苏里大学做高访学者。国家级有突出贡献的中青年专家、国家教委和人事部有突出贡献的留学归国人员。第九、十、十一届全国人大代表，曾是全国人大农业和农村委员会委员、国务院学位委员会作物和园艺学科组委员、四川省学术技术带头人、国务院特殊津贴获得者。1988 年以优异成绩在德国获哥廷根大学博士学位，当时，他的妻子、儿子都在德国生活了近两年，已经适应了德国的生活，不少公司高薪向他招手时，他却毅然回到学校："老实说，留在德国，我可能会挣得到不少钱，但只不过是一个打工仔，研究出来的成果是老板的；回到祖国，回到学校来搞事业的那种成就感、荣誉感，是在国外体会不到的。"回国后，任正隆的工资还远没有在德国攻读博士学位时奖学金多，他认为，虽然在国外工作挣的钱多一些，但钱生不带来，死不带去。他看重的是回国为祖国建功立业。回国后，没有实验田，他带着研究生自己挥锄开荒，挖地挑粪。他说："建功立业，还是为祖国好……有的人看重钱，但也有很多人不看重，譬如鄙人，清贫一生，却非常舒心。""在感情深处，我始终认为自己是农民。"任正隆"矢志于农"，他实现了自己的梦想，成为一位农民的科学家。"我要让中国的农民用上最好的种子。"如今，国际上使用的上百个小麦基因符号，只有 2 个是中国人设计的，那个人就是他。而他还成功创出我省四大小麦品牌之一——"川农号"系列品种。他每一个项目的成功，都会为数百万中国农民造福。

从美国留学归来的徐刚毅为了把养羊的成果推广到边远山区，常常在农村一住就是十天半月，点的是煤油灯，喝的是山泉水。而他无怨无悔。王林全从德国国家家禽研究所学习回来，开始天府肉鸭选育工作时，条件极其艰苦，王林全亲自指挥修鸭舍，把精力全部投到了鸭子身上。他没有节假日，哪怕是中国人十分看重的春节，也有好几次是在育种场度过的。王林全说："因为鸭子代表了我的精神。"

李学伟，现任动物科技学院院长。作为一个城里人，李学伟教授从没想过自己会成为一名"猪状元"。1978 年，这位 15 岁的高一学生抱着试一试的态度参加高考，被川农录取，21 岁赴德攻博，成为川农大最年轻的出国人员。1989 年，李学伟学成归来时，尽管没有电脑等先进的仪器设备，就连基本的科研经费也缺乏，但他对事业仍然充满信心。堂堂洋博士，挽袖当起了"杀猪匠"。靠着杀猪卖肉筹得的资金，他迈开了科研的步履。如今，李学伟已经是全国动物遗传育种界知名的专家人物，他做的"net pig"（网络猪）已在全省乃至全国种猪场建起电脑信息网络系统，研制的种猪遗传评估软件，在全国一半以上种猪场推广使用。

三、团结拼搏的川农大人在科研中的传承与创新

川农大数百项科研成果的取得，是川农人敢于进行高新技术研究、敢于向权威挑战的体现，更是一代对一代提携帮助的结果。几乎每项科研成果的取得往往都是几代人团结协作、刻苦攻关、共同研究的结果。不少学校专家、教授都说："川农大能取得这么多科研成果，获这么多大奖，都是因为站在老一辈专家肩膀上的结果。"

2013 年，动物营养研究所周小秋教授主持的科研成果"建鲤健康养殖的系统营养技术及其在淡水鱼上的应用"获 2013 年度国家科技进步二等奖。周小秋从大学本科到硕士和博士三个阶段都就读于四川农业大学，1990 年 7 月份研究生毕业后留校工作。在总结自己的工作经历和成功经验时，周小秋认为，在学校的学习经历对他的生存能力和发展能力奠定了重要基础，不仅是所学到的专业知识和科研技能，"川农大精神""川农大文化""营养所的团队精神"等潜移默化地植入了他的思想。老师、前辈和导师的言传身教感染了他，比如：教授分析化学的刘守恒教授的严谨，导师杨凤教授的学术严谨和"地狱理论""三三理论"，陈可容教授科研中的严格仔细，端木道教授的引导能力、解读资料、概念化能力，周院士、荣院士在试验田、玉米地科学观察忙碌的身影都对他有极大的影响和教育。周小秋把自己取得的成绩归功于学校各种平台的支撑、政策的激励及支持，特别是"川农大精神"的激励。他客观地分析自己的每一步成功，离不开团队的拼搏，"学生团队是科学研究、出成绩的主力军，而业务团队成员就是连排长，既要组织也要直接参加战斗"，同时还有每一步成功，离不开家庭的支持，他用"在科研中成长""与学生共同成长""与企业共同成长"总结了 20 年的工作经历，99％的功劳应归学校、单位和团队，他自己只占 1％。

在川农同周小秋一样，卢艳丽、李明洲、郑爱萍、王强、沈飞等一大批优秀青年学者正在快速成长，无不受到老一辈专家教授的

提携和帮助。老一辈专家在高等农业教育园地辛勤耕耘，为年轻人铺路，既严格要求，又关怀备至。在教书育人、提职晋升、出国进修、成果申报等方面淡泊名利，体现了高尚的精神境界。老专家们的言传身教，影响和感染了一代又一代师生，使"川农大精神"不断地得到丰富和延伸。2012年5月，动物科技学院动物遗传育种研究所的李明洲以第一作者在国际著名学术杂志 Nature 子刊Nature Communications 上发表文章《猪肌肉和脂肪组织的基因组DNA甲基化图谱》，该研究成果对于促进猪作为人类肥胖疾病研究理想模式动物的发展具有十分重要的意义，引起国内外广泛关注。其成果的获得与学校的大力支持息息相关，据当时统计，从2009年实施"双支计划"到李明洲发表该论文，李明洲所在的课题组共获得学校的前期资助达135万余元。2013年10月27日，我校作为第一单位，李明洲教授和李学伟教授分别作为第一作者和通讯作者的研究论文《比较基因组学鉴定藏猪和家猪的自然和人工选择》在国际顶尖学术杂志《自然－遗传》（Nature Genetics）上作为Article（研究论文）发表。该期刊影响因子为35.2，创下学校发表论文影响因子之最。李明洲研究成果的取得与他的博士生导师李学伟教授的支持、帮助分不开。由于当时在农业动物领域内，基因组表观遗传学研究在国内外尚处于起步阶段，这意味着即使投入多，研究前沿，也不能保证有理想的结果和重要的发现，选题的风险很大。这时李明洲的博士生导师、课题组负责人李学伟教授依然给了他无限的信任，给予最大程度的支持。"要钱给钱，要人给人。"4年下来，整个研究花费了近500万元科研经费，李学伟教授却从没有退缩："相信团队，相信他们的能力，我坚信坚持到最后就是胜利。"川农人就是凭着这种对事业的赤诚和持之以恒的干劲，自强不息，终于取得了令人瞩目的成就。

近年来，学校抢抓机遇主动适应新时期发展需要，转变观念，不断激发科技工作生机活力，提高质量，全面提升科技工作能力水平，广大教师发扬"川农大精神"，勇于创新，在教学科研上努力推进"三进""三紧跟""三适应",也就是学校的教学、科研和社会服务走进乡村、走进企业、走进政府;知识和技术创新紧跟创新型国家发展战略需求、紧跟社会经济发展的需求、紧跟新农村建设与现代农业发展的需求;教育教学改革、科学研究进一步适应生产发展需要、适应企业发展需要、适应"三农"协同发展需要,在提升科技创新能力、加快科技成果转化、完善科技人才发展机制等方面,取得了突出成绩。

兴农爱国是"川农大精神"的核心内容。学校紧紧围绕"三农"亟待解决的理论问题和实际问题开展科研攻关,形成了一批拥有自主知识产权的核心技术和科研成果。李仕贵教授、陈代文教授主持完成的成果分别获 2009 年度、2010 年度国家科技进步二等奖,2013 年程安春、周小秋教授主持的科研成果又分获一项国家技术发明二等奖、国家科技进步二等奖。2013 年,学校还获教育部技术发明一等奖 1 项、农业部中华农业科技一等奖 1 项、四川省科技进步一等奖 13 项。同时,科研机制改革呈现新气象,哲社科学研究迈出新步伐,公民文化普及基地入选全国人文社会科学普及基地,四川省农村发展研究中心入选省社科优秀重点研究基地,四川农业特色品牌开发与传播研究中心、德国研究中心入选省高校人文社科重点研究基地,学校社科联被省社科联表彰为 2011—2012 年度省先进高校社科联。

第三节　服务社会方能领跑社会:"川农大精神"在服务"三农"中赢得美誉

农村、农业、农民问题是关系改革开放和现代化建设全局的重大问题,解决好"三农问题"是全面建成小康社会的关键。在加强人才培养和科研的同时,学校始终把面向"三农"、服务社会主义新农村建设特别是西部农村经济社会作为发展和改革的方向,提出"社会服务是兴校之策"的办学理念。川农大人怀着强烈的振兴中华的事业心和责任感，心系农业、农村和农民，把个人理想和兴农报国紧密联系在一起，着力推进科教兴农、科教兴村，深化校地、校企合作。学校秉持服务社会的理念，弘扬"川农大精神"，在全面建成小康社会的进程中承担起自己应有的责任。

一、校地合作，推动农业科技转化

农业高校是农业智力的依托和培养基地，在知识传授、传播、应用及创新等方面具有基础作用。学校积极服务社会经济发展需要和国家重大战略需求，积极投入科技力量，加强与地方企业、政府等的合作，提供智力支持，在建设社会主义新农村，全面建成小康社会，实现两个一百年奋斗目标的进程中做出了自己应有的贡献。从与省内部分种子公司合作开始，到与地方县政府共建实验基地，再到与省内地市州以及成都市的深度合作，截至 2015 年底，学校持续推进了与四川 60 多个市、县（区）及全国 21 个省（市、区）的 200 多家企业（公司）的合作。几乎每年新增校地合作、校企合作项目十余项。学校将 60% 以上的科技力量投入到农业生产和农村经济建设主战场，科技成果转化率达 70% 以上，闯出了一条"农科教""产学研""育繁推"结合的办学新路。

1977 年，水稻研究室与省内的部分种子公司联合组建了"冈·D 型杂交稻协作组"，经过近 40 年的艰辛工作和不懈努力，育成的冈 D 型和其他类型杂交稻在全国 15 个省市和东南亚国家推广应用，产生了巨大的经济和社会效益。冈型、D 型杂交稻推广 3 亿多亩，增产稻谷 230 多亿公斤，创社会经济效益 320 多亿元。1983 年，学校与大邑县人民政府签订了《四川农业大学和大邑县共建农业现代化实验基地合作协议书》，这是学校首次与地方政府签订科技合作协议，开创了校地合作的新模式。大邑县作为学校校地合作的重点，已成为全国重要的红梅基地和省内知名的"三木"药材基地、金蜜李基地、杂交水稻制种基地和优质粮油高产示范等基地，成为学校动植物新品种（新技术）的研发基地、种源基地、科技成果及科技企业的孵化基地。1994 年 1 月，学校与三台县团结水库合作，建立教学科研基地，实施四川省丘陵地区农业综合开发项目。此后 10 年间，学校原林学园艺学院原副院长曾伟光率领的由果树栽培、果树育种、果树病虫、果树生理、农业化学、果品加工等不同学科教师组成的专家小组，深入水库果园场对生产开展全方位的技术指导服务。在他的带领和指导下，三台团结水库由原来的亏损单位变成了全国有名的柑橘基地。进入新世纪后，学校在三台开展全面的农业科技合作，使县校合作进入一个新阶段。

随着经济社会的发展，学校紧密联系学校和四川实际，结合农业和农村发展需要，不断探索校地合作的新机制。2006 年，学校出台《关于发挥学校科教优势促进社会主义新农村建设的意见》，强调进一步加强与地方政府和企业的全面科技合作，积极拓展校地、校企横向科技合作项目，不断完善农科教、产学研结合的长效机制。2009 年学校出台了《关于进一步加强社会服务工作的意见》，2016 年学校修订、完善《教职工业绩评分标准》、《教职工奖励办法》等分配奖励制度，将开展成果转化和社会服务工作量纳入年度考核工作量范围，并大幅度提高了科技服务、科技咨询、技术开发、成果转让等收入中，对参加工作的科技人员的奖励力度。形成激励学校广大教职员工，尤其是科技人员积极服务社会的长效机制。

近年来，学校积极推进校地合作服务地方经济发展方式的转变，围绕地方农业产业发展需求，提供科技、信息、技术等智力支撑；推进科技成果在当地的引进和转化，加快特色农产品基地建设；广泛开展科技培训，加快地方人才队伍建设。学校还派出人员到地方挂职锻炼、实习，让地方成为新技术、新品种的推广基地、科技成果的转化基地、人才的实习基地。学校在生物技术、农机先进制造技术、精准农业技术等前沿技术上开展攻关，在农产品精深加工、冷链物流、良种繁育和病虫害绿色防控等关键技术上实现了新的突破。科技成果转化，实现从特色行业向地方新兴战略行业转变。学校实施创新驱动战略，学校与生泰尔集团、特驱集团等数十家公司建立了"农科教""产学研""育繁推"合作关系，为企业提供优良品种、饲料配方和农畜产品加工新工艺、品种筛选、育苗、栽培管理、加工，人才培养和科技信息交流等方面进行合作。合作内容涵盖种植业、养殖业和加工业，这些企业既是学校的合作伙伴，又是学校科技成果转化的载体，也是培养创新人才的重要实践基地。

尤其是近五年来，学校进一步加大对社会服务的支持力度，取得了显著成绩：学校获准国家技术转移示范机构1个，2个示范培训基地，入选农业部、四川省农业主导品种34个（次）、主推技术31项（次），获省部级成果转化资金项目、科技富民强县项目共324项，科技成果转让和回收2086.07万元；完成技术合同登记488项，合同金额达9472.16万元；推广作物新品种面积3亿多亩、果树优良新品种1.95亿株，畜禽疫病防治达10.4亿只（头），累计创社会经济效益260亿元；同60个市县区和200余家企业新（续）签合作协议，通过政府与学校搭台，业主唱戏，科技支撑，使学校70%左右的获奖成果得以推广转化。学校为四川农业和农村经济，特别是我国中西部社会经济上新台阶做出了突出贡献。

在为社会服务中，川农大人怀着强烈的振兴我国农业经济的事业心和责任感，始终坚持把科技送到农民手中。许多功成名就的老教授、老专家不顾年高体弱，许多中青年专家不顾家庭困难，寒来暑往，默默奉献。不论平原、沃野，还是边远山区，始终坚持把科技送到农民手中，把农业科技成果在巴山蜀水的大地上转化为现实生产力，充分展示出"川农大精神"在服务"三农"中的巨大作用。

二、共建专家大院，提升农业科技创新能力

依托学校科技力量，积极探索构建新型农村科技服务体系，建立直接服务地方特色产业，与地方政府合作共建专家大院，构建

"专家大院＋特色产业基地＋农户"科技服务模式，以培育和壮大地方特色产业。专家大院本着"企业主导、专家指导、政府引导"的基本原则，围绕"五技"，即技术开发、技术培训、技术咨询、技术入股、技术转让，通过"聘请一位专家、建立一个大院（农业技术培训学校）、成立（引进）一家公司、培育一个基地、带动一项产业、致富一方百姓"，以技术为依托，围绕地方农业产业，学校与地方先后创建了水禽、茶叶、长毛兔、草科鸡、水果、山地鸡、肉鹅、藏茶、中药材、粮油、食用菌等各具特色的"农业科技示范专家大院"。截至 2016 年，学校先后与雅安市、乐山市、广安市、成都市、德阳市共建各具特色的专家大院 41 个。其中，学校与乐山市共建了特色水果、茶叶 2 个专家大院，与广安市共建了朗德鹅、武胜猪 2 个专家大院，与成都市先后共建了食用菌、蔬菜、榨菜 3 个专家大院，与德阳市共建了 1 个果树专家大院。在雅安，就有雨城区水禽专家大院、名山县茶叶专家大院、荥经县长毛兔专家大院、汉源县水果专家大院、石棉县草科鸡专家大院被科技部列为"第一批国家星火计划农业科技专家大院模式示范单位"。专家大院经过学校专家指导，在政府引导、企业主导下，成为学校教学、科研、实习基地和带动农民增收致富的示范基地。专家大院的建立，为学校农业科技专家走向田间地头，博士、硕士走进寻常百姓家，推广转化农业科研成果，搭建了最佳结合平台，对建设社会主义新农村，统筹城乡发展，实现农村经济社会全面、协调、可持续发展做出了积极贡献。

专家大院深化了校地科技合作，促进了科技成果有效转化，提升了农业生产的科技水平。在雅安市，专家大院共有专家组成员近 60 人，其中：学校专家、教授 36 人，9 位学校专家、教授受聘为首席专家。学校将各专家大院作为教学、科研、实习基地。2003年以来，通过专家大院转化科技成果和技术 80 余项，开展科技培训 800 多期，培训技术人员 30000 多人次。专家大院推动了县域经济的发展。例如，石棉县草科鸡专家大院组建于 2003 年 7 月，是雅安市专家大院的一个分院，是学校与雅安市实施校地合作，发挥专家科技优势，发展农业产业化模式的一种示范工程项目。专家大院是以石棉县田湾河野生资源开发有限公司龙头企业为载体，由学校动物科技学院专家组参与，学校派遣朱庆、刘益平、黄勇等教授，负责草科鸡品种选育、生态养殖技术、疫病防疫、绿色有机达标等研究与推广。草科鸡由专家大院统一孵化，育雏草科鸡苗30日龄完成疫苗免疫和脱温后发放养殖户，有效保证了农户养殖成活率。在学校首席专家的直接参与和指导下，2012年石棉县全县共出栏草科鸡60.04万羽，加工营销30.6万羽，产值达5720万元，为全县农民人均增加纯收入90元。

专家大院是探索出了一条人才资源向人才资本转变的新路子。专家大院的建设，激活了学校专家的内在动力和高昂的积极性，促进了学校科技成果向农业生产第一线的转化，成功构建起人才资源向人才资本转变的平台。学校积极配合雅安市专家大院的建设，出台了"推广教授、推广研究员"管理办法，鼓励教师立足教学岗位，积极参与农业成果转化和推广。

专家大院推动了龙头企业和特色产业的发展。专家大院以企业为主导，围绕龙头企业、特色产业的发展，确定了科技示范项目和一批科技示范户，建立了一批科技示范基地，促进了企业和特色产业的发展。据不完全统计，2003年以来，专家大院帮助龙头企业，共实现销售收入40多亿元，利税上亿元。例如，名山茶叶专家大院指导茗山茶业有限责任公司完成了企业ISO9001：2000质量管理体系的认证，有机茶基地、加工、销售的认证，获得了四川省农业产业化重点龙头企业，"蒙山"注册商标获得了四川省著名商标，结束了雅安市茶叶无省级农业产业化重点龙头企业的历史；技改完成了2000多平方米日产近千公斤的现代化、有机茶名茶车间、园林式的厂区，完成了全机械化的蒙山茶加工新工艺技术、微波茶叶加工新工艺技术的研究、完成"多功能微波远红外自动化名优茶生产线"的研制；完成了"微波制茶新工艺及名优茶加工自动化成套设备的研究"等。

专家大院带动了农村经济的发展，促进了农民增收。专家大院在建设和发展过程中，紧紧围绕农民增收目标，通过实施科技项目、科技培训、引进新品种、新技术示范推广和疫病防治等，有效增加了农户的收入。例如，汉源县水果专家大院在首席专家廖明安教授的带领下，实施果树名优特新品种引进示范、水果优质无公害生产科技示范，水果商品化处理科技示范，推广水果栽培管理新品种新技术，让果农们接受到了全新的高层次的水果栽培管理技术指导和培训。进一步促进了全县水果的增产和农民增收。2013 年，园艺学院杜晓教授作为茶叶科技示范专家大院首席专家，在名山、筠连、乐山等地建立示范基地 200 余亩，推广名优茶新品种川农黄芽早、马边绿 1 号、川沐 28 号等 6 个，示范春季茶叶生产关键技术，为加快当地茶叶向规模化、集约化、产业化方向发展，增加茶产业的科技含量、整体效益打下良好基础。

学校与雅安市于 2001 年底共同组建了雅安市农业高科技生态园区，充分发挥学校科技人才优势，深化市校合作，加速科技成果转化，增加农民收入，实现传统农业向现代农业跨越，经过十一年的建设和发展，园区 2010 年升级为国家农业科技园区。目前园区的聚集、辐射带动效应已初步显现，正逐步成为转化农业科技成果，推进农业结构调整和产业化发展，促进农民增收的"孵化器"。2014 年 9 月，《雅安市人民政府 四川农业大学关于进一步深化市校合作的若干意见》文件为加快农业科技专家大院建设提供了政策保障。围绕雅安市农业产业发展重点，科学规划，加强管理，探索专家大院的动态管理及体制、机制创新，推进专家大院建设。形成龙头企业依托四川农业大学建立专家大院，专家大院支撑龙头企业科技创新和示范，推动企业做大做强的良性互动。

三、农民科技"110",构建农村信息化综合网络体系平台

2001 年,"四川省农业科技 110"在四川农业大学建立。以科技服务农民为宗旨,以信息资源为核心,以服务热线为纽带,以数据网络为基础,在农村电话日益普及的情况下,根据农民的实际需求,应用现代化的通信工具和网络技术,借鉴公安 110 快速反应的形式,建立农民科技 110 服务中心,致力推动信息在广大农村的低成本、高效率传播,实现科技与农民的零距离衔接,为农业、农村、农民开展便民服务。学校与地方、四川省农业信息工程技术中心通力合作,完成了由电脑网络、电视网络、电话网络三大系统组成的农村信息化综合网络体系平台建设。"四川农业科技 110"在全省建立了 10 多个分中心。这个覆盖全省的农业科技信息平台,通过声讯传播的方式,为全省各地农民群众答疑解惑,为农业生产和管理人员提供各类先进实用技术、生产管理知识、农产品供求信息等。10 多年来,学校不断整合自身的公共服务体系资源、专家资源和中国电信四川分公司通信资源,免费为广大农户提供咨询服务,服务领域涵盖了农、林、牧等 20 个学科。"农业科技 110"拨打咨询电话累计达 6 万余次,网络联系 4 万人次,短信联系上万条,500 余人(次)专家教授通过"农业科技 110"解答有关农业生产与科技问题。截至目前,四川"农业科技 110"信息服务体系已覆盖四川全省,受到了广大农民、农技人员、管理人员、农业开发业主等的广泛好评。

"农民科技 110"实现了专家群众直接对话。每当接到来自全省各地的咨询电话,对于较易解答的问题,专家、教授会直接在电话中为农户讲解清楚;对于情况比较复杂的实际问题,专家就深入到农户家中给予现场指导。"农民科技 110"为农户和川农大的专家群体架设了沟通桥梁,促进了科技成果的转化和农资、农产品的流通,还能培养农民的科技意识,让农民学会用"科学武器"保护

自己的利益。农民科技 110 改变了以往那种科技人员科技服务必须直接到农村的情况，避免了空间距离远、实效差的问题，农民如果遇到突发或急需解决的问题，可以通过网上查找省中心专家系统，询问所在区县科技人员以及直接拨打农业科技 110 智慧中心三种方式，能够在第一时间得到解决难题。

10 多年来，我校"农民科技 110"专家无论在办公电脑前热心解答，还是到田间地头走家串户开展服务，他们放弃节假日，无怨无悔，实现农技服务的"全天候"，利用互联网、宣传单、报纸杂志等多种渠道，将掌握的各方面信息，通过多种途径向社会发布，接受农民的政策、技术和信息咨询，及时解决农民群众在农技方面的急难问题，推广农业新技术、新品种、新物资；通过现场咨询、实地指导、科技示范、技术培训、发放资料，为农民提供产前、产中、产后的信息服务指导和推动基层农技推广活动，有效地促进了农业技术的推广和农产品的流通，实实在在地为农民群众解疑释难，使他们从中得到实惠，特别是在为村民脱贫致富实现精准扶贫开辟了信息之路。如今，在四川 88 个贫困县中，82 个活跃着学校科技人员的身影。随着扶贫攻坚步伐的加快，学校扶贫地图将覆盖全川 88 个贫困县。"农民科技 110"专家们在服务三农的现代信息化网络中，实践着"川农大精神"。2008 年，我校邓良基教授主持完成的四川省"农业科技 110"示范工程，针对农业技术推广体系"网破、线断、人散"的困境，利用学校的农业科技资源优势，整合电信、电视、网络等多种信息媒体，很好地解决了农业科技信息进村入户"最后一公里"问题，社会经济效益显著，被评为四川省科技进步一等奖。

四、新农村发展研究院，打造服务"三农"综合平台

2012 年初，新农村发展研究院建设正式启动实施，教育部、科技部联合下文，指出"建设高校新农村发展研究院既是落实中央'一号文件'、国家中长期科技、教育规划纲要的战略行动，也是完

善我国新型农村科技服务体系的重要举措，是推进高等学校改革发展的有效途径"。4月，教育部、科技部正式发出通知，同意四川农业大学等10所高校成立新农村发展研究院。四川农业大学新农村发展研究院成为全国首批10所新农村发展研究院之一。这也是学校创新科技成果转化体制机制，大力推进农业科技服务"三农"发展的又一重大举措。2014年，农发院被科技部批准为国家第五批技术转移示范机构。

之所以能够跻身全国首批新农村发展研究院行列，这与学校多年来积极发挥人才培养、科学研究、社会服务的职能奠定的扎实基础分不开。这一优势首先得益于学校长期积淀传承的"川农大精神"的滋养，这成为全校师生深入农村、服务农村极其重要的精神支撑。学校作为省属院校积极发挥在科研方面的优势，使科研成果接近于生产实践，促进成果转化。据不完全统计，改革开放以来，学校在四川及全国的20多个省（区）先后推广科技成果1500余项，70%左右的获奖成果得到推广转化，累计创造社会经济效益800多亿元。正是得益于"川农大精神"与时俱进的宣传、激励和感召，学校在社会服务的过程中，长期以来总结了不少宝贵的科技成果推广模式和经验，都取得了明显的实效，也得到了社会和有关领导的认可，从而在新的历史时期，丰富着"川农大精神"的时代内涵。

新农村发展研究院立足服务全省新农村建设的目标，坚持生态村园和现代产业协同发展的科学理念，以产学研、农科教协同创新为主要动力，以建设服务体系、示范基地和推进教学改革为重要任务，通过模式创新、体制创新和机制创新，建立以新农村发展研究院为主体，以公益性农村科技服务、创业与孵化服务、多元化科技服务"三位一体"相互协同的新型农村科技服务体系，打造现代农业科技原始创新和成果转化示范基地，改革创新与创业（"双创"）人才培养模式，将雅安等核心试验区建设成为四川省乃至西南地区新农村建设综合科技服务的典范。

新农村发展研究院大力推进校地、校所、校企、校农间的深度合作，构建以学校为依托的服务"三农"模式，务求实效、突出重点、突出效率。新农村发展研究院先后在名山区建立茶业产业服务中心暨四川雅安国家农业科技园区茶产业科技创新基地，组织植保专家指导茶叶生产；在石棉县校县建立石斛基地、黄果柑基地；到天全县指导山葵生产；在崇州市建立"1+4"现代农业发展方式；在广安区开展对口定点扶贫和挂包帮工作，加强科技和智力扶贫力度，促进科技成果推广和转化；与都江堰孙桥现代农业发展有限公司共同着力打造平台，分享资源，广泛、深入开展校企合作，积极探索校企合作新模式，大力推进都江堰市现代农业发展；为地震灾区农村从农房建设、产业发展到土地流转实效提供帮助和服务；建设蔬菜种植基地物联网，等等。近一两年来，新农村发展研究院积极发挥科技人才优势、大学推广模式优势，不断创新服务形式，建立新型农村科技综合服务体系，样板示范、科技人员创（领）办企业、共建博士工作站、科技特派员、科技挂职、专家大院等多种方式，让专家奔赴一线，助农增收，助推地方经济发展取得明显成效。2013年1月21日，学校与雅安联合建设四川农业大学新农村发展研究院雅安新型农村科技服务体系，雅安服务总站成立，对于进一步发挥新农村发展研究院服务"三农"效能发挥极大促进作用。

新农村发展研究院日益成为学校服务新农村建设和现代农业技术的辐射中心，通过开展城乡统筹发展路径、农业产业体系规划、村镇建设优化设计等方面的研究，发挥综合学科和农业科技人才的优势，多学科交叉、集成，构建服务"三农"技术集成、研究与示范的中心。特别是2015年以来，以新农村发展研究院为载体，学校围绕"四个全面"战略布局，在30多年自发开展扶贫工作的基础上，学校制定了《四川农业大学2015—2020科技扶贫工作方案》，设立科技扶贫专项经费200万元/年。针对秦巴片区（6个市34个县）、乌蒙片区（3个市9个县）、大小凉山彝区（2个市州13

个县)、高原藏区(3个州32个县)的地方资源状况,在全省88个贫困县开展精准扶贫,针对不同对象研究扶贫办法,分析贫困的内外根源,提供多种脱贫致富的路子,对口扶贫雷波县、前锋区和重点扶贫旺苍县、武胜县,助力产业扶贫,切实帮助贫困地区老乡们尽快脱贫致富、奔小康。同时,以服务为导向、以改革促发展,通过开展新农村发展研究院建设,加快推动学校内部的改革,推动学科交叉,培育新兴学科,加快学科集群的形成,发挥科技优势,在实践中摸索出一条社会服务和学校教育相互促进、相得益彰的发展道路。新农村发展研究院的建设和发展,服务"三农"效能的极大发挥,不断推进"川农大精神"在新的历史时期在更广阔的社会服务与实践中得到延伸和升华。

五、弘扬"川农大精神",培养心系"三农"的创新创业人才

"川农大精神"既是学校宝贵的精神财富,也是学校加强学生人文素质教育重要的精神基础。学校根据高等教育发展的需要,将人才培养使命同社会经济发展和国家的需求紧密结合,明确提出人文素质教育的精神内核就是继承和弘扬"川农大精神",坚持育人为本,德育为先,以"心系'三农'振兴中华"为主题,创新人才培养模式,培养具有"三农"情怀的创新创业高素质复合型人才。广大学子秉承"川农大精神",将"追求真理,造福社会,自强不息"的校训作为自己终生的座右铭,在各行各业中实现自己的人生价值。

在我校毕业生的身上体现出"勤奋朴实,勇于开拓"的品质,这也是众多用人单位的反映。学校把突出创新能力和实践能力培养作为培养高素质人才的重要内容。从川农大走出的毕业生,普遍得到社会各界的好评,他们的实践能力和动手能力强,真正是"用得上、留得住、叫得响"的社会实用之才。

20世纪90年代中期,学校逐步将本科专才型培养向复合型人

才培养转变。1998年初，学校实施"大基础教育、宽口径培养、按需要选课、主辅修结合、强能力训练、重素质培养"的人才培养模式。2011年学校进一步推动人才培养改革，按照"科学定位、分类培养，优化课程、因材施教，注重训练、学思结合，强化实践、知行统一，文理交融、全面发展"的原则开展分类人才培养工作。2012年，学校深化分类培养，按照"以生为本，分类培养，强化实践，注重创新，全面发展"的思路，实施分层教学，分类指导，深化学术型、复合型、应用型三种人才培养模式改革，构建了"双分式"课程教学和差异化实践教学两大培养体系，全校本科专业（含专业方向）学术型占比7％、复合型占比65％、应用型占比28％。近几年来，人才分类培养逐步推进，培养出的三类人才各具特色，在各行各业独当一面，培养质量得到社会普遍认可，学术型人才理论基础扎实，科研能力和创新精神显著增强；应用型人才专业知识扎实，实践技能强；复合型人才知识面广，综合能力强。二十多年来学校持续推进教育教学改革和教育研究，学生专业教育与素质教育、人文教育与科学教育、全面发展与个性发展、改革研究与改革实践相结合，一大批心系"三农"的学生投身到西部农村经济社会发展和全面建成小康社会的伟大实践中，"造福社会"，不断诠释"川农大精神"的时代内涵。

在"川农大精神"的熏陶下，学生创新创业的激情的得到激发。学校要求川农大的学生不论学什么专业，都要心系"三农"，勤奋学习；毕业后，不论工作在城市还是在农村，心里都要惦念着农业、农村和农民，在不同的岗位为服务"三农"，为建设社会主义新农村，全面建成小康社会，实现中华民族伟大复兴作贡献。学生中涌现出了一批心系"三农"、勇于创新的创业之星。如2011届农村区域发展专业学生刘可成，创立了"美农美家蚯蚓开发工作室"，被全国高校创业者大会评为"2010年度十大最具创业精神的大学生"。2013届财务管理专业学生汪洋，以全球学生最高分通过2012年度国际注册内部审计师（CIA）全科考试，是全球格伦·

萨纳姆博士学生奖当年的唯一获奖者。2014届经济管理专业学生钟明洁自主创业,被共青团中央、全国学联评为2013年全国100名"中国大学生自强之星"。2010届信息与计算科学专业学生陈飞宇,当了两年公务员后辞职,在中药材种植上取得成功,受到李克强总理接见,总理亲切鼓励"好好干",2015年一举拿下"中国创翼"青年创业创新大赛决赛一等奖,赢得8100万元巨额意向融资。2016年4月25日,在雅安,我校大学生创业者、农村区域发展专业二年级研究生、从事沼气工程项目创业的金柳;2014年被温江区招募的大学生村干部、在温江创办了成都千盛惠禾农业科技有限公司的彭洁;几位创业学生代表受到了李克强总理的鼓励,"同学们干得好,希望你们继续努力!"学校毕业生入选西部计划、一村一大、选调生、公务员、国家基层项目等计划的人数逐年增加。

广大毕业生秉承"兴农报国"的优良传统,不断弘扬"川农大精神"。他们奋战在祖国建设的各条战线,充分发挥专业优势,不怕吃苦,踏实干事,深受用人单位、社会各界好评。尽管学校毕业生人数逐年增多,但到校参加"双选会"的用人单位却越来越多,每年数百家企、事业单位到校挑选毕业生。学生就业率高,毕业生就业率一直保持在95%以上,2012年荣获"全国毕业生就业典型经验高校"全国50强,全国仅有4所农业院校入选;连续三次获得教育部全国普通高等学校毕业生就业工作先进集体。90%以上用人单位对我校毕业生表示满意,毕业生"吃苦耐劳、勇于开拓"的优良品质和较强的实践能力受到社会广泛赞誉和肯定。

第四节　"川农大精神"人物剪影
——周开达、荣廷昭

一、中国杂交水稻亚父——周开达院士[①]

世人皆知袁隆平是中国杂交水稻之父，然大多不知在川农大还有一位和袁隆平同样重要的周开达院士。

1933年，周开达出生于江津县一个偏僻的农村。少年时代农民忍饥挨饿的情景常常刺痛着他，能够顿顿随意大口吃上白米饭，是他少年时代的梦想，这也是他后来迷上了水稻事业的重要原因。1953年的一天，爱读书看报的周开达偶然在报上看到了一篇介绍湖南某县种双季稻的文章，他的好奇心被大大激发起来，于是写信要来了种子，开始了生平第一次科研，又带动乡上种了好几百亩双季稻。他成了远近闻名的"水稻专家"。

与此同时，他在书上看到介绍水稻的杂交育种，就依葫芦画瓢，进行了多次试验，直到1956年进入四川农学院学习才暂时中断。

1960年，周开达毕业后留在学校，刚开始的时候，组织上并没有安排他搞水稻，他就在家中用盆栽，自行研究。1965年正式调入水稻室后，他如鱼得水，全身心投入到这一事业中。

那时，正值袁隆平研究杂交水稻获得成功，水稻界开始了杂交水稻热。恰逢水稻室主任李实蕡援外回来，从西非的马里带回一些品种，从此，周开达开始了正式的水稻育种研究。

当时条件极差，没有经费，一点一滴全靠自己做。犁田、挑粪、栽种、观察、收割，没有一样可以省略。在那样的年代，他完

---

① 江英飒：《为了大地的丰收——记著名水稻研究专家周开达教授》，载《西南科技报》，1997年9月9日，第11版。

全凭着对科学事业的挚爱和一个科学工作者的良知来工作。

1972年，情况有了好转。国家大力提倡搞杂交水稻，省上把水稻杂种优势利用作为重点课题。

过去育成的不育系均由远缘杂交而成，袁隆平的野败型就是这种类型。所以之前提起杂交水稻，立即想到的就是野败型。由于水稻品种过几年就会退化，必须换代，因此运用单一的野败胞质就将给水稻生产带来潜在的危险。

周开达指导研究生

敢想敢干的周开达在老师李实蕡的指导下，决定采用籼亚种内品种间杂交技术。

这是一次真正的冒险。在此之前，国际水稻所的 S. S. Vilmani 先生也作过类似的研究，但没成功，为此他被国际水稻所解聘。国内水稻界对此也有人持怀疑和否定态度，一些颇有声望的专家指出："走籼亚种内品种间杂交的道路，只有失败的先例，没有成功的先例。"周开达的一些好友也劝他不要白费力气了，这样搞没前途。

在困难面前退缩，这不是周开达的性格！当时他们已有一些材

料，周开达很坦然地说："我们就是要把手中的东西搞清楚，即使
10年都搞不出成果，也要把教训留给别人。"

　　那些年，为了加快育种过程，周开达一年中分别在雅安、南宁
和海南岛种了三季水稻。为了赶时间，连泡种都是在火车上进行。
一到目的地，就马不停蹄地开始播种。当时条件艰苦异常，由于交
通不便，要转很多次车并乘船渡海才能到达试验所在地，途中时间
将近1周。行李、锅碗瓢盆都要自己带，住的是简陋的房子，头上
老鼠叫，风吹沙迷眼，床板下面长出的霉足有一尺长，就是在这样
的条件下，他们每天仍比农民下田早，收工晚。

　　每年七八月，正是天气最热的时候，也恰恰是他们搞水稻最忙
的时候。每天一大早，周开达就得到农场的试验田中，一株一株地
去雄；中午，骄阳似火，正是水稻开花的时候，他必须冒着酷暑抓
紧授粉。抽穗开花前要一株一株地套隔离袋，扬花时要一穗一穗观
察花粉，逐一记录。1分田1700多株稻株，5分田8000多株，一
亩田1.6万多株，其工作之细、工作量之大可想而知。

　　历经千辛万苦，周开达和他的同事们一道，经过一系列的测交
和回交后，终于在70年代后期培养成功稳定的冈·D型系列不育
系，实现了他在杂交稻三次育种中的第一次创新。接着，他们相继
培育成冈朝1号A、D及汕A等不育系，6323等恢复系，审定推
广了冈朝23、D优63、D优10号、冈优12等13个冈·D型杂交
水稻组合。其中5个组合荣获农业部和四川省重大科技成果奖及全
国科学大会奖。当时生产运用的几个组合，均有优势强、产量高、
抗病性好、易繁易制等优点，在生产上得到了广泛的应用，种植面
积在迅速扩大，截至1994年5月，累计已推广1.35亿亩（0.09
亿公顷），增产稻谷101.25亿千克，增加经济效益达81亿元。如
今四川每年都有1500～2000万亩（100.05～133.4万公顷）稻田使
用冈·D型品种，占整个四川稻区的1/3多，冈·D型系列杂交稻
已成为我国生产上应用的三大类型之一。

　　巨大的成功没有让周开达停止探索的脚步，他又开始踏上新的

征程——对"两系法"和"一系法"的研究。

杂交水稻育种的过程极其繁杂,我们现在所用的方法全都是"三系法",即必须要有不育系、保持系和恢复系,而"两系法"则不要恢复系,减少一系就意味着简化很多工序。

1987年,周开达领导的科研组开始了新的艰难的探索。这一探索被国家作为高新技术列入"863"计划。在研究中,他将生态育种体系运用于两系杂交研究,为两系研究的突破指明了方向,此种方法被其他专家沿用。他选育了一批广亲和系,并筛选了一些两系强化组合。

周开达进行科研育种工作

在水稻界,周开达总是很引人注目,尤其是他进行的水稻无融合,即"一系法"的研究。无融合是指不经过正常受精作用而产生种子的一种特殊生殖方式。水稻利用该种特性,能使杂种优势得到长期固定,而不需现在这样年年制种,才使水稻的杂种优势得以巩固。因此,无融合水稻研究一直受到国内外学者的高度重视。

1988年,周开达在海南进行南繁时,在众多的材料中偶然地发现有一份花粉没受精却自行结实的材料,这立即引起了他高度的重视，并将这份材料定名为 SAR-1。

紧接着，他对其进行了 5 个世代 7 个季节的观察。1990 年国家"863"专家组经过严格科学鉴定后，肯定了 SAR-1 是一个多活性无融合生殖材料。1992 年 SAR-2 材料又通过专家鉴定。

1992 年 1 月，他主持编写了《水稻无融合生殖研究》一书，系统地阐述了无融合生殖研究的理论和方法，成为国内外影响很大的学术专著。周开达在水稻无融合生殖研究中的先驱作用和颇高的学术造诣，为国内外同行所称道。

周开达教授曾多次获得国家和省级奖励，先后荣获国家发明一等奖一项，省部级特等奖一项、一等奖二项，获得四川省人民政府重奖，"四川省首批十大英才"，获"何梁何利"基金科技进步奖、省首届科技杰出贡献奖等。

这一串串的奖励和荣誉，是对周开达几十年来无私奉献的总结。

2013 年 7 月 20 日，周开达院士溘然长逝，告别了他钟爱的水稻育种事业，告别了这片他用汗水滋养的大地。党和国家领导人习近平、胡锦涛、李克强、温家宝、张德江、刘云山等以不同形式表达了哀悼。

二、一心为了大地的丰收——荣廷昭院士[①]

荣廷昭，1936 年 1 月 5 日出生于重庆璧山一个农村家庭，在他 1 岁时父亲就因病去世，他的整个童年和青少年时代都过得贫苦。小学学费是姐姐到县城当童工挣来的。小学毕业后靠族人资助，进入璧山县简易化工职业学校学习，后靠公费得以继续学习，1952 年经专业调整到江津园艺学校学习。1953 年本应毕业参加工作的他，被选送参加高考并进入四川大学农学院学习。大学四年，

---

①　周相芬：《爱在玉米地》，载《四川科技报》，2012 年 11 月 30 日 1 版。

他的成绩都是班上第一名。毕业后,荣廷昭被留校担任助教,从此开始了他一生的教学科研生涯。

1957 年,荣廷昭跟随著名遗传育种学家杨允奎、李实蒉教授做遗传学和生物统计学助教。杨允奎和李实蒉两人也成为影响荣廷昭一生的良师益友。

回忆跟随杨允奎科研学习的时光,荣廷昭说:"当时,每个星期杨先生都要给我们这些年轻教师作学术讲座,介绍国际最新研究方法;教务长高之仁先生从统计学等方面给予我们指导;我们年轻人主要在地里搞栽种试验,做资料的收集、处理工作。""杨允奎先生有句话我铭记一生:膏药一张,全靠各人熬。其实农业科研基础理论并不高深,关键在于个人研究的方式和途径有所不同。研究成果究竟能不能在实际生产中起作用,全靠个人的功夫,就像熬膏药的秘方不同,出来的膏药治病效果也不同。""熬膏药"的方法论也贯穿了荣廷昭 40 年的玉米科研工作。

1963 年至 1966 年,是数量遗传实验室取得初步成就的几年,也是荣廷昭体会到数量遗传及玉米育种研究之乐趣的开始。凄苦的童年经历以及工作几年的调研结果显示,我国玉米尤其是四川的玉米产量太低,农民生活贫困,他下定决心一定要选育出好的品种。

1966 年开始的十年"文化大革命",知识分子遭受到前所未有的打击。数量遗传实验室被一把火烧成灰烬,教学科研工作被中断,恩师杨允奎也在 1970 年病逝。荣廷昭经历了实验室被烧毁、教师身份被剥夺、失去恩师、被打成"资产阶级土围子"、被列为"继续革命对象"等残酷遭遇,然而只要条件稍微允许,他就会"偷偷摸摸"做起玉米育种科研来。

1980 年,刚恢复教师工作的荣廷昭与另外两名同事向李实蒉主动请缨。李实蒉是国内著名水稻育种专家,时任农学系副主任,主管科研,同时还兼任水稻研究室主任。李实蒉将他们安排在自己承担的农业部下达的数量遗传项目下继续开展玉米遗传育种研究,并鼓励他们:"你们不要受点挫折就一蹶不振。"

虽然当时的研究条件很差,一把锄头、一根扁担、一把尺子、一支铅笔就是所有的科研工具,一辆旧自行车就是往返于几十公里玉米地的交通工具,但是玉米育种研究总算正常开展起来了。重新投入教学科研生涯的荣廷昭虽苦尤乐,干劲十足。

对李实蕡的知遇之恩,荣廷昭至今依然铭记于心,他说:"没有李教授的支持,玉米育种工作不会取得今天这样的成绩。"

高之仁教授也同样帮助过荣廷昭,他将以自己名义申请的一笔课题经费全部划转到了荣廷昭名下,以支持其科研。那时正是科研经费最紧张的80年代,高之仁教授的经费支援,无疑给了荣廷昭以强大后盾。

荣廷昭的玉米育种研究不是在实验室里,大部分时间却是待在田间地头,他说:"搞农业科研,待在办公室是计算不出来的,必须下到田间地头搞试验!"秉持着这个理念,几十年来,他踏遍了巴山蜀水,更远至云南和海南,在分布全国多地的数十个玉米基地进行考察指导。

荣廷昭院士

炎炎夏日他和他的学生们顶着烈日钻进玉米林为玉米的花授

329

粉，常常废寝忘食。他的学生说："和荣老师一起工作，累得不行都不好意思休息。"他的学生、原学校玉米研究所副所长潘光堂也说："荣老师要么在试验田里，要么在办公室。如果 3 天不见，那就是生病了，我就会去他家里看他。"

为缩短育种周期，荣廷昭在全国多地开辟了几十个玉米试验基地，不仅雅安、成都有，连云南、海南都有。由于气候不一样，玉米的生长也不一样，荣廷昭总是忙完了一个地方的试验田又到另一个地方的试验田去，一年中有大半时间都在玉米试验田里度过，没有周末，没有寒暑假。

有一年寒假期间，荣廷昭为准备材料，一直工作到大年三十的中午，初二一早又到办公室。他的一个研究生说："跟着荣老师，我已有好几个春节没回家了。不是说他不让我走，而是看到他都这样干，我就不能不干。"

几十年如一日，虽然有失眠、心脏病、脚上瘤子导致肌肉的不断萎缩等种种疾病的袭来，但已经 70 多岁的荣廷昭依然时常到田间地头去考察。2007 年的五一期间，荣廷昭由于过度劳累而晕倒在试验田里，在被送往医院进行检查、治疗并进行大手术之时，他最关心的不是自己的身体，不是病痛，而是向医生询问治疗后"会不会影响今后下田"？

曾有人问荣廷昭："为什么几十年历经风雨，仍如此钟情玉米事业？"

"热爱是最好的工作动力。"荣廷昭答，只要心中有对祖国、对事业和对农村农民农业的热爱，就不会觉得苦和累。

荣廷昭在科学研究上不断创新。经过十多年的科研攻关，荣廷昭和同事们已选育出数十个玉米品种，在四川省内乃至整个西南地区，他们的玉米种子已得到农民的赞赏，他最初的"选育出适合四川的玉米品种"梦想早已实现。然而，追梦的脚步不停歇，荣廷昭不满足于过去的成就，他将眼光投向世界、投向宇宙。

2002 年 5 月 19 日，荣廷昭向到校视察的时任中共中央总书记江泽民
介绍玉米新品种

　　1994 年，荣廷昭敏锐地抓住我国发射返回式卫星的机遇，将玉米种子送上太空，这是四川省第一次也是国内第一次进行玉米太空育种。通过这次研究，荣廷昭他们从返回的玉米种子中获得了 1 份具有矮化作用的由隐性单基因控制的细胞核雄性不育新材料，该不育材料为遗传学研究和育种利用提供了宝贵资源。"川单 418"的其中一种种源就是来自此次的"太空种子"。

　　为解决南方发展草食性畜牧业所面临的饲料短缺矛盾，荣廷昭还培育创制出生长繁茂，抗逆能力强，具有多年生性能并具保持水土功能的新型饲草玉米品种。

　　七十多岁的年纪，是很多人颐养天年的时候。凭借取得的累累硕果，荣廷昭完全可以和大部分人一样躺在功劳簿上颐养天年。然而，他却没有停止前进的脚步，他说"创新绝不是年轻人的专利"。

　　2006 年，荣廷昭赴美国考察玉米育种和生产，深感我国玉米遗传育种和玉米生产与美国的巨大差距。他表示，自己下一步的工作重点将放在科学研究与人才培养上，"要争取多出科研成果，多出创新人才。"

近年来，他又瞄准了转基因抗虫玉米的研究，并根据市场开始了糯玉米、甜玉米、彩色玉米、蔬菜玉米的选育。他还在全面系统地进行将玉米近缘属遗传物质导入玉米的研究。尽管这是一份需长期努力、出成果相当艰难的应用基础研究，但荣廷昭却很坦然。他说："我今天做这些，不是为我自己，而是为了玉米所的发展，为了我国玉米研究的持续进行。"

荣廷昭在科学研究上不断创新的同时，积极促进科研成果的转化。2000年四川川单种业有限责任公司成立，荣廷昭任公司董事长和法人代表。他认为，开办公司赚钱是其次，将玉米种子广泛推广到农村、使农民增加收入才是最重要的。10多年来，川单种业人始终秉承"情系三农"（为农村提供好种子，为农民培训好技术，为农业推荐好项目）的经营理念，依托玉米研究所的科研成果，借助企业先进的营销、售后服务体系，获得了同行业、种子销售公司、代理商以及农民的一致好评。时至今日，荣廷昭他们培育的种子已遍及全国十多个省、市、自治区。"八五"以来，每年都有一个经省级以上审定的新杂交种问世，在四川省及西南地区已累计推广近亿亩，创经济效益高达40多亿元……

荣廷昭不仅要求自己一丝不苟、严谨治学，还将这种作风言传身教地传授给了学生。他的学生黄玉碧本科毕业留校任教后，荣廷昭不仅将自己第一次上讲台的经验感受说与他听，还要求黄玉碧也像他当初一样多听听老教师的课，而且在黄玉碧试讲时他还亲自到教室听课，同样认真记下笔记，课后给黄玉碧分析好与不足。此时，荣廷昭已是农学院的院长，院系事务、科研任务、带研究生博士生等事情已使他分不开身，能够抽出时间来给一个新老师认真听课分析，很难让人不感慨。

荣廷昭不仅将知识传授给学生，更在生活和工作上为学生搭造梯子，指引他们学业、工作的方向，不遗余力地扶持年轻人。2011

年 11 月 8 日，"何梁何利基金" 2011 年度颁奖大会在北京钓鱼台举行，荣廷昭获"科学与技术进步奖农学奖"，奖金为 20 万元港币。他没有为自己留下一分钱，而是全部捐出，并在此基础上进一步筹集资金，设立了一个专门用于资助川农学生的奖助学基金。

荣廷昭认为年轻人才是创新的主体，机会要让给年轻人，让他们快速成长。他常对所里的年轻人说："玉米研究能否不断发展，关键是后继有人，事业的发展主要还要靠你们，我要尽力把你们推到前台。"

在玉米所承担的"九五""十五"国家重点攻关（或 863）课题和国际合作研究项目，他都把年轻的同志推到第一主持的位置。其中，两个"九五"国家重点攻关课题，他就把年轻的潘光堂和黄玉碧推到最前面。"申报奖励时，荣老师好几次都主动提出不要将他列入名单。论贡献，报奖时本该他排第一，但他都主动让给了其他同志。"

荣廷昭 1954 年加入中国共产党，2001 年获"四川省优秀共产党员"称号。面对成就与荣誉，他把功劳全都归功于党和人民的培养。也许在他看来，如果没有族人的资助，他进不了中学的大门；如果没有党，他完不成中学学业，也没有参加高考的机会，更不会公费上大学，那么也就没有如今的成就了。近 60 年来，他不计较个人的名利和得失，日夜加倍努力工作。他尊重领导，服从组织，联系群众，团结同志，谦逊谨慎，客观公正，在经历的各个岗位均出色完成任务。他正确对待名利，不贪不占，克己奉公，把工作留给自己，把名利让给别人。每次获奖感言，他总说："我的成绩归功于党和人民的培养，归功于学校各级组织的支持和同志们的帮助……"话语朴实，却是肺腑之言。

超额上交党费，更是荣廷昭对党恩的回报。1998 年 4 月的一天，刚获得"王丹萍科学奖"的荣廷昭走进学校党委组织部，郑重地向党组织一次性交纳党费 1 万元。2001 年，获得首届"四川科技创新人才奖"的他，再次交纳党费 1 万元。2002 年获四川省第二届"科技杰出贡献奖"后又一次性交纳党费 1 万元。同时，他不忘曾经教育、帮助、关心支持他成长的老师和同志们，先后三次分别拿出 1 万元资助学校老年协会开展活动。2005 年 4 月他被国务院授予"全国先进工作者"，所得 1 万元奖金他也全部交了党费……他认为，党员向党组织交纳党费是天经地义、理所应该的事。

荣廷昭院士主要成就：

长期从事作物遗传育种教学和科研工作。学科主要带头人，对玉米数量性状遗传及育种方法有系统深入的研究。设计并成功实施自交系、杂交种选育与群体遗传组成研究、群体改良同步进行的育种新方法，提出西南地区玉米育种利用热带种质的新途径，多途径培养出雄性不育等育种新材料，筛选到西南玉米转基因工程育种急需的优良受体自交系并成功利用。

选育出集高配合力、高产、高抗多种病害于一体的玉米自交系 30 余个和经过国家或省级审定的杂交种 40 余个，累计推广近亿万亩，新增玉米产量 40 多亿公斤。此外，为解决在南方发展草食性畜牧业所面临的饲料短缺矛盾，还培育创制出具有多年生性能并具保持水土功能的新型饲草玉米品种，取得了显著的经济、社会和生态效益。

从事五十多年的科研工作，他早已硕果累累。作为学科带头人，荣廷昭在学校国家重点学科作物遗传育种学的建设中发挥了重要作用，培养硕、博士生 50 余名。选育了集高配合力、高产、高抗多种病害于一体的玉米自交系 30 余个和经过国家或省级审定的杂交种 40 余个，累计推广近亿亩，新增玉米产量 40 多亿千克。作为第一获奖人获国家技术发明二等奖 2 项、省科技进步一等奖 2 项、二等奖 3 项，作为第二获奖人获省科技进步特等奖、一等奖各 1 项。在《中国农业科学》《作物学报》，以及 *Crop Science*、*TAG*、*PNAS* 等国内外学术刊物上发表论文 60 余篇，出版教材、专著 6 部。先后被评为全国模范教师、全国科技成果推广先进个人和全国先进工作者，曾荣获四川首届创新人才奖和四川第二届科技杰出贡献奖。

第八章 新时期"川农大精神"的时代内涵与实践品质

关键词:"川农大精神" 时代内涵 实践品质

大学精神是经过大学师生的共同努力,长期实践积淀升华而形成的共同的精神品质、理想追求、价值取向、行为理念和文化氛围。大学精神既是大学最富典型意义的价值取向和精神特征,也是大学文化的核心和大学生命的灵魂所在。同时,大学精神不仅是一所大学的力量源泉和精神象征,更是国家愿景、民族传承、社会意识和本土文化的融合体,是时代精神的表征和先进文化的集中体现。因此,在我国高等教育事业从精英化向大众化发展,提高教育质量成为高等教育最为紧迫的任务的新形势下,必须重视大学精神的培育。尤其是要结合学校自身特点,塑造理念先进、个性鲜明、具有时代内涵和创新特质的大学精神,为新形势下推进大学科学发展提供有力精神动力。

四川农业大学在110年的办学历程中,尤其是在四川省雅安市60年的艰苦环境中,一代代川农人继承学校爱国爱校的优良传统,怀着兴农报国、振兴中华之志,艰苦创业,自强不息,默默耕耘在农业科教的第一线,为中国农业发展进步培养了大批人才做出了巨大贡献。经过数代川农人的薪火传承和不懈努力,形成了"爱国敬业、艰苦奋斗、团结拼搏、求实创新"的"川农大精神"。

作为大学精神的具体体现，学校构建并实践了"川农大精神"育人体系，彰显并实践了大学精神育人理念，培养了一大批心系"三农"、服务西部的高素质人才，"川农大精神"也由此得到社会的高度赞誉。新时期，随着对社会主义核心价值观的深入践行，以更新大学精神为核心，川农大人通过塑造教师职业理想、学生精神风貌以及学校道德风尚，并构建起一套"川农大精神"育人体系，"川农大精神"被赋予了新的时代内涵，在这一新的时代内涵引领之下，通过"川农大精神"育人体系的广泛实践，川农大人的科学精神得以彰显，川农大人理想得以树立，情操得以陶冶，人文精神得以孕育，创新开拓精神不断延续，凸显了"川农大精神"在新时期的实践品质，即科学、人文与创新精神的高度统一。

第一节 "川农大精神"的崭新时代内涵：社会主义核心价值观的嵌入与践行

每一个民族和时代都有其赖以支撑的核心价值观。"社会主义，无论从社会理想、社会运动还是社会制度来说，都表征着一种与无产阶级和广大劳动人民的自由解放息息相关的价值诉求，是一种有别于资本主义的价值选择，有着自己独特的核心价值体系和核心价值观。"[①] 根据对价值观的定义，社会主义价值观的概念主要指社会主义社会对人类未来社会价值取向与诉求的基本看法和总体要求。社会主义在理论上经历了从空想到科学的演进，而且在现实中也实现了从理论到实践的重大飞跃。作为一种全新的社会形态及制度安排、一种崇高的社会理想，社会主义独特的价值观魅力正不断吸引、感召着人类社会的价值追求。

党的十八大正式提出的"三个倡导"、合计二十四字的社会主

---

① 戴木才、田海舰：《论社会主义核心价值体系与核心价值观》，载《中国党政干部论坛》，2007年第2期。

义核心价值观无疑是融汇了理想与现实、核心价值与基本价值的有机统一价值观整体。一方面，社会主义核心价值观作为一个立足于国家、社会和公民的"三个倡导"的多层次体系，包含了极丰富的内容，其中不仅有社会主义的核心价值，还有其基本价值、具体价值以及人类社会的共同追求等元素。其中，核心价值居于主导和统摄地位，它以基本价值、具体价值和人类社会的共同价值为基础，是对上述价值理念的高度凝练与概括，并作为主导力量对这些价值理念起着统领和支配作用，反过来核心价值又通过具体价值等表现出来。同时需要注意的一点是，与党的十六届六中全会提出的社会主义核心价值体系相比，社会主义核心价值观既有内在联系，又各有侧重，相互区别。社会主义核心价值体系是社会主义核心价值观的基础和前提，是社会主义核心价值观形成和发展的必要条件。社会主义核心价值观是社会主义核心价值体系的内核和最高抽象，体现社会主义的价值本质，决定社会主义核心价值体系的基本特征和基本方向，引领社会主义核心价值体系的构造。社会主义核心价值观渗透于社会主义核心价值体系之中，通过社会主义核心价值体系表现出来。在新时期的办学实践过程中，川农大人将对社会主义核心价值观的践行与对"川农大精神"的继承弘扬相结合，将社会主义核心价值观的诸要素嵌入到大学精神、师生风貌等各个方面，并形成了独具特色的"川农大精神"育人体系。总之，新时代的川农大人以对社会主义核心价值观的嵌入和践行赋予了"川农大精神"以崭新的时代内涵。

一、"川农大精神"是嵌入了社会主义核心价值观的田野标本

社会主义核心价值观是社会主义核心价值体系的生动演绎和具体内化，党的十八大报告对社会主义核心价值观做了二十四个字的高度概括提炼，即国家层面的"富强、民主、文明、和谐"，社会层面的"自由、平等、公正、法治"和个人层面的"爱国、敬业、

诚信、友善"。其价值实质与川农大精神的"爱国敬业、艰苦奋斗、团结拼搏、求实创新"具有高度一致性。四川农业大学在长期的办学历史中形成具有服务"三农"特色的"川农大精神",这本身就是对社会主义核心价值体系所倡导的以马克思主义武装头脑、确立宏伟人生信仰、树立中国特色社会主义共同理想、弘扬民族精神和时代精神及践行社会主义核心价值观的具体深入实践,是四川农业大学师生将马克思主义基本原理去紧密结合中国"三农"实际、时代特征、人民愿望,用发展着的马克思主义去构筑自己精神世界中的信仰大厦的真诚实践。具体而言,"川农大精神"作为嵌入了社会主义核心价值观的田野标本,又主要是通过以"川农大精神"为引领,培育和构建川农大教师的职业理想、学子的精神风貌和学校的道德风尚三个层面入手来彰显和推进的。笔者在总结提炼四川农业大学近年来在全面推进社会主义核心价值体系建设的经验基础上,结合前文确立的基本建设维度,阐明了农林院校师生核心价值观的基本内涵,即主要包括一个核心、三个层面。其中,一个核心是指具有服务"三农"特色的大学精神,三个层面分别是教师层面的职业理想、学生层面的精神风貌和学校层面的道德风尚。

(一) 核心:具有服务"三农"特色的大学精神

对一所高校而言,大学精神是大学在自身存在和发展中形成的具有独特气质的精神形式和文化氛围。对于高校师生群体的核心价值观来说,无论是人生修养、理想、信念抑或是道德风尚,既是以社会主义核心价值体系的四个方面作为原则和引领,同时也是以自身独特的大学精神作为其根本与内核,大学精神是师生核心价值观集中凝练而成的核心。甚至从某种角度来看,如果将一所大学的文化建设视作一棵大树的话,那么师生的核心价值观与大学精神其实是一种枝叶与主干的关系。而农林院校由于专业的学科领域、特殊的人才培养类别及社会服务范畴,其大学精神逻辑必然地具有服务"三农"的特色。以四川农业大学为例,作为一所全国"211工程"

大学，四川农业大学在其百余年的办学历程中，铸就了学校独有的精神财富，即"爱国敬业、艰苦奋斗、团结拼搏、求实创新"的"川农大精神"，江泽民、温家宝、李岚清等党和国家领导人或曾视察学校，高度评价"川农大精神"，或曾对学校工作做出重要批示。目前，传承和丰富"川农大精神"已成为学校师生核心价值观建设的核心内容。因此，一所农林院校在长期的办学历史中形成具有服务"三农"特色的大学精神，这本身就是对社会主义核心价值观所倡导的以马克思主义武装头脑，确立宏伟人生信仰的具体深入践行，是农林院校师生将马克思主义基本原理去紧密结合中国"三农"实际、时代特征、人民愿望，用发展着的马克思主义去构筑自己精神世界中的信仰大厦的真诚实践。

（二）教师的职业理想：爱党爱国、艰苦奋斗、业务精湛、师德高尚

以中国特色社会主义共同理想为导向，树立远大的人生理想，是构筑社会主义核心价值观的基本建设维度。因此，农林院校师生核心价值观的基本内涵必然包含理想教育。但对于高校师生群体的理想教育而言，由于高校教师的理想教育具有"源教育"功能，所以往往更加具有决定性。只有当高校教师真正树立了属于自己的远大人生理想，才能真正有效地感染和教育大学生，最终形成师生共同的远大人生理想。而作为成年的社会人，高校教师的理想包括多个领域，即家庭理想、生活理想、职业理想等。但由于高校教师对大学生的理想感染和教育，主要是通过教学科研活动等专业渠道，所以对于农林院校师生核心价值观的构建而言，其中最根本的无疑是高校教师的职业理想。同时，由于农业既是一项基础性产业，更是一项战略性产业，所以农林院校教师必须具有爱党爱国的真诚情怀和为人师表的高尚师德，才能真正全身心地投入到自己的职业生活中。而农林院校的教师由于所从事学科的季节性和实践操作性都很强，往往需要长期在艰苦环境中坚持工作，艰苦奋斗与业务精湛

也就成为农林院校教师职业理想的题中应有之义。以四川农业大学为例,在师生核心价值观构筑过程中,学校明确总结提炼了为农林院校的教师理想———"爱党爱国、艰苦奋斗、业务精湛、师德高尚",并以此有效地激励了教师队伍的自我提升与成长。在新的历史时期,学校将教师价值观的塑造融入习近平总书记"四有"教师要求中:有理想信念、有道德情操、有扎实学识、有仁爱之心。以此为导向,学校强化教师职业理想的树立,建设新时代的教师队伍。

(三)学生的精神风貌:心系"三农"、刻苦学习、振兴中华

中国作为农业大国,只有农业的振兴才有国家和民族的兴旺发达。构筑社会主义核心价值观,必须高举以爱国主义为核心的民族精神旗帜和以改革创新为核心的时代精神旗帜,形成坚定的人生信念。对于农林院校的学生而言,形成爱国主义的人生信念,就是要培育并形成心系"三农"的精神风貌,形成改革创新的人生信念,就是要重视培育刻苦学习的精神。只有心系"三农"、刻苦学习,才能真正形成振兴中华的人生信念。川农大在近年来狠抓学风建设,孕育形成了"心系'三农'、刻苦学习、振兴中华"的学生精神风貌,同时也拓展了师生核心价值观的内涵。近年来,持续实施毕业生就业"三个百万"工程,毕业生就业率一直保持在95%以上,2012年,学校荣获"2011—2012年度全国毕业生就业典型经验高校"全国50强,连续3次被教育部评为全国普通高校毕业生就业工作先进集体,连续7年被四川省教育厅评为四川省就业工作先进集体。2014年学校成为四川省首批创建大学生创业俱乐部的5所高校之一。90%以上的用人单位对学校毕业生表示满意,认为他们具有良好的思想政治素质和人文素养、理性思维与实践能力。川农大毕业生表现出的"吃苦耐劳,勤奋朴实、勇于开拓"的特有品质受到社会广泛赞誉和肯定。

（四）学校的道德风尚：自强淳朴、兴农爱农、孜孜以求

如前所述，社会主义核心价值观的基本建设维度之一就是以社会主义荣辱观为准绳，培育良好的道德风尚。而将这一建设实践具体化为农林院校师生核心价值观的内涵构建时，就必然地要求结合农林院校的自身特色，培育独具特色的学校道德风尚。一般来说，农林院校的道德风尚中天然地保存了中国农民和农村社会中的那一份自强奋斗和淳朴善良的成分，他们对于"三农"具有一份别样的关注情怀和责任意识，由此也对中国的农业发展具备一份孜孜以求的求索精神。这都是农林院校道德风尚中最值得保存和发扬的因素。川农大在学校道德风尚的培育过程中，尤其重视对上述传统精神价值的继承与发扬，最终形成了"自强淳朴、兴农爱农、孜孜以求"的道德风尚，有效地充实和丰富了师生核心价值观的基本内涵。作为社会主义核心价值体系的具体实践形态，农林院校师生核心价值观的构筑，不仅仅对社会主义核心价值体系的全面建设具有直接的现实意义，而且对农林院校办学具有重大现实意义。《中共中央关于深化文化体制改革推动社会主义文化大发展大繁荣若干重大问题的决定》指出，社会主义核心价值体系是兴国之魂，是社会主义先进文化的精髓，决定着中国特色社会主义发展方向。在总结提炼川农大在师生核心价值观构建的经验基础上，我们认为，农林院校师生核心价值观也是农林院校的兴校之魂，是农林院校先进文化的精髓，深刻地决定着农林院校的社会主义办学方向。

二、践行社会主义核心价值观的"川农大精神"育人体系

在新时期，学校传承创新并赋予"川农大精神"新的时代内涵，即坚持践行社会主义核心价值观，秉承兴农报国为民服务的奉献精神，彰显以人为本的人文精神，弘扬崇尚学术追求真理的科学精神，践行求真务实改革创新的时代精神。与之同时，学校立足文

脉悠长、底蕴深厚的文化积淀，总结学校百余年来的历程，采用音像、文字、报告、雕塑等多种形式，进行校史、校情教育，广泛宣传和彰显"川农大精神"典型事迹和先进人物，举办"川农大讲坛"、开办"自然科学专家心中的马克思主义"系列访谈节目，将"川农大精神"纳入大学生思想政治教育体系，贯穿于学校教育、精神文明建设、党的建设全过程，用"川农大精神"凝聚人心。立足百余年校史的伟大实践，广泛开展理论研究，培育塑造新时期"川农大精神"和文化形象。川农大历史上名师辈出，有周开达、邱祥聘、颜济、荣廷昭等。他们师德高尚，学子们有口皆碑，获得国家、省各级各类名师称号的数不胜数，学校以"川农大精神"宣传教育为主线开展总结获奖教师经验、宣传获奖教师精神、开展向获奖教师学习的活动。当前，学校持续凝练自身优秀文化、增强文化软实力，促进学校内涵式发展，繁荣发展哲学社会科学，以"川农大精神"为引领，对"校训"进行时代的诠释：大学是一本书，"追求真理"是这本书永恒的气质；大学是一条路，"造福社会"是这条路执着的坚守；大学是一幅画，"自强不息"是这幅画不变的底色，赋予了"川农大精神"以新的文化内容。

（一）凝练"川农大精神"育人理念

在新时期，学校传承创新并赋予"川农大精神"新的时代内涵，即坚持以社会主义核心价值体系为引领，秉承兴农报国为民服务的奉献精神，彰显以人为本人文关怀的人文精神，弘扬崇尚学术追求真理的科学精神，践行求真务实改革创新的时代精神。凝练"川农大精神"育人理念，即坚持科学精神、人文精神、创新精神教育相统一，把"川农大精神"融入人才培养的全过程，成为新一代大学生奋发向上的精神力量和凝心聚力的铸魂内核，使学生既具有崇高理想信念，又具有充满人文关怀和求实创新的科学精神。

（二）建设"川农大精神"育人团队

以"爱国爱农、厚德博学、敬业奉献、诲人不倦"为目标，组建了"思政课教师—专业课教师—辅导员（班主任）—管理干部队伍"四位一体的"川农大精神"育人团队，把"川农大精神"的教育融入思政课教学、专业课教学和日常教育管理全过程，把践行"川农大精神"、教书育人的成效作为衡量师德师风干部作风和教职工评比表彰先进的重要内容和标准，实施《师德规范（实行）》《教职工年度考核办法》《关于专业技术职务评聘中思想政治及工作表现考核评分办法》等制度，使团队言传身教，榜样示范。

（三）搭建学科、研究机构、实践基地三结合的"川农大精神"育人平台

构建多学科融合育人平台，提供科学教育与人文教育相结合的学科基础。在突出生物科技特色、凸显农业科技优势的同时，大力发展人文社会科学，推进多学科融合。现有人文社科博士学位一级学科专业1个，2个硕士学位一级学科专业，9个硕士学位二级学科专业，本科专业35个（这些数据有没有变化），跨经济学、管理学、文学、教育学、法学、艺术学五个学科门类。以此为依托，开设了"美学与艺术鉴赏""中华礼仪文明"和"西方哲学智慧"等近百门人文选修课程，使学生在文化浸润与体验中获得心灵的震撼、思想的启迪和人生的感悟。

构建人文社科研究平台，提供理论支撑。组建四川省农村发展研究中心、校社科联、四川省公民文化普及基地和四川省社工基地等，大力开展相关学术研究，在《光明日报》《中国高等教育》等刊物发表相关学术论文100余篇，出版著作5部。

搭建实习实训基地，提供育人实践依托。整合校内外实践基地，实施科研兴趣培养计划、大学生创新实验计划、专业技能提升计划、文化素质提升计划和创业实践支持计划，将理论与实践融

合。建立教学实践基地 135 个，校外固定社会实践基地 261 个。学生社会实践连续 17 年受到团中央表彰。

（四）搭建课堂、活动、环境联动的"川农大精神"育人载体

以教学工作引领活动开展和环境建设，以活动开展和环境建设支持教学工作。构建了"大基础教育（通识基础教育＋专业类群基础教育）＋专业教育"课程体系。"通识基础教育"包括自然科学基础和人文社会科学基础，文理交融，突出综合素质培养。在教学安排上把"川农大精神"教育作为思想政治理论课与专业课的教学目标之一和教学内容有机结合，在新生入学教育、日常教育、毕业生离校教育等进行"川农大精神"全过程教育。在活动育人上，营造以"川农大精神"为内核的校园主流文化氛围，凝练文化主题，举办川农大讲坛、青春大讲堂、学生百家讲坛等品牌活动。近三年举办 100 余场高水平讲座，逾 10 万人次享受人文盛宴。在环境育人上，打造校史展览馆、校友江竹筠烈士雕塑等人文景观，使校园文化环境的审美价值和教育功能实现和谐统一。

第二节　新时期"川农大精神"的实践品质：科学、人文与创新精神的统一

在新时期的办学实践过程中，川农大牢牢把握住人才培养这一根本任务，锁定第九次党代会提出的"一基地两体系"的建设目标，在教学、科研、社会服务与文化传承创新等多个方面奋力建设有特色高水平 211 大学，以实际行动继承弘扬川农大精神，形成了科学、人文与创新精神三者相统一的实践品质，并在这一实践品质的指引下，昂首迈向一流农业大学建设的新征程！

一、崇尚科学是"川农大精神"的根本品质

科学精神，是使科学成其为科学，能够把科学与其他社会活动区别开来的东西；是使科学赖以生存和发展的本质的东西。概括而言，它是经过长期科学实践而形成的优良传统，贯穿于科学知识、思想和方法之中，它主要包括理性精神、求实精神、探索精神、民主精神、批评精神与合作精神等方面的内容。

求实创新是"川农大精神"的重要内容，而川农大校训的第一句话便是"追求真理"，长期以来，川农大在办学实践过程中取得了骄人的科研成就，获部省级以上科技成果奖励 500 余项，其中：国家技术发明一等奖 2 项、二等奖 3 项，国家自然科学二等奖 1 项，国家科技进步二等奖 16 项，四川省科技进步特等奖 3 项、一等奖 53 项。70％左右的获奖成果得到推广转化，累计创社会经济效益 1000 多亿元。我们可以不无自豪地说，科研是川农大人的看家本领，崇尚科学更是"川农大精神"的根本实践品质。

科技创新能力是高校核心竞争力的关键要素，面对激烈的竞争环境，高校必须不断提高其科研创新能力。自 2009 年始，学校实施新一轮学科建设支撑人才科研专项支持计划，即学科建设"双支计划"。在学校"211 工程"一、二期硬件建设取得明显成效的基础上，按照"211 工程"三期建设的新要求，通过设立专项经费项目，稳定支持各层次学术人才和团队，从而加强学术队伍建设，占领学科制高点，实现学科发展、科技创新和学术繁荣。学校每年投入经费 1200 万元用于实施"211 工程""双支计划"，按照分层次限额补差、长期稳定资助科研经费的方案，突出对高层次人才的支持力度，鼓励具有优秀研究基础和条件的学术型教授（研究员）组建融合型创新研究团队，并设立专项资助和科研成果后补助。"双支计划"为进一步打破发展瓶颈、释放创新潜能，推动学校转型升级注入了强劲动力与活力，强力推动学校科学研究、学科建设和人才培养不断取得新突破。

"双支计划"实施至今，已极大地推动学校科研取得了突出成

就。一是学术人才队伍整体水平全面提升，青年学术人才快速成长。一批学术型教师在科研实践和对科学前沿的探索中脱颖而出，为快速提升学校核心竞争力和社会影响力，奠定了更加坚实的人才基础，呈现出科研成就学者，学者支撑学科，学科提升学校的发展新格局。学术型教师越来越多，高层次人才越来越多。在高端人才建设方面，继李仕贵教授获国家杰出青年科学基金资助后，吴德教授入选教育部"长江学者"特聘教授，实现了学校"长江学者"零的突破。学术队伍的成长性越来越好，青年学术人才快速成长，融合型研究团队越来越多，团队深度合作已成趋势，2015年先后入选国家重点领域创新团队1个、教育部创新团队1个、四川省青年科技创新研究团队8个、四川省社会科学高水平团队2个。二是科研项目与经费屡创新高，国家级项目经费持续增长。学校承担科研项目尤其是国家级科研项目与经费持续增长。2010年以来，承担省部级以上科研项目累计1919项，到校总经费累计达6.15亿元，其中国家级项目经费达4.12亿元，占总经费的67%。主持承担的国家自然（社会）科学基金，由2009年的17项增长至2014年的63项、2015年的54项。其中，青年教师在承担国家级项目中扮演了越来越重要的角色。动物营养研究所、农学院、玉米研究所、动物科技学院、水稻研究所和动物医学院等院（所）科研经费连年保持上千万。三是科技成果产出亮点纷呈，标志性成果取得新突破。通过省级鉴定科技成果数2010年只有6项，到2014年增加到18项，其中达国际先进的12项。2013年以主持单位取得了国家技术发明二等奖、国家科技进步二等奖各1项的新佳绩，以第一单位获国家科技奖励成果数在全国高校中排名第12位。学术论文数量持续增长，标志性论文取得新突破，动物科技学院动物遗传育种研究所李明洲教授和李学伟教授分别作为第一作者和通讯作者的研究论文在影响因子35.2的 *Nature Genetics* 发表，创下了学校科技论文影响因子新高，创造了四川第一。新品种（系）、新产品、新技术等研究成效显著。2011年，由李学伟、王继文教授分别主持选育的天府肉猪、天府肉鹅配套系，通过国家级品种审定，其中，天府肉猪配套系是全省第一个通过国家审定的生猪培育新品系。2013年，程安春教授主持研发的鸭病毒性肝炎弱毒活疫苗（CH60 株）获得国家二类新药证书，实现了我国鸭病毒性肝炎弱毒活疫苗（CH60 株）批文和规程产品的从无到有。黄富研究员主持育成的水稻新品种"宜香优 2115"被确认为 2015 年农业部超级稻品种，是西南稻区唯一一个新认定的超级稻品种。肖千文教授主持培育的"川早 1 号"杂交核桃于 2015 年 5 月正式通过国家审定，填补了我省国木杂交审林品种的空白。杨文钰教授团队提出的玉米－大豆带状复合种植技术，成为国家转变农业发展方式的重要技术贮备，受到国家的高度重视；2015 年 8 月，国务院办公厅印发《关于加快转变农业发展方式的意见》，明确指出"要大力推广轮作和间作套作，重点在黄淮海及西南地区推广玉米/大豆间作套作"。

此外，"双支计划"的实施，有效驱动了人文学科和新兴学科专业快速发展，人文学科影响力不断提升。人文学科发挥学校多学科交叉的优势，紧紧围绕"三农"亟待解决实际问题这一主线，不断加强我国社会主义经济、政治、文化、社会、生态和党建等一系列重大问题研究，形成有针对、有价值、有分量的研究报告和对策建议，为党委政府科学决策提供了参考和依据。2015 年 2 月，庄天慧教授等完成的《农村扶贫开发机制的问题与对策建议》报告得到省领导重要批示。2015 年 10 月，庄天慧教授领衔的创新团队撰写的《以乡镇干部为着力点，推进我省精准扶贫工作》又获省委书记王东明和省委常委、农工委主任李昌平的重要批示。

二、以人为本是"川农大精神"的人文品质

（一）"以学者为上"：重视师德教育，持续改善待遇

1. 坚持师德为本，加强师德教育与制度建设

学校坚持教师队伍建设以师德为本，加强师德教育、定期召开

"师德建设座谈会",引导教师立德、立言、立的人才工作战略,发扬"传、帮、带"的优良传身,坚持教师的理想,做理想的教师;以"事业留人、感情留人、适当待遇留人"统,组织青年教师学习校史、参观校史陈列馆,学习和体会"川农大精神"蕴含的"兴农报国、振兴中华、艰苦创业、自强不息"的精神实质,增强教师的社会责任感;坚持把党支部建在系上,积极开展"双向培养"。与之同时,为完善师德建设激励机制,学校近年来相继制定了《四川农业大学师德规范(试行)》《四川农业大学关于专业技术职务评聘中思想政治表现考核评分暂行办法》和《四川农业大学党政机关管理人员职业道德规范(试行)》等文件,把师德建设作为教师队伍考核的重要内容,与专业技术职务评聘、评优奖励等挂钩,使学校师德建设逐步制度化、规范化。

2. 持续改善待遇,让教职工更有尊严感和幸福感

近年来,学校坚持不懈地把提高教职工生活质量作为重中之重,持之以恒地尽最大努力保障和改善民生,用心致力于让师生员工过上更美好生活。依法实施基本工资和基本退休费调整,改革绩效工资、基金划拨、津贴补贴、教职工奖励等办法,健全了收入合规的正常增长机制,落实了养老保险制度改革,教职工福利待遇明显改善。自 2008 年至 2015 年,学校用于民生的人员总支出在办学总支出中的占比逐年同步增加。按照住有所居、居有所安的目标,学校调整了住房公积金缴存基数,近年共投放 1958 套房源,尽力满足保障性和改善性住房需求。

(二)"以学生为本":分类实施人才培养,不断提高教学质量

近年来,学校加快探索实施本科人才分类培养,2008 年,学校在农学、林学、动物科学、动物医学 4 个国家级特色本科专业中招收本硕连读学生;2010 年又拓展到园艺、农业经济管理、农业资源与环境 3 个国家级特色专业,以上专业均按学术型人才培养方案,

探索拔尖创新人才的培养。2011年学校正式启动实施本科人才分类培养方案，实施"学术型""应用型""复合型"三类人才培养目标，分别为"读研深造或海外留学的拔尖创新人才"、"专业、行业的技术人才"和"学术型与应用型双向发展的综合型人才"，按照"以生为本，分类培养，强化实践，注重创新，全面发展"的思路，实施分层教学，分类指导，深化学术型、复合型、应用型三种人才培养模式改革，构建了"双分式"课程教学和差异化实践教学两大培养体系。依此方案，学校本科人才培养新模式注重分类培养、彰显特色，以各有侧重、体现差异的培养体系为主要内容，以重参与、重过程的"双重"培养机制为着力点，以创新激励机制、教学质量监控体系和管理平台为保障。在课外实践方面，学校对学术型人才主要实施科研兴趣培养计划和大学生创新性实验计划，增强科研思维和能力训练，对应用型学生主要实施专业技能提升计划和创业实践支持计划，着力培养应用性技能和动手能力。在对学生的考核评价和教学方法上，为改变学生"平时不用功，临时抱佛脚"状况，学校强化过程培养，深化以课程习题、课程论文、课程讨论、读书报告等为主的形式多样的课程训练，推行多次、多元化考核新模式，提高平时成绩占总成绩比重，核心骨干课程平时成绩可占到总成绩的60％以上。闭卷、开卷、课程论文、上机考试等多种考核形式在全校1000多门课程中广泛运用。通过分类实施人才培养，全校本科专业（含专业方向）学术型占比7％、复合型占比65％、应用型占比28％。截至2015年，人才分类培养逐步推进，培养出的三类人才各具特色，在各行各业独当一面，培养质量得到社会普遍认可。学术型人才理论基础扎实，科研能力和创新精神显著增强。自2010年实现本科生发表SCI论文零的突破以来，学生以第一作者身份发表的SCI论文大幅增加，同时考取北大、清华和中科院等单位研究生的学生也逐年递增。应用型人才专业知识扎实，实践技能强。学生中涌现出了一批心系"三农"、勇于创新的创业之星。如2011届学生刘可成，创立了"美农美家蚯蚓开发工作室"，被全国高校创业者大会评为"2010 年度十大最具创业精神的大学生"。2014 届学生钟明洁自主创业，被共青团中央、全国学联评为 2013 年全国 100 名"中国大学生自强之星"。复合型人才知识面广，综合能力强。学校毕业生入选西部计划、一村一大、选调生、公务员、国家基层项目等计划的人数逐年增加，2013 届毕业生汪洋以全球最高分通过 2012年度国际注册内部审计师（CIA）全科考试，是全球格伦·萨纳姆博士学生奖当年的唯一获奖者。

与分类人才培养方案相配套的是，从 2009 年起，学校每年投入1200 万元实施教育质量推进计划，并逐年增加生均教学材料费、实验实习费和教学管理费，更重要的是广大教师齐心协力，积极参与，有力地保证了分类培养模式的实施。各尽其才分类培养也取得了斐然成就。学校荣获四川省大学生综合素质 A 级证书和省级以上竞赛获奖数量逐年大幅增加，2015 年 6 月，学校 305 名同学获得 2015 年综合素质 A 级证书，认证通过人数为全省高校之最。就业率保持在95％以上；90％以上用人单位对学校毕业生感到满意；学校连续 3次被评为"全国普通高等学校毕业生就业工作先进集体"，2012 年入选"全国高校毕业生就业典型经验 50 所高校"。在研究生教育培养方面，2013 年 3 月，教育部、国务院学位委员会发布的《关于批准2012 年全国优秀博士学位论文的决定》，学校又有 1 篇博士学位论文入选 2012 年度全国优秀博士学位论文。迄今学校共有 5 篇博士学位论文入选全国优秀博士学位论文，5 篇获得提名。目前，学校入选全国优秀博士学位论文的总数在全国农林类高校排位第五名；在四川排名第三，仅次于四川大学、西南交通大学。

三、传承创新是"川农大精神"的文化品质

（一）传承"川农大精神"，培养学生的社会责任感和报国情怀

一方面是以"心系'三农'、振兴中华"主题，加强学生理想

信念教育。学校通过重新编修校史、建成校史展览馆，把"川农大精神"贯穿于教学的全过程，培养学生心系"三农"、服务"三农"的意识和能力；通过加强党校、学生理论社团、网站、电视等阵地建设，教育、影响、熏陶和引导学生，校机关工委专门选编了《"川农大精神"宣讲材料》到各院进行宣讲，增强学生的责任意识和使命感。

另一方面是以兴农报国为追求，加强学生实践能力培养。学校传承"兴农报国、振兴中华，艰苦创业、自强不息"的优良传统，长期坚持要求学生以"川农大精神"的创建者为榜样，积极投身社会实践活动，在社会实践活动中了解国情、社情和民情，长知识、增才干、强能力。学校把学生社会实践作为必选课程纳入教学计划，设立专项经费，开展专项评优表彰，把社会实践纳入学生综合素质测评和学院工作考核内容。学生通过社会实践活动，了解了农村对知识对人才的渴求，激发了立志成才的责任感和使命感；从为农民解决实际问题的喜悦中，体会到学习科技知识的社会意义，增强了学生学习的积极性和自觉性；从与农民的接触中，体验农民的艰辛，树立起艰苦奋斗的创业精神，焕发起学生的创造力；从与社会实践优秀带队教师的接触中，增强了奉献意识，对培养学生树立服务"三农"的思想起到了重要作用。

（二）创新校园环境，打造"川农大精神"的软硬文化氛围

学校凝练高度自觉与坚定自信结合的精神文化。近年来学校对包括办学理念、校训、校风等在内的精神文化要素进行了新的定位和设计，形成了校园精神文化的核心内容。在办学理念方面，提出"人才培养是立校之本、科学研究是强校之路、社会服务是兴校之策、文化传承创新是荣校之魂"的办学理念；在校训内涵方面，以一种新的方式进行诠释，倡导师生读好一本"追求真理"之书、走好一条"造福社会"之路、绘好一幅"自强不息"之画；在校风建

设方面，坚持以优良党风带校风、正学风、促教风，形成了"纯朴勤奋、孜孜以求"的校风，尤其是严格规范学术行为，倡导良好科研诚信和学术风气，培育求实创新的科学精神。

在校园文化硬件环境创新方面，学校建设了现代气息与农林特色融合的校园环境，更注重将文化的精神内核体现在外在形象上，并形成独具特色的看得见摸得着的物质文化。学校对校园环境进行了整体规划，对校内重要建筑、主要道路、人文景观等规范命名，寓思想教育于各种文化设施之中，提升了自然环境和人文景观建设水平。注重突出农林特色，建设园林式校园，在校园设计和布局中融入川农大特色文化元素。革命烈士江竹筠雕塑、名言警句园林石景等景观，既传承学校优良传统，又融入时代新意，充分体现自身文化特质。尤其是近年在成都新校区的建设中，融入雅安校区的文化元素和川农大精神要素，巧妙结合"5·12"和"4·20"两次大地震的纪念成分，并充分保护和统筹规划校区内发现的先秦文化遗址，使先进的数字化智能校园与厚重的古文化资源相得益彰、交相辉映，构成一道创新式弘扬"川农大精神"的独特景观。

在校园文化的软件项目平台方面，学校坚持把科学精神、人文精神与学校独特的科研优势、专业特色结合起来，通过打造"川农大讲坛""自然科学专家心中的马克思主义"系列访谈、科技文化艺术节、高雅艺术进校园等文化品牌节目，实施优秀论文培育计划、大学生创新性实验计划、科研兴趣培养计划、专业技能提升计划等科技创新项目，开展暑期"三下乡""带科技成果下乡，造福一方群众"，以及支援灾后恢复重建等特色实践活动，构筑学生电视园地、红色家园网站、短信指导平台等文化媒介平台，形成了文理交融、协调促进、富有生机的浓郁校园文化氛围。

第三节　以"三风"建设持续推进
"川农大精神"的与时俱进

四川农业大学在百余年的办学历程中，铸就了学校独有的精神财富，即"爱国敬业、艰苦奋斗、团结拼搏、求实创新"的"川农大精神"。"川农大精神"既是各级领导以及社会各界对学校奋斗历程的充分肯定和高度评价，也是学校宝贵的精神财富。它浓缩了学校百年风雨兼程的艰苦创业史，反映了历代川农人根深蒂固的爱国情怀和兴农报国的执着追求，展示了艰苦环境中川农人追求真理、求实创新、薪火传承、团结拼搏的进取精神和高风亮节，体现了川农大新老知识分子把个人的理想和祖国需要紧密联系，以自身的辛劳和汗水谱写朴实而壮丽篇章的精神风貌。长期以来，学校以传承和弘扬"川农大精神"为主线，切实加强领导干部作风建设，强化师德师风建设，打造优良学风和校风，形成了"求真务实、团结拼搏、开拓创新、廉洁自律"的领导干部作风，"爱国爱农、厚德博学、敬业奉献，诲人不倦"的教风，"心系三农、追求真理、自强不息、学而不厌"的学风和"纯朴勤奋、孜孜以求"的校风，对促进学校改革发展和学生全面成才发挥了重要作用。

除去具有服务"三农"特色的大学精神这一核心以外，农林院校核心价值观还涉及教师、学生和学校三个层面。具体在价值观层面上，即表现为教风、学风和校风三个方面。近年来，川农大不断加强党风、校风、学风和教风建设，奠定了坚实的文化基础，启动了以优良的党风带动校风、教风、学风建设。

一、以优良的党风带教风

"秉承中国文化，联系执政党建设实际，笔者给'党风'的定义是：党风是一定数量的党员或组织在思想、学习、组织、工作、领导、生活等各个方面表现出来的态度和行为的倾向性。"①

"只要我们党的作风完全正派了，全国人民就会跟我们学。……这样就会影响全民族。"② 在执政条件下，执政党的党风是社会风气的楷模，它对社会风气起着引导、制约的作用。因为执政党是公开的党、掌权的党，在国家政治生活中处于核心领导地位，执政党的党风自然处于主导地位，对社会风气起着潜移默化的影响和引导作用。

子曰："为政以德，譬如北辰，居其所而众星共之。""其身正，不令而行；其身不正，虽令不从。""上好礼，则民莫敢不敬；上好义，则民莫敢不服；上好信，则民莫敢不用情。"③ 执政党与政府一旦欺骗民众，民众也会以不同方式欺骗政府，结果只能是两败俱伤。一个不讲正义的国家，很难要求公民讲正义和正气；一个不肯担当责任的政府，很难要求公民起来承担责任；一个缺乏核心价值伦理的执政党，很难要求全民树立正确的核心价值观。

作为国家与社会之间的重要桥梁，高校党风建设的成效直接关系到我国高等教育能否有效贯彻落实社会主义办学方针。新时期，四川农业大学在教学实践与管理活动中，积极推进学校党风建设，并积极将弘扬"川农大精神"融入师德建设。在新进教师的岗前培训中突出"川农大精神"的引领作用，通过组织新进教师集中学习校史、校情，认识川农大，热爱川农大，在新进教师的师德教育中突出爱国敬业传统，把好学校师德建设的入口关。通过不断探索诸如专家授课、联席学习，各支部观摩交流学习，专题讲座等方式，不断创新教师政治学习机制和党员组织生活方式，将"川农大精神"蕴涵的"兴农报国、振兴中华、艰苦创业、自强不息"的精神实质融入学校党建工作的思想建设之中。

① 徐仲韬：《关于党风建设的基础理论问题》，载《江汉论坛》，2012年第2期。
② 《毛泽东选集》第3卷，人民出版社，1991年版，第812页。
③ 《论语》。

学校党委将党风建设与教风建设有机结合，着力于以优良的党风带教风。要求教师要做到"三好、三进、三提升"：讲好课、带好实习实验、指导好创新创业，走进乡村（让教学贴近生产实际）、走进企业（让教学适应社会经济发展）、走进政府（让创新成果变成为政府举措），提升教育教学水平、提升知识和技术创新能力、提升社会服务质效。通过创新党建工作方式，培育优良党风，促使全体教师在学习和领会"川农大精神"精神实质的过程中，最终形成"爱国爱农、厚德博学、敬业奉献、诲人不倦"的优良教风。近年来，学校制定了《四川农业大学群众路线教育实践活动实施方案》《四川农业大学"两学一做"实施方案》《四川农业大学关于开展"三严三实"活动的实施方案》，将师德教育和教风建设与党的思想建设相融合，充分发挥了党风、教风建设中的制度激励和约束作用。

二、以优良的党风正学风

通过大力加强大学生党组织建设和充分发挥大学生党员在学风建设中的示范效应，紧紧围绕"心系'三农'"这一主题，加强全体川农大学生的理想信念教育，着力于以优良的党风端正学风。具体落实到引领学生成才的价值导向上，就是要强调任何专业的学生在学习过程中，都必须具备心系"三农"的情怀，做到关怀"三农"现状、关注"三农"时事、关心"三农"发展。同时，在组织学生的暑期社会实践过程中，积极鼓励学生参与"三下乡"活动，将所学与所用结合，将专业技能转化为服务"三农"的现实力量。学校通过重新编修校史、组织新生参观校史展览馆、设计建设校内爱校教育景观基地、打造读书走廊和读书公园，将"川农大精神"融汇和体现在学校的景观设计和环境建设之中；通过全方位、立体化地对学生施以教育、影响、熏陶和引导，把"川农大精神"贯穿于学生成人成才的全过程。

学校秉承"追求真理、造福社会、自强不息"的校训，每年定期开展以"弘扬'川农大精神',创建优良学风"为主题的学风建设活动,加强校训教育,激发学生的学习积极性和主动性。一是坚持教育与管理相结合。在加强日常教育、引导和管理的基础上,重点对新生和毕业生通过多种形式,集中进行"川农大精神"教育活动,保证新生入校的良好开端和毕业生文明离校。同时,坚持以《教育法》《高等学校学生行为准则》为依据,进一步制定和完善学生行为规范制度,坚持依法管理,保证学生管理的制度化、规范化。二是加强校园文化建设。运用校内报纸、网络、电视等媒体,大力宣传优秀学生标兵、励志成才等先进典型,营造良好的学风氛围。三是积极开展各类创建活动。学校每年拨出专项经费开展学风建设先进学院、先进班集体、先进团支部、先进寝室等评选表彰活动,引导学生成长成才。

学校长期坚持要求学生以"川农大精神"的创建者为榜样,传承"兴农报国、自强不息"的优良传统,加强社会实践。实施"心理阳光工程"和"寒梅飘香工程",以学生为本,坚持人才培养与文化培育相结合,形成了"心系'三农'、追求真理、自强不息、学而不厌"的学风。

三、以优良的党风促校风

学校长期坚持校领导接待群众日制度,建立师生特殊困难救助基金,高度重视家庭经济困难学生资助等,心系师生、不断改善民生。在进行干部选拔、任用与考核改革中,学校提出"三看"——看精神状态、看绩效、看群众认可。此后,在此基础上又提出"新三看"——看在困难面前有没有挺身而出、迎难而上的豪气,有没有当机立断、科学处理问题的能力,有没有真心、真情服务师生的态度与能力。学校形成了"求真务实、团结拼搏、开拓创新、廉洁自律"的领导干部作风。2015年以来,学校党在党的群众路线教育、践行"三严三实"以及"两学一做"学习教育活动中,对各级领导干部提出"正身、守规、善为"的标准要求,为把学校建设成为全国一流农业大学的目标而奋斗。正身率下，从严从实锻造坚强班子，领导班子要强化学习教育，坚定理想信念，严肃党内生活，做到党要管党、从严治党；正风肃纪，从严从实培育过硬队伍，从严选用干部，从严约束党员，从严管理教师；正道善为，从严从实建设一流农业大学。以优良的干部作风推动校园文化建设，孕育出了"纯朴勤奋、孜孜以求"的校风。

在百余年的办学历程中，特别是在雅安近半个多世纪的艰苦环境中，一代代川农人继承学校爱国爱校的优良传统，怀着兴农报国、振兴中华之志，艰苦创业，自强不息，默默耕耘在农业科教的第一线，不仅为我国农业发展培养了大批人才，做出了巨大贡献，而且培育、积淀和铸就了自身宝贵的精神财富，成为激励历代川农人艰苦奋斗、献身农业并取得卓越成就的强大精神动力。

"川农大精神"贯穿于学校办学的全过程，渗透在办学的各个方面，对办学理念、办学道路、办学模式以及人才培养目标产生了重要影响，这一精神为历代川农人所实践、传承和弘扬，成为学校文化最为核心的价值追求和品格特征，为学校校风建设奠定了坚实的文化基础。

后　记

　　大学文化是一所大学综合实力的重要内容和标志，校史是大学文化的重要内容，是一所大学办学特色的集中反映。大学精神是大学文化的精髓。纵观世界著名大学，其之所以闻名于世，乃在于她日积月累积淀起来的深厚文化底蕴及其产生的文化精神的发扬。大学正是因为其文化精神，孕育着一代又一代的英才，从而促进社会的发展和文明的进步。四川农业大学创建于 1906 年，迄今整整110 周年。建校之初筚路蓝缕、手胼足胝，川农大即以"兴中华之农事"为己任为其文化内核和精神品质，百十年来，在历经坎坷、风雨兼程之中，不断将其传承和发扬光大。改革开放以后特别是进入国家"211 工程"建设以来，川农大在社会主义新农村建设、服务西部大开发、建设四川"两个加快"以及推进四川"两个跨越"中源源不断提供智力支持，在地方经济与社会发展的重大战略和步骤中，以强烈的使命感和责任感，勇于担当历史重任，倡导兴农报国、艰苦奋斗、求实创新、敬业奉献、团结拼搏、追求卓越的精神品质，使川农大校史文化与"川农大精神"内化为全体川农大人的精神特质和学校的凝聚力，成为承接过去、把握现在和开拓未来的精神动力；并以这样一种文化和精神去构建美丽和谐的川农大，将大学文化软实力与中华民族伟大复兴的时代主题融合，实现科学发展。

　　在新的历史时期，学校提出"人才培养是立校之本、科学研究是强校之路、社会服务是兴校之策、文化传承创新是兴校之魂"的办学理念，高度重视"川农大精神"育人体系建设，认真总结、全面反映川农大校史，激励全校师生员工继承和发扬"川农大精神"，丰富大学文化内涵，认真挖掘蕴涵其中丰富的精神财富，以史为鉴，以史育人，继往开来再出发，再创川农大的辉煌。有感于此，我们在全校开设公共选修课"校史文化与'川农大精神'"，并编著了《校史文化与"川农大精神"》一书，希望通过我们的努力，进一步增强全校师生员工的凝聚力，扩大学校的影响，增加学校的知名度，广泛动员广大川农学子关心和支持学校的建设，加速学校建设有特色高水平一流农业大学建设的步伐。

本书编撰成员主要由四川农业大学党委宣传统战部人员组成。本书大纲由潘坤提出最初方案，确立总体框架和篇章结构，在写作过程中，各位作者对大纲的丰富完善作了贡献。本书具体分工为：导论由江英飒执笔，第一章由李劲雨执笔，第二章由杨雯执笔，第三章由张喆执笔，第四章由杨希执笔，第五章由杨娟执笔，第六章由张俊贤执笔，第七章由尹君执笔，第八章由潘坤执笔。整体初稿完成后，由江英飒负责统稿、定稿。

我们在编写本书的过程中，借鉴并吸收了原校史的成果和精华，参考和吸收了许多学者已有的研究成果。在成书和出版过程中，我们得到了学校党委书记邓良基以及其他领导的关心和热情鼓励，得到了校党政办公室、图书档案馆等部门同志的大力支持，他们为我们提供了大量的文字、图片和历史文献资料；四川大学出版社为此书的出版付出了辛勤的劳动，在此向他们表示感谢！

但是，由于时间仓促，资料搜集尚欠齐全，加之我们水平所限，书中失误和遗漏之处在所难免，敬请广大校友和全校师生员工提出批评指正，以便在今后修订时能进一步提高编写质量和水平。

敬祝学校日益发展壮大！祝学校的明天更加灿烂辉煌！

编者 2016 年 9 月 1 日于老板山